非标准的建筑拆解书

江湖救急篇

赵劲松　林雅楠　著

广西师范大学出版社
·桂林·

图书在版编目（CIP）数据

非标准的建筑拆解书．江湖救急篇／赵劲松，林雅楠
著．—桂林：广西师范大学出版社，2022.4
ISBN 978-7-5598-4826-0

Ⅰ．①非… Ⅱ．①赵… ②林… Ⅲ．①建筑设计
Ⅳ．① TU2

中国版本图书馆 CIP 数据核字 (2022) 第 042055 号

非标准的建筑拆解书（江湖救急篇）
FEIBIAOZHUN DE JIANZHU CHAIJIESHU（JIANGHU JIUJI PIAN）

策划编辑：高　巍
责任编辑：冯晓旭
助理编辑：马竹音
装帧设计：徐　豪　马韵蕾
广西师范大学出版社出版发行

（广西桂林市五里店路 9 号　　邮政编码：541004）
（网址：http://www.bbtpress.com　　　　　　　　　　　）
出版人：黄轩庄
全国新华书店经销
销售热线：021-65200318　021-31260822-898
恒美印务（广州）有限公司印刷
（广州市南沙区环市大道南路 334 号　　邮政编码：511458）
开本：889mm×1 194mm　　1/16
印张：27.25　　　　　　字数：255 千字
2022 年 4 月第 1 版　　2022 年 4 月第 1 次印刷
定价：188.00 元

序

用简单的方法学习建筑

本书是将我们的微信公众号"非标准建筑工作室"中《拆房部队》栏目的部分内容重新编辑、整理的成果。我们在创办《拆房部队》栏目的时候就有一个愿望,希望能让建筑设计学习变得更简单。为什么会有这个想法呢?因为我认为建筑学本不是一门深奥的学问,然而又亲眼见到许多人学习建筑设计多年却不得其门而入。究其原因,很重要的一条是他们将建筑学想得过于复杂,感觉建筑学包罗万象,既有错综复杂的理论,又有神秘莫测的手法,在学习时不知该从何入手。

要解决这个问题,首先要将这件看似复杂的事情简单化。这个简单化的方法可以归纳为学习建筑的四项基本原则:信简单理论、持简单原则、用简单方法、简单的事用心做。

一、信简单理论

学习建筑不必过分在意复杂的理论,只需要懂一些显而易见的常理。其实,有关建筑设计的学习方法在两篇文章里就可以找到:一篇是《纪昌学射》,另一篇是《鲁班学艺》。前者讲了如何提高眼睛的功夫,这在建筑设计学习中就是提高审美能力和辨析能力。古语有云:"观千剑而后识器。"要提高这两种能力只有多看、多练一条路。后者告诉我们如何提高手上的功夫,并详细讲解了学建筑设计最有效的训练方法——将房子的模型拆三遍,再装三遍,然后把模型烧掉再造一遍。这两篇文章完全可以当作学习建筑设计的方法论。读懂了这两篇文章,并真的照着做了,建筑学入门一定没有问题。

建筑设计是一门功夫型学科,与烹饪、木工、武功、语言类似,功夫型学科的共同特点就是要用不同的方式去做同一件事,通过不断重复练习来增强功力,提高境界。想练出好功夫,关键是练,而不是想。

二、持简单原则

通俗地讲，持简单原则就是学建筑时要多"背单词"，少"学语法"。学不会建筑设计与学不会英语的原因有相似之处。许多人学习英语花费了十几二十年，结果还是既不能说，也不能写，原因之一就是他们从学习英语的第一天起就被灌输了语法思维。

从语法思维开始学习语言至少有两个害处：一是重法不重练，以为掌握了方法就可以事半功倍，以一当十；二是从一开始就养成害怕犯错的习惯，因为从一入手就已经被灌输了所谓"正确"的观念，从此便失去了试错的勇气，所以在做到语法正确之前是不敢开口的。

学习建筑设计的学生也存在着类似的问题：一是学生总想听老师讲设计方法，而不愿意花时间反复地进行大量的高强度训练，以为熟读了建筑设计原理自然就能推导出优秀的方案，他们宁可花费大量时间去纠结于"语法"，也不愿意下笨功夫去积累"单词"；二是不敢决断，无论构思还是形式，学生永远都在期待老师的认可，而不相信自己的判断。因为他们心里总是相信有一个正确的答案存在，所以在被认定正确之前是万万不敢轻举妄动的。

"从语法入手"和"从单词入手"体现出两种完全不同的学习心态。"从语法入手"的总体心态是"膜拜"，在仰望中战战兢兢地去靠近所谓的"正确"。而"从单词入手"则是"探索"，在不断试错中总结经验、摸索前行。对于学习语言和设计类学科而言，多背单词远比精通语法更重要，语法只有在掌握单词量足够的前提下才能更好地发挥矫正错误的作用。

三、用简单方法

学习设计最简单的方法就是多做设计。怎样才能做出更多的设计，做出更好的设计呢？简单的方法就是把分析案例变成做设计本身，也就是要用设计思维而不是用赏析思维看案例。

什么是设计思维？设计思维就是在看案例的时候把自己想象成设计者，而不是欣赏者或评论者。两者有什么区别？设计思维是从无到有的思维——如同演员一秒入戏，回到起点，设身处地地体会设计师当时面对的困境和采取的创造性措施。只有针对真实问题的答案才有意义。而赏析思维则是对已经形成的结果进行评判，常常是把设计结果当作建筑师天才的创作。脱离了问题去看答案，就失去了对现实条件的理解，也失去了自己灵活运用的可能。

在分析案例的学习中我们发现，尝试扮演设计师把项目重做一遍，是一种比较有效的训练方法。

四、简单的事用心做

功夫型学科还有一个特点，就是想要修行很简单，修成正果却很难。为什么呢？因为许多人在简单的训练中缺失了"用心"。

什么是"用心"？以劈柴为例，古人说"劈柴担水，无非妙道；行住坐卧，皆在道场"，就是说，人可以在日常生活中悟得佛道，没有必要非去寺院里体验青灯黄卷、暮鼓晨钟。劈劈柴就可以悟道，这看起来好像给想要参禅悟道的人找到了一条容易的途径，再也不必苦行苦修。其实，这个"容易"是个假象。如果不"用心"，每天只是用力气重复地去劈，无论劈多少柴都是悟不了道的，只能成为一个熟练的樵夫。但如果加一个心法，比如，要求自己在劈柴时做到想劈哪条木纹就劈哪条木纹，想劈掉几毫米就劈掉几毫米，那么结果可能就会有所不同。这时，劈柴的重点已经不在劈柴本身了，而是通过劈柴去体会获得精准掌控力的方法。通过大量这样的练习，你即使不能得道，也会成为绝顶高手。这就是用心与不用心的差别。可见，悟道和劈柴并没有直接关系，只有用心劈柴，才可能悟道。劈柴是假，修心是真。一切方法都不过是"借假修真"。

学建筑很简单，真正学会却很难。不是难在方法，而是难在坚持和练习。所以，学习建筑要想真正见效，需要持之以恒地认真听、认真看、认真练。认真听，就是要相信简单的道理，并真切地体会；认真看，就是不轻易放过细节，看过的案例就要真看懂，看不懂就拆开看；认真练，就是懂了的道理就要用，并在反馈中不断修正。

2017 年，我们创办了《拆房部队》栏目，用以实践我设想的这套简化的建筑设计学习方法。经过四年多的努力，我们已经拆解、推演了四百多个具有鲜明设计创新点的建筑作品，参与案例拆解的同学，无论对建筑的认知能力还是设计能力都得到了很大提高。这些拆解的案例在公众号推出后得到了大家广泛的关注，许多人留言希望我们能将这些内容集结成书，《非标准的建筑拆解书》前两辑出版之后也得到了大家的广泛支持。

第三辑现已编辑完毕，在新书即将出版之际，感谢天津大学建筑学院的历任领导和各位老师多年来对我们工作室的大力支持，感谢工作室小伙伴们的积极参与和持久投入，感谢广西师范大学出版社高巍总监、马竹音编辑、马韵蕾编辑及其同人对此书的编辑，感谢关注"非标准建筑工作室"公众号的广大粉丝长久以来的陪伴和支持，感谢所有鼓励和帮助过我们的朋友！

天津大学建筑学院非标准建筑工作室　赵劲松

目　录

让 学 建 筑 更 简 单

和甲方单挑谁能赢？建议建筑师『打群架』

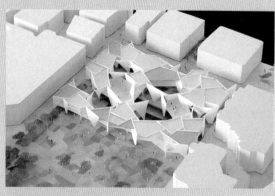

图1

名　　称：LES HALLES 综合体竞赛（图1）
设计师：伊东丰雄
位　　置：法国·巴黎
分　　类：综合体
标　　签：一体化构建，群化
面　　积：约 18 000m²

世界在发展，时代在进步，事实证明，一对一地和甲方单挑已经落伍了（反正你又打不赢）。为了适应发展的潮流，建筑师应该团结一切可以团结的力量，争取打开"以多欺少"的胜利新局面。但凡高水平的群架斗殴，都有固定的行动计划、逃跑路线，事前会统一分发兵器（如菜刀、木棍等），事后找人出来背黑锅，一应俱全后才开始行动。最重要的是，小弟得多。

那么，问题来了：上哪儿找那么多小弟听你的？首选肯定不是结构、水暖、电小分队，因为指不定谁听谁的。最保险的选择是像盗月大坏蛋格鲁一样，自产自销小黄人兵团：搞得了科研，干得了苦力，能耍宝当保姆，也能组成营救小组随时待命。这种生产工艺在建筑学里面叫群化，也就是自己造小黄人，当一群小黄人聚在一起时，就可以去干坏事了。

关键是，你得先造出来一个小黄人。一个小黄人其实就是一个群化构件，最大的特点就是每一个都有眼睛、有背带裤，可以理解成结构一体化。简单地说，首先我有一个传统结构体系（图2），然后我还有一把刀，然后再切一切。

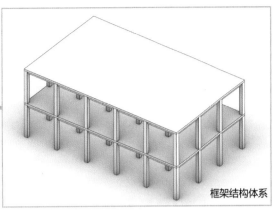

图2

正常人会水平切——柱还是柱，板还是板（图3）。而大坏蛋格鲁会垂直切，就能切出一个简单的小黄人：每一个都有板有梁有柱子，五脏俱全（图4）。

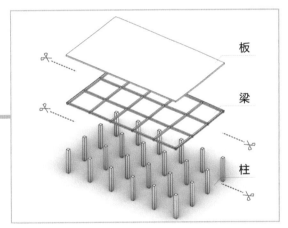

板

梁

柱

图3

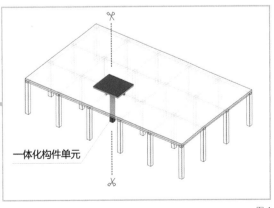

一体化构件单元

图4

以此为基础，再加一点儿个人创造，就可以得到一个构件单元。当然，结构一体化也不是每个构件都要包含所有结构元素，包含两三种，能组成一个支撑体系就可以了。著名建筑大师伊东丰雄先生闲着没事儿时，就是靠研究这些小东西来玩"谈笑间，樯橹灰飞烟灭"的（图5）。

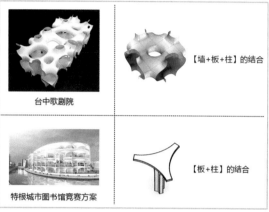

【墙+板+柱】的结合

台中歌剧院

【板+柱】的结合

特根城市图书馆竞赛方案

图5

最近，伊东先生又研发了一个新产品。首先，这是一个从传统框架结构体系中切出来的新出炉的小单元（图6）。

板
+
梁
+
柱

基本构件单元

图6

伊东先生先消解掉了梁的存在（图7、图8）。

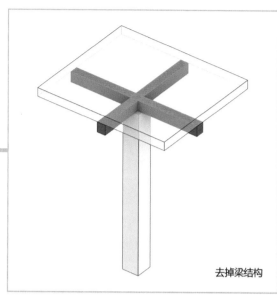

去掉梁结构

图7

去掉梁结构

图8

这不就是传说中的无梁楼板？不要欺负我读书少，我还知道最好得给柱子加上柱帽（图9）。

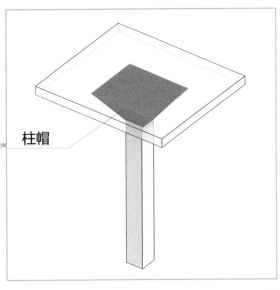

图 9

柱帽

然后，伊东君就看这根柱子傻愣愣的，也不太顺眼。不顺眼就去掉。做建筑呢，最重要的就是开心。

加柱帽是为了增加柱对板的支托面积，减小板跨以提高板的承载能力和抗冲切能力，那是不是可以把柱身和柱帽合为一体，做成一个像伞一样的倒三角结构呢（图 10、图 11）？

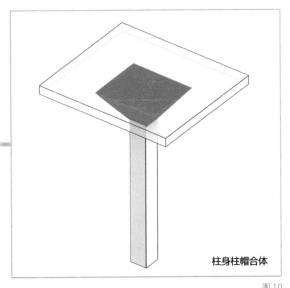

柱身柱帽合体

图 10

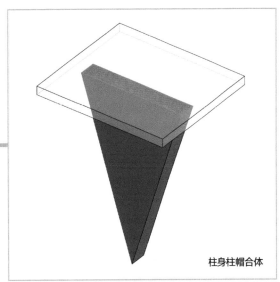

柱身柱帽合体

图 11

这个结构本身没什么尺度限制，可大可小，单层双层都可以（图 12）。

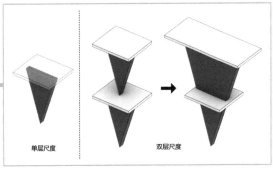

单层尺度　　　双层尺度

图 12

我们知道三角形是最稳定的几何结构，但不包括倒三角。那么就让三或四个倒三角相互支撑，形成顶部互锁的一个小组合就好了（图 13）。

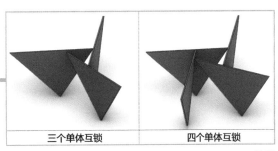

三个单体互锁　　　四个单体互锁

图 13

最后，再整体扭转一下，怎么扭都属于个人爱好，不扭也无所谓。反正伊东君扭了，还起了个名字叫风帆（图14）。

图14

这个小组合采用倒三角的结构，其空间开放度在垂直方向分多个层级：越靠近地面层，空间越开放；越到上层，封闭性越强，实体空间越多，功能性越强（图15、图16）。

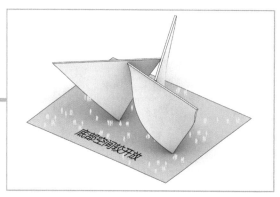

图15

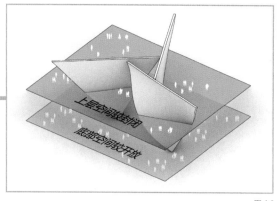

图16

同时，完整空间被碎化，具有了流动性（图17～图19）。

图17

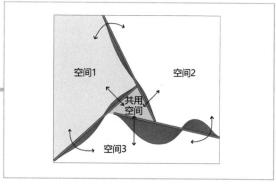

图18

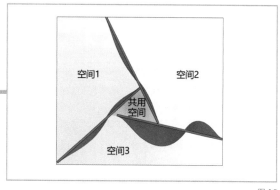

图19

现在构件单元有了，那单元之间该如何组织呢？其实它的组织方式相当随意，基本就是让每一个板片的两个端点都处于互锁的体系中就可以了（边缘部分的板片除外），也就是不要单挑，要时刻保持集体战斗状态（图20）。

图 20

在这条基本的组织原则下，就可以围合形成各种各样的空间形式（图 21）。

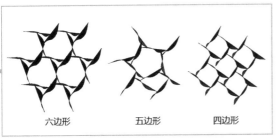

六边形　　　五边形　　　四边形

图 21

也可以采用大小空间结合，小空间围绕大空间的形式。总之可大可小，能适应未来甲方各种不可预料的功能空间需求（图 22）。

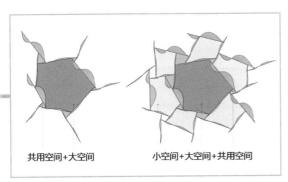

共用空间+大空间　　　小空间+大空间+共用空间

图 22

至此，小黄人的建筑简化版——小风帆组队集结完毕，可以出门搞事情了。当然，具体怎么搞，还是要对症下药，看甲方大人出什么牌。

LES HALLES 地区自古便是巴黎的城市中心，这里原来有一个巴黎中央市场（图 23）。

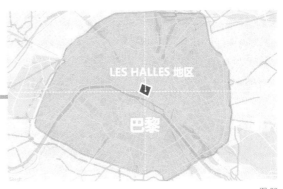

LES HALLES 地区

巴黎

图 23

19 世纪 50 年代以来，这个中央市场经历了多次翻修与改造，终于成长为一个现代化的地下商业中心，同时还是巴黎的交通枢纽，就是看起来有点像个坑（图 24）。

地下商场和交通枢纽

图 24

所以时任巴黎市长决定对这个坑进行改造：保留地下商业中心，并将部分功能延伸到地上。也就是再建一个地上的综合文化活动中心，包括音乐学校、图书阅览、健身中心、休闲餐饮等功能分区，总之就是填坑（图25）。

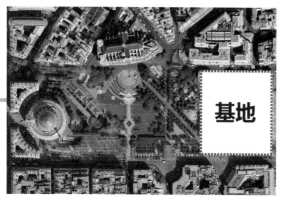

图25

常规操作，先来场竞赛。伊东同学带着小风帆军团前来报到。

虽说基地够大，位置不错，但是伊东君很快就发现了问题。这个项目中存在一个根深蒂固的网格系统：地下商业中心本身有一套规范严整的16m×11m的网格结构体系。换句话说，在人家的地盘上就要守人家的规矩（图26）。

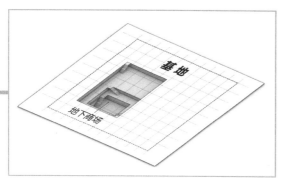

图26

但伊东同学是个叛逆少年，特别讨厌束缚，尤其看网格不顺眼。他还专门举办过一场讲座叫"超越现代主义建筑"，核心思想就是：如今方格网正在覆盖地球，我们需要从均质的方格中解放出来，重新与自然建立柔软的关系。反正就是要变柱网，不变这日子就过不下去了。

要说变柱网，办法有很多，比如，加个结构转换层，或者让柱子开个花等都行（图27）。

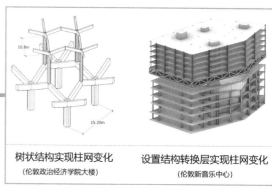

树状结构实现柱网变化
（伦敦政治经济学院大楼）

设置结构转换层实现柱网变化
（伦敦新音乐中心）

图27

可这都不是伊东君想要的。因为他不是想要变柱网，是根本就不想要柱网，或者说，不想要规整的柱网。他要的是打破规则，放飞自我。这才是他选择带小风帆们出来干架的原因。

<u>画重点：小风帆们真正的大招是消灭柱网于无形</u>（图28～图30）。

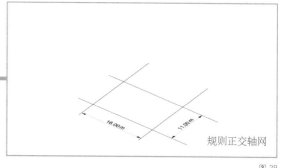

规则正交轴网

图28

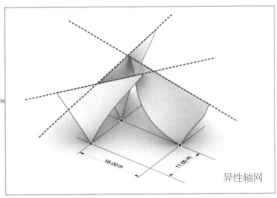

异性轴网

图 29

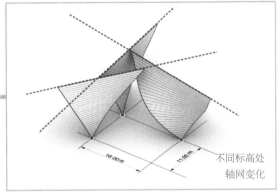

不同标高处
轴网变化

图 30

虽然构件底部的着力点遵循正交网格，但因为
使用的是板片承重而非柱子，所以在较上方的
标高处，不同方向的墙体延伸就可以形成新的
异形轴线体系。而且由于板片呈扭转的状态，
因此基本上每一个不同标高处都有一套不同的
轴线体系，可以说是非常自然、清纯、不做作
的变化了。

甲方要求填坑的新建筑必须显示出地下商场的
情况，且不干扰任何现有的地下功能，也就
是不能直接把坑盖住，于是伊东先生留出一
个大广场，在周围摆放功能空间（图 31、图
32）。

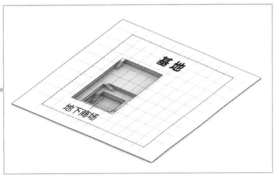

基地

地下商场

图 31

功能空间

中央广场

图 32

然后进行基本功能分区（图 33），再置入构件
单元。

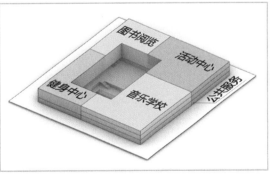

图书阅览

活动中心

健身中心

音乐学校

公共服务

图 33

广场处采用大空间围合方式，即多采用六边形和八边形围合（图34）。

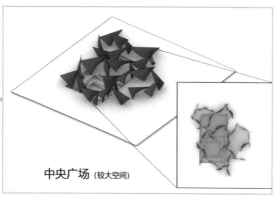

中央广场（较大空间）

图 34

周边功能空间采用较小空间的围合方式，多为四边形和五边形（图35）。

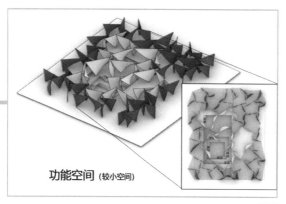

功能空间（较小空间）

图 35

调整边缘板片的角度与大小，将构件约束在矩形边界内，也就是把边锁住（图36、图37）。

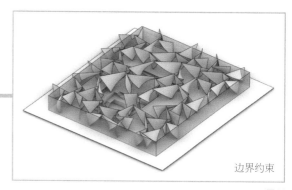

边界约束

图 36

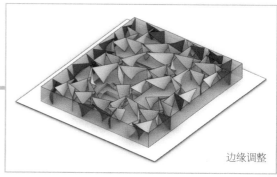

边缘调整

图 37

插入楼板（图38）。

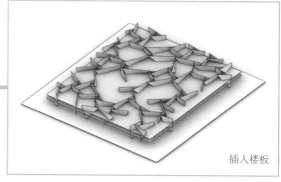

插入楼板

图 38

在中央广场处形成通高空间（图39）。

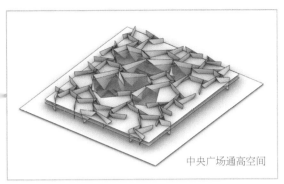

中央广场通高空间

图 39

两侧主入口处形成局部通高空间（图 40）。

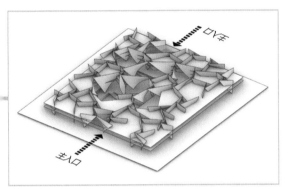

图 40

根据构件位置调整边缘（图 41）。

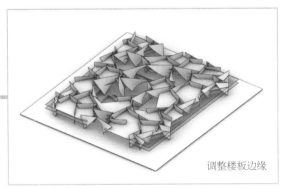

调整楼板边缘

图 41

至此，基本空间骨架已经完成。下面就是根据具体的功能需要来调整空间布局。

首层较为开放，在四角置入功能空间，自然形成朝向四个方向的入口，同时强调地下商业中心的入口区。中部广场内设置小音乐厅（图42）。

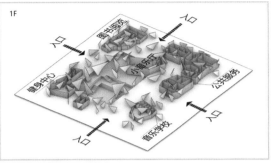

图 42

由于小音乐厅的层高需要，2 层楼板局部抬升1.5m 形成错层，连接部分设置休息广场和咖啡座（图 43、图 44）。

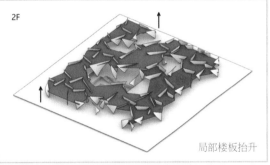

局部楼板抬升

图 43

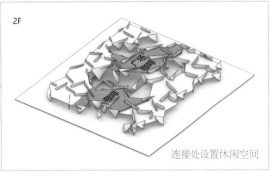

连接处设置休闲空间

图 44

在 2 层继续布置其他功能。音乐学校及活动中心主要为各种教室和工作室空间，采用走道串联房间的形式。斜置的板片本身具有引导性，板片互锁位置为共用空间，多设置交通节点与休闲节点；串联形成走道空间，然后根据走道空间在两侧设置功能房间（图 45～图 48）。

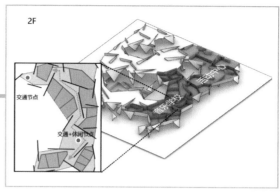

图 48

图书馆及健身中心主要为开放使用的空间，仅以板片构件做空间划分，不再单独设置隔墙（图 49）。

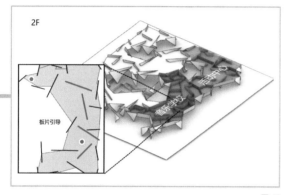

图 45

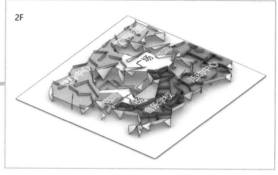

图 49

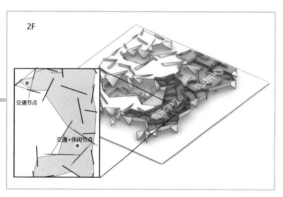

图 46

板片互锁的空间除了作为交通与休闲节点，也适用于其他多种空间，比如，因为有较强的限定感，可以作为入口空间（图 50）。

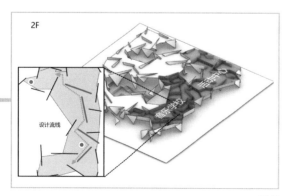

图 47

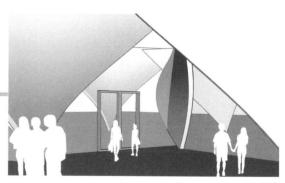

图 50

同时，由于板片互锁的空间本身具有较强的围合感，较为封闭，因而也可以容纳一些辅助空间，如卫生间、储藏间等。局部设置 3 层，并置入功能分区，其余部分通高设计（图 51）。

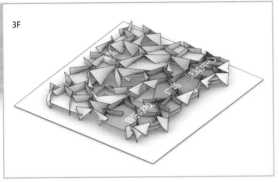

图 51

最后，插入交通系统（图 52），插入屋面板（图 53）。

屋面板主要有 3 种：在主要的公共空间及节点位置上方设玻璃屋面，其余设绿化屋面及光伏屋面。

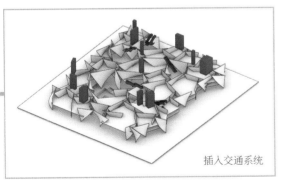

插入交通系统

图 52

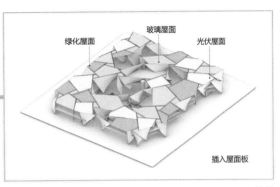

图 53

收工（图 54）。

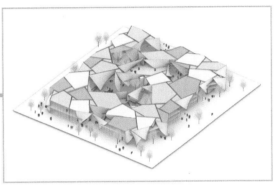

图 54

这就是伊东丰雄设计的 LES HALLES 综合体竞赛方案（图 55 ~ 图 60）。

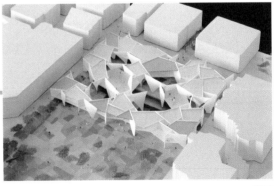

图 55

013

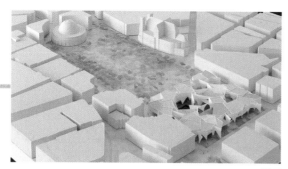

图 56

图 57

图 58

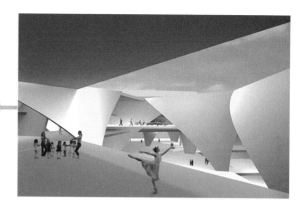

图 59

图 60

江湖险恶，不行就撤。打得过就多打一会儿，打不过就下次再打，和甲方之间还是要以和为贵——能动手就别嚷嚷，能群殴就别单挑。是骡子是马，拉出来遛遛，真刀真枪拿本事亮亮。谈出来的是恋爱，打出来的才是天下。

图片来源：

图1、图55～图58、图60来源于 *El Croquis 147 Toyo Ito 2005-2009*，图59来源于 https://www.amc-archi.com/photos/les-voiles-de-toyo-ito-et-extra-muros-concours-pour-le-carreau-des-halles-6-10,4920/toyo-ito-et-extra-muros-archit.1，其余分析图为作者自绘。

END

道行再高的建筑师，
也是条被捏住七寸的蛇

图1

名　称：马德里雷焦探索学校（图1）
设计师：安德烈斯·雅克
位　置：西班牙·马德里
分　类：教育建筑
标　签：社区模式，聚落生长
面　积：13 500m²

建筑师最喜欢谈理想。但事实上，理想都是别人的，建筑师只配围观。你设计了8个入口，梦想自由交流，架不住为了管理方便，大门上锁；你设计了18个平台，梦想风景自由，架不住"注意安全、禁止靠近"；你设计了28个操场，梦想自由玩耍，架不住"今天补课，全体自习"。

道行再高的建筑师，也是条被捏住七寸的蛇，唱不了《白蛇传》，只能演《西游记》——正果都是别人的，你只需要配合演出。

西班牙雷焦教育研究与创新中心打算建一所新的私立学校，主要招收6~16岁的儿童和少年，也就是咱们常说的九年一贯制。场地选择了离学校旧址不远的马德里恩西纳尔德洛斯雷耶斯48号的一块空地（图2、图3）。

图2

图3

基地里别的没有，就是树多，还是不能砍的那种。虽然因此实际可使用的场地显得相当的别扭和拧巴，但好在面积够大，四舍五入、掐头去尾勉强也可以忽略。反正郁郁葱葱、遗世独立也符合欧洲贵族私校一贯的调性（图4）。

图4

再配个哈利·波特范儿的古典主义混搭哥特风格的建筑，一种矜持高贵的精英气质就已经骑着扫帚扑面而来了（图5）。

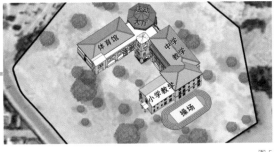

图5

做过中小学项目的建筑师心里其实都明白，所谓教学空间的设计创新都是纸老虎。只要中高考还在，只要人才晋升的公开通道还是统一的标准考试，那么公共教育的基本模式就不可能出现颠覆性的改变，而与之相匹配的教学空间设计当然也容纳不了多少理想主义的气泡。最多就是霍格沃茨和布斯巴顿 [1] 的区别，而这俩地儿也都得考试（图6）。

————
① 小说《哈利·波特》里的两所魔法学校。

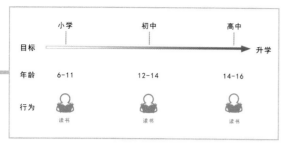

图 6

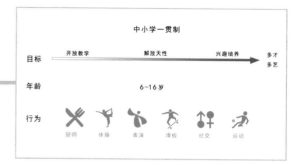

图 7

统一考试就是学校教育的七寸，也是学校建筑的七寸。只要有这个七寸在，建筑师再修炼千年也翻不出新花样来。如果有一天学校不考试了，那建筑师就可以"西湖岸奇花异草，四季那个清香"了。

恰巧，这个雷焦学校，就是一个不考试的学校。甲方雷焦教育研究与创新中心一直致力于呼吁和推广不以统一考试为标准的创新型教育理念，所开办的雷焦私立学校针对 6 ~ 16 岁的少年儿童开展摄影、广播、园艺、艺术、烹饪、环境保护、创意写作、戏剧表演以及建筑管理等多种多样的课程，感觉很像一个进阶版的职业学校，但似乎又比职业学校多了些兴趣启发，少了些技能培训——反正就是一个不以参加统一考试为教育目标的新型学校，咱们就当它是西班牙素质教育的实验探索基地吧。

而对于建筑师来说，不管你认不认同这种理念，整齐布置、按年级划分，便于统一管理、统一目标的传统教学空间都肯定不适合这个新学校了（图 7）。

很明显，针对这样的教育目标，年龄已经不再是问题，6 岁的也可以跟 16 岁的一起上课，没准儿还更有天赋。西班牙建筑师安德烈斯·雅克很快想到了解决办法——将不同年龄段的学生融合起来混合教学，以新型社区模式代替传统集体模式。学校不再是为了应试教育而避世的答卷基地，而是根植于城市中的一个特色社区。孩子们进入学校就像拥有了一个新身份，重启新游戏，而不是消弭个性，隐身于集体（图 8）。

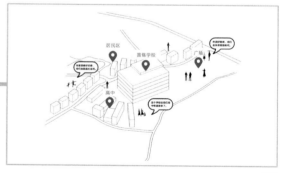

图 8

画重点：不再以统一柱网划分房间的逻辑来形成教室房间，取而代之的是以"关系＋路径"的城市生长规律来规划空间（图 9）。

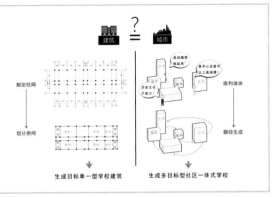

图 9

第一步：功能体块分类。

首先，将功能分为大小组团，形成社区功能体块（图 10）。

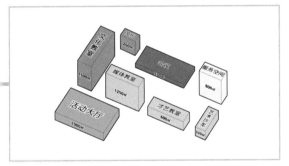

图 10

随后，将学校功能体块按照城市社区关系进行规划，也就是相同行为的功能空间聚集在一起，而不是相同年级的教室聚集在一起。将较为私密的不同教学内容空间围绕公共开放的活动大厅及体育馆功能空间布置，再插入路径和服务空间，形成多个小组团包围开放空间的立体社区（图 11）。

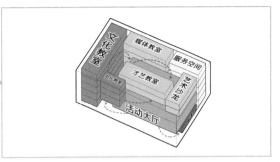

图 11

第二步：空间原型选择。

所有功能空间按照开放度不同可以分为两大类。也就是说，我们选择两种空间原型就可以了（图 12）。

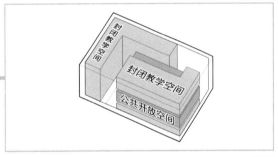

图 12

1. 封闭教学空间的原型选择。

传统学校里教室多为统一单调的平屋顶"火柴盒式"（图 13）。

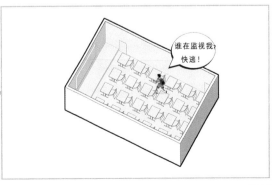

图 13

而在城市关系中，每个建筑都是独立的个体，是不一样的烟火。我们如果将城市关系延续到建筑中，那么每个教室就都是一个独立的小房子，而不是整体中的一部分。最直白也最简单的方式，就是让每个教室都有一个独立且在垂直方向上不完形的屋顶，比如，坡屋顶或者拱形屋顶都可以（图 14）。

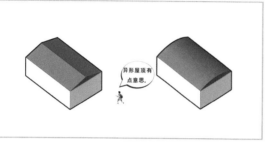

图 14

同时，为了提高空间利用率，减少面积浪费，我们要在保证造型独立的前提下尽量减少教室的屋顶抬高空间（图 15）。

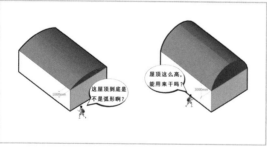

图 15

而两坡屋顶可以适应不同的空间大小，每个小教室可以组合形成多个独立的坡屋顶建筑空间。此外，坡屋顶的脊梁可以支撑上方教室的直墙，在结构上更加稳固。因此，将拱形屋顶淘汰，选择空间利用率更高、适应性更强的两坡屋顶（图 16）。

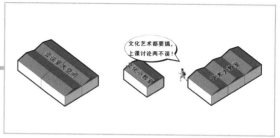

图 16

2. 公共开放空间的原型选择。

面对体育馆、活动大厅这样的大尺度空间，拱形结构就有了用武之地。相较于坡屋顶，拱形结构能够自由覆盖任意大小的功能空间，同时由于融入了曲面，柔和的边界能营造出轻松活泼的休闲空间氛围。因此，为活动大厅及体育馆分别选用不同长宽高比例的拱形组合，赋予其流动性的曲线，公共活动空间便得以成功出现（图 17）。

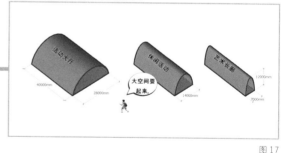

图 17

至此，原型选择完成。下面将代表不同类型空间的两种原型按分区置入。

第三步：原型复位。

完成原型的选择后，根据上课空间中不同使用功能空间的面积，进行坡屋顶的单元排布，并选择适宜尺度的坡屋顶对公共空间进行填充。延续立体城市的理念，将公共开放空间置于建筑核心的位置，封闭的小空间环绕四周。

在 1 层中央布置门厅和活动大厅空间，周边为文化教室组团和会议室（图 18）。

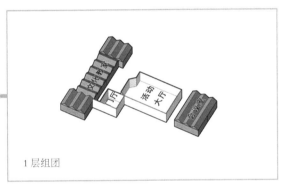

1 层组团

图 18

2 层中央布置公共空间拱形组团，旁边继续布置文化教室组团和小办公组团（图 19）。

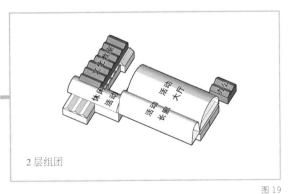

2 层组团

图 19

根据 1 层入口雨棚需要，将走廊拱形跨度减小（图 20）。

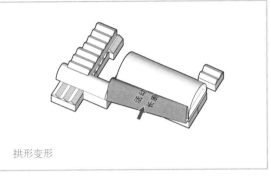

拱形变形

图 20

形成通高两层的拱形空间后，给予其平齐的 3 层空间补充教室组团（图 21）。

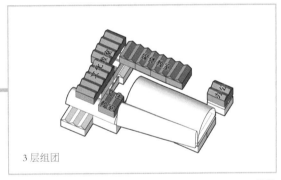

3 层组团

图 21

在拱形空间上方增加两层艺术教室组团（图 22、图 23）。

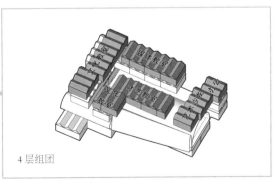

4 层组团

图 22

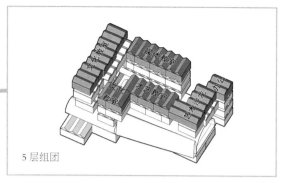

5 层组团

图 23

随后，在 1 层大厅后方增加储存、设备等附属功能空间（图 24、图 25）。

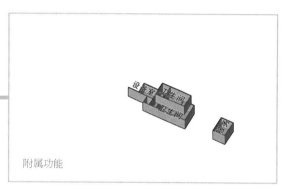

附属功能

图 24

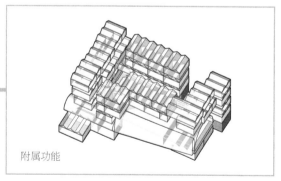

附属功能

图 25

完成原型复位后，进行不同组团之间交通路径的组织。

首先，因为各个功能组团之间需要必要的交通联系，所以在组团间置入垂直交通（图 26、图 27）。

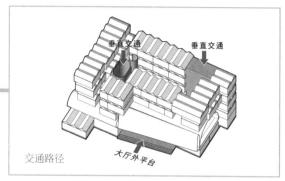

交通路径

图 26

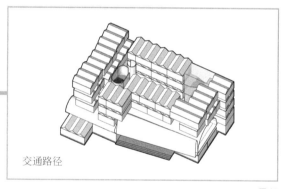

交通路径

图 27

其次，在顶层中庭的通高空间中置入交通路径联系各层，并在 2 层大空间开放直达路线，增加外来人员对公共空间的可达性，同时形成交通环线（图 28、图 29）。

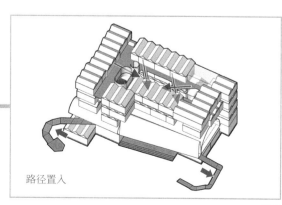

路径置入

图 28

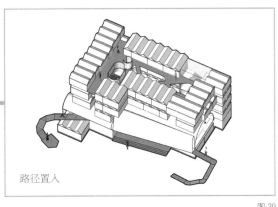

路径置入

图 29

路径组织后，由于建筑内部存在不同的空间结构，还要进行结构整理。

第四步：空间结构深化。

根据坡屋顶的结构特征，将教室小房子在垂直方向错位布置，上层教室墙面立在下层教室坡屋面的屋脊上。上下层交错布置，满足结构功能的同时，可使学校建筑形成社区符号化的归属感（图 30 ~ 图 34）。

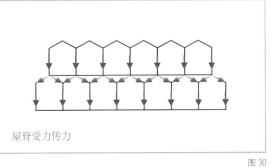

屋脊受力传力

图 30

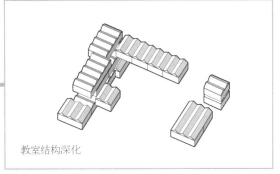

教室结构深化

图 31

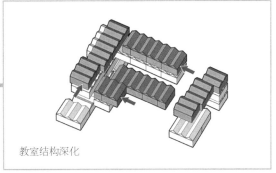

教室结构深化

图 32

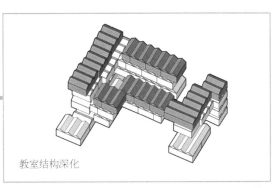

教室结构深化

图 33

教室结构深化

图 34

拱形结构仍旧存在侧推力的问题，在大体量的拱形空间中这种问题更甚。因此，在拱形结构外部布置墙面进一步抵消侧推力，同时为墙面开凿拱形孔洞，使其与大的拱形空间成为一体（图35）。

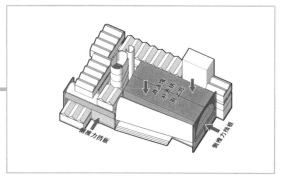

图35

然后增加拱形洞口，形成趣味空间（图36、图37）。

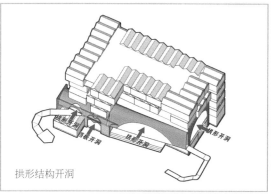

拱形结构开洞

图36

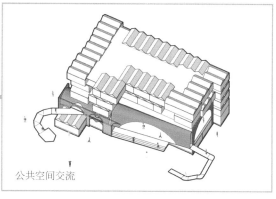

公共空间交流

图37

最后，为适应周围建筑环境，选择砖材料，为教室统一开窗增强律动感，并在缝隙空间种植树木（图38）。

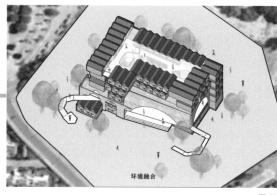

环境融合

图38

这就是安德烈斯·雅克设计的马德里雷焦探索学校（图39、图40）。

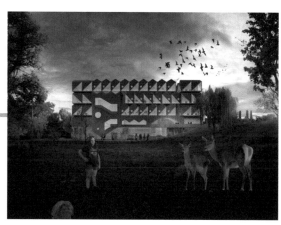

图39

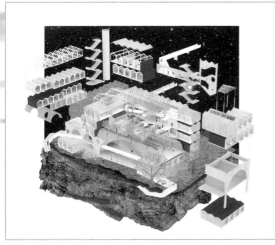

图 40

如果你喜欢看展览，可能会注意到建筑师安德烈斯·雅克就是 2020 年上海艺术双年展的首席策划人。我想说的是，相比于建筑师，雅克先生更像一个社会活动家或者政客，他甚至将自己的工作室命名为政治创新办公室——就快把"支持我"写脸上了。这或许就是这个学校看起来技巧生硬却依然中标建设的原因了。

说到底，还是关系到了。空间关系的本质就是人的关系。所有空间模式的创新底色都是人类社会关系的更新和突破。能理解新的关系就等于开了新的外挂。洞察不了人心、人性、人之初的建筑师，就像那条被捏住七寸的蛇，越挣扎越僵硬。

图片来源:

图 1、图 39、图 40 来源于 https://www.designboom.com/architecture/andres-jaque-office-for-political-innovation-reggio-school-madrid-07-24-2019/，其余分析图为作者自绘。

END

虚荣的不是『精致穷』，而是对穷人刻薄的『精致』

图1

名　称：三组坂 flat 公寓楼（图1）
设计师：伊藤博之
位　置：日本·东京
分　类：集合住宅
标　签：标准化，个性空间
面　积：1700.88m²

现代人的生活总是充满悖论。你分 24 期免息买了副耳机就是爱慕虚荣；你分 240 期利息翻番买了个房子就是发愤图强。你借了 2 万元买了个大牌的包，然后挤地铁就是爱慕虚荣；你借了银行 200 万买个了蜗居的房，然后不仅要挤地铁，还得吃泡面、逛地摊，天天省吃俭用就变成发愤图强的当代好青年了。从 "隐形贫困人口" 到 "精致穷"，标签换了一茬又一茬，自嘲了一拨又一拨，本质上还是在说穷人不配获得轻而易举的享受。或许在很多人看来，所谓精致就是对过剩物质精美绝伦、精益求精的精雕细琢。

首先，你得物质过剩，然后，你才能精致。但很遗憾，这个世界上还有设计师这个行业，他们让有些精致靠的不再是物质，而是设计，比如说，房子。

与很多大城市一样，日本普通年轻人想要在东京奋斗出一套独立住宅难于上青天，能买一套小公寓就算安家落户了。但 60m² 的毛坯公寓与 600m² 的独栋住宅之间的差距不仅是 10 倍的使用面积，更是甩开了 18 条街的自我认同。就像你经常看到的各种稀奇古怪的日本小住宅一样，独立住宅就意味着不一样的烟火（图 2 ～图 6）。

图 2

图 3

图 4

图 5

图 6

而公寓就是公寓楼里的复制品，没有感情的几十分之一（图7）。

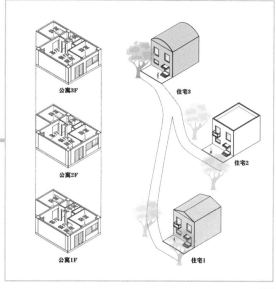

图 7

虽说只要一点点不同就能满足自我认同的心理需要，但就是这"一点点"不同也很难在拥挤强排的公寓中实现，不信你就简单加个拱形屋顶试试（图8、图9）。

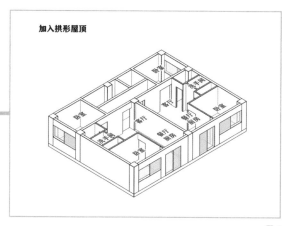

图 8

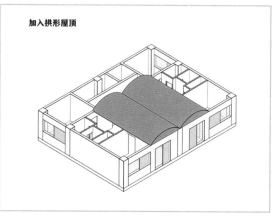

图 9

单个看还可以，但复制之后就尴尬了。这层与层之间的大缝是为了漏风吗？要是把拱顶直接按下去，那不如让人家自己装修好了（图10）。

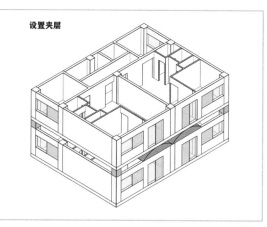

图 10

所以，蜗居在鸽子笼公寓楼里的人就注定无法拥有一套独一无二的房子吗？日本建筑师伊藤博之不打算信这个邪。说白了，强排的多层公寓追求的是标准统一，而定制的独立住宅想要的是个性特别，针尖对麦芒的关系怎么变得和谐？

针锋相对当然不可能和谐，但如果把针尖藏进麦芒里呢？比如说，把个性独特的空间统一到标准网格模块里，是不是就可以一起愉快地强排了呢（图 11）？

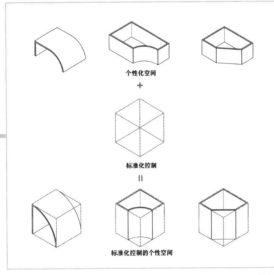

图 11

没有束缚的自由不是真正的自由。换句话说，只要我们让个性空间、标准模块、柱梁网格相统一，就可以在标准户型里自由组合出各种各样的花式公寓（图 12）。

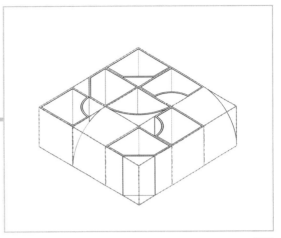

图 12

某甲方打算在东京都文京区的三组坂开发一栋单身公寓楼。基地位于一个丁字路口的西南角，临近秋叶原和上野，是东京繁华商业区的一部分。地形北高南低，南侧和西侧都紧邻其他建筑。幸好南侧的建筑不高，采光条件还凑合（图13）。

图 13

退线后用地面积还剩下 220m²，建筑限高 30m，甲方要求做出至少 27 户公寓。先简单心算一下：总建筑面积控制在 1700m² 左右的话，27 套公寓的要求其实还好啦，每层平均 3 户的话，10 层完全够用，甚至有点儿富裕。那么，首先拉起一个 10 层的体块，每层 3m 高（图14），然后给这个体量划分立体模块网格。

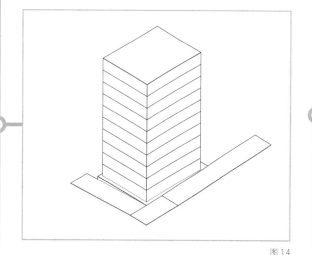

图 14

那么，问题来了：方块划多大呢（图 15）？

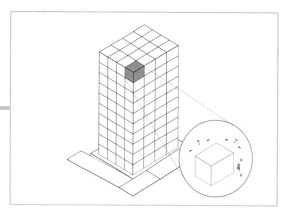

图 15

因为划分好的方块将被拼接成户型，所以方块的尺寸要符合居室的尺度。日本住宅有一个独特的面积单位——叠，它代表一张榻榻米的大小，在东京通常是 1.53m²，主要居室一般有 5 ~ 6 叠大小。于是伊藤君把基本网格的面积设置为 6 叠，结合场地尺寸最终确定轴网为 3.2m×3.2m，每个单元格 10m² 左右（图16）。

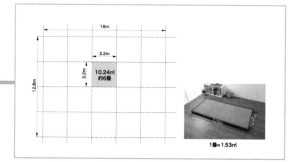

图 16

有了这个 3.2m 的网格之后，整个建筑就可以被划分成一堆边长约 3m 的立方体模块（图17）。

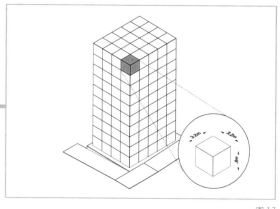

图 17

每个立方体模块都可以作为一个独立房间使用，并组合成符合各种面积要求的公寓户型（图18）。

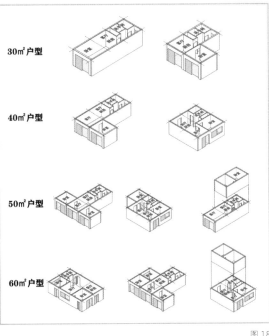

30m² 户型

40m² 户型

50m² 户型

60m² 户型

图 18

那么，问题又来了：这么多户型选哪个呢？强排了解一下？比起强排，更应该了解的是日本规范。众所周知，日本的日常就是小震天天有，大震三六九，所以建筑的抗震设计要求都是困难模式：在相似条件下，日本的框架柱截面积大约是我国的 1.8 倍。具体到这个项目，根据结构和抗震计算，柱子的截面尺寸为 550mm×550mm（图 19、图 20）。

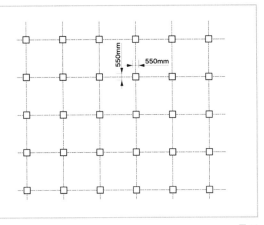

图 19

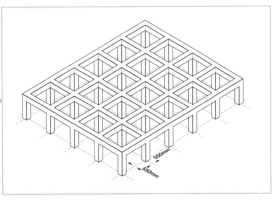

图 20

而日本框架结构常用的 RC 填充墙厚度在 150mm 左右。550mm 柱子和 150mm 墙的组合对于房间来讲意味着什么？两个字：难受！就像化妆时脑门上的痘痘，除了卡不完的粉就是遮不住的瑕，反正就是不能光滑平整（图 21）。

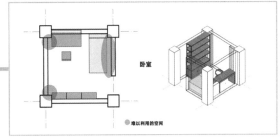

卧室

● 难以利用的空间

图 21

怎么办？凉拌炒鸡蛋！

画重点：伊藤君将填充墙沿柱子外皮放置，一侧保证完整墙面，另一侧则留出 400mm 的凹槽空间，可满足大部分储物柜体的深度要求（图 22）。

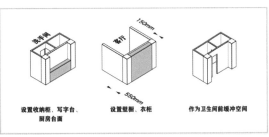

设置收纳柜、写字台、厨房台面　　设置整柜、衣柜　　作为卫生间前缓冲空间

图 22

原来均质的柱网也就随之变成了图23这个样子。

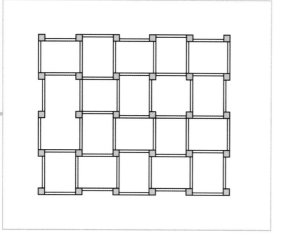

图 23

基本单元的实际使用空间由方形变成了矩形,更加实用的同时也让房间之间有了区别(图24)。

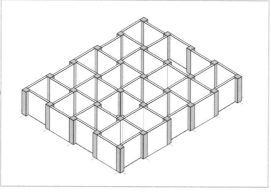

图 24

至此,前期障碍已经全部扫除,可以放心大胆地排户型了。建筑北侧和东侧临街,由于场地与两条路都有高差,因此要平整土地,使得室内地坪与街角部分平齐,并将此处作为建筑入口。1层住户布置在南侧和东侧,自行车库放在临街的西北角,剩下的交通核自然放到西南角(图25)。

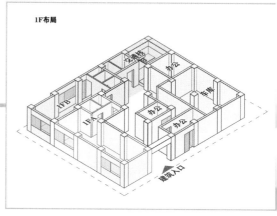

1F布局

图 25

根据甲方要求,这栋楼里的27套公寓不仅要覆盖 30m²、40m²、50m²、60m² 这几种常见面积,而且大小户型之间的数量配比也有明确指标。一番强排操作后,伊藤君选择将建筑分成3段处理:2~5层按一梯四户布置,面积最大。几户交接的地方开入口比较尴尬,可以将一户的房间切去一部分,为另一户留出入口(图26~图30)。

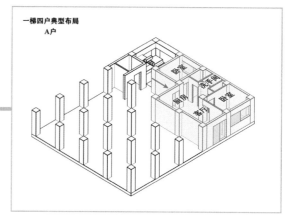

一梯四户典型布局
A户

图 26

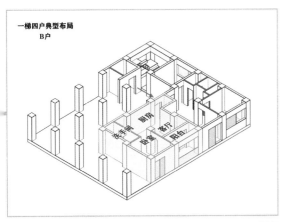

一梯四户典型布局
B户

图 27

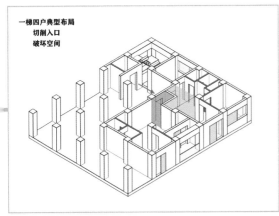

一梯四户典型布局
切削入口
破坏空间

图 28

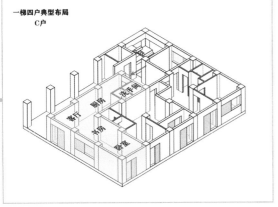

一梯四户典型布局
C户

图 29

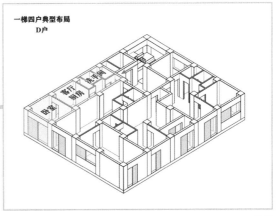

一梯四户典型布局
D户

图 30

6层、7层东侧外墙内缩一跨，按一梯三户布置（图 31 ~ 图 34 ）。

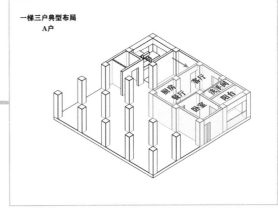

一梯三户典型布局
A户

图 31

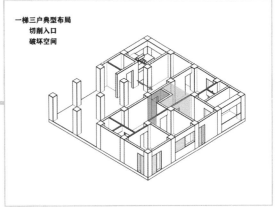

一梯三户典型布局
切削入口
破坏空间

图 32

033

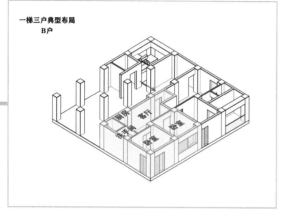

一梯三户典型布局
B户

图 33

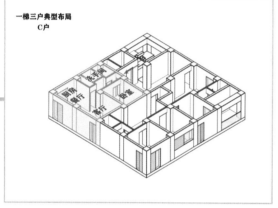

一梯三户典型布局
C户

图 34

8 层 ~ 10 层北侧外墙内缩一跨，按一梯二户布置（图 35 ~ 图 37）。

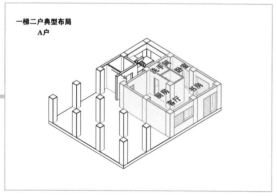

一梯二户典型布局
A户

图 35

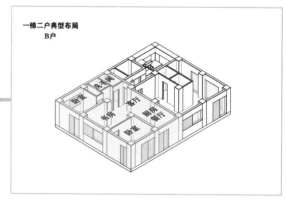

一梯二户典型布局
B户

图 36

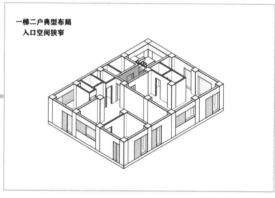

一梯二户典型布局
入口空间狭窄

图 37

至此，整个公寓楼就形成了这样的分区（图 38）。

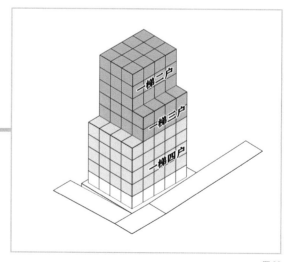

图 38

普通公寓到这儿也就差不多可以收工了，但精致公寓的个性设计现在才刚刚开始。接下来要在模块内对一些房间进行精雕细琢的花式切削（图39）。

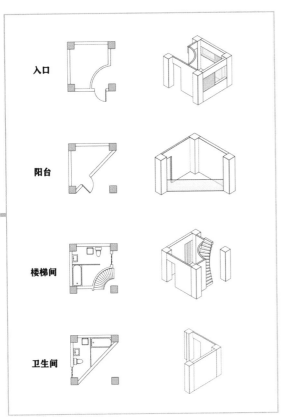

图 39

平面切完了，剖面可以接着切。有一种精致，叫360°无死角（图40）。

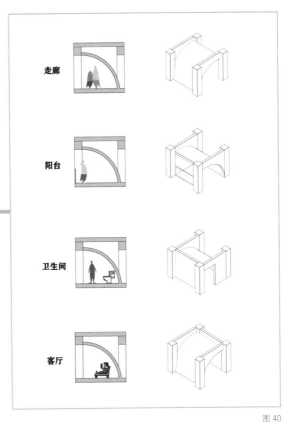

图 40

然后，关键操作来了。我们要把切削后的个性模块替换到公寓户型里。1层首先用水平和垂直方向切削的两个模块替换办公空间，达到开阔入口流线以及拓展候梯空间的目的。随后用斜向切削的模块替换A户的部分空间，从而进一步扩大建筑入口空间。替换完成后对户型内部进行调整（图41～图45）。

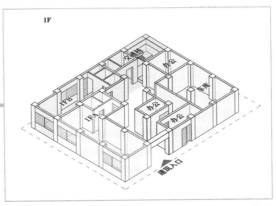

图 41

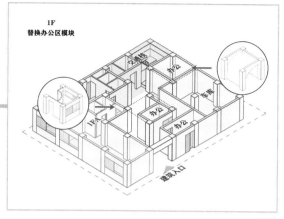

图 42

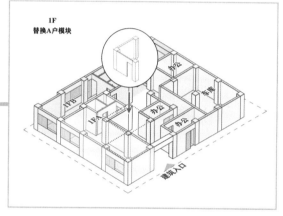

图 43

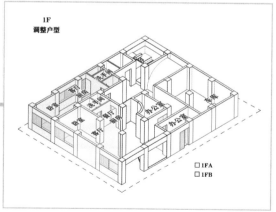

图 44

公寓入口

图 45

2 层用圆弧切削的模块替换 A、B 户的入口和室内楼梯间，解决 B 户入口和室内跃层流线的问题，同时将 A 户的外墙内推，使光线可以照进1 层的候梯空间。D 户向上跃层拓展，楼梯间用圆弧切削的模块替换（图 46 ~ 图 50）。

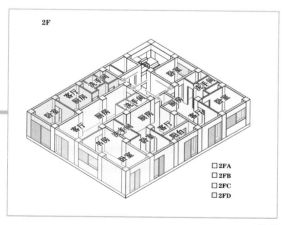

图 46

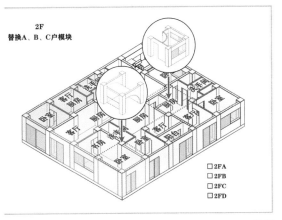

图 47

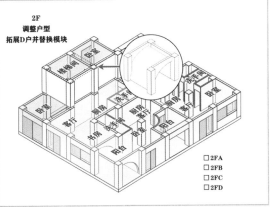

图 48

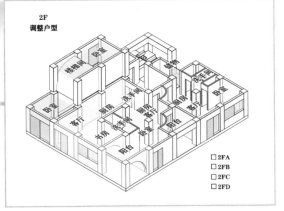

图 49

图 50

3 层用斜向切削模块以及横向、纵向的圆弧切削模块替换 A、B 户的阳台和厨房，从而创造出一个三户共用的大阳台（图 51～图 54 ）。

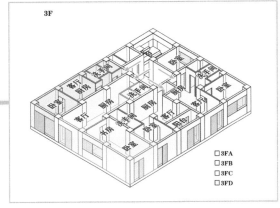

图 51

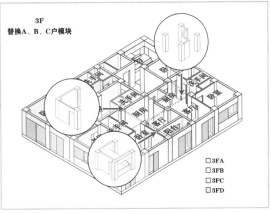

图 52

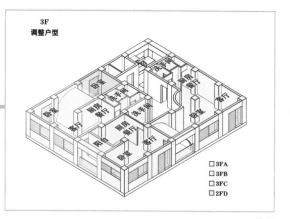

图 53

A户室内的弧墙

图 54

4 层首先用斜向切削模块将公共区域替换并扩大，随后用圆弧切削模块替换 A、B 户的洗手间和 C 户的入口。C 户向上跃层拓展后用圆弧切削模块替换并塑造楼梯间，最后用纵向圆弧切削模块替换 D 户卫生间（图 55 ~ 图 60）。

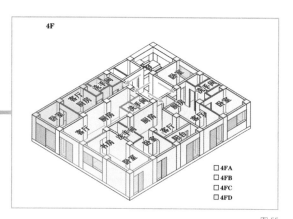

图 55

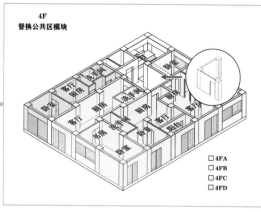

图 5[6]

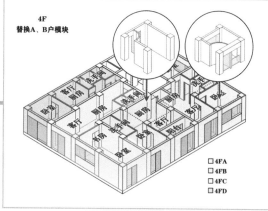

图 57

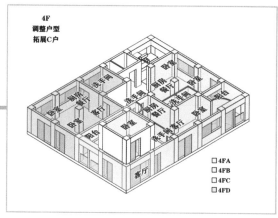

图 58

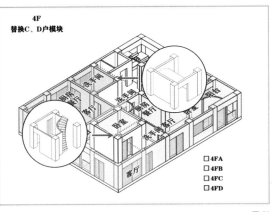

4F
替换C、D户模块

☐4FA
☐4FB
☐4FC
☐4FD

图 59

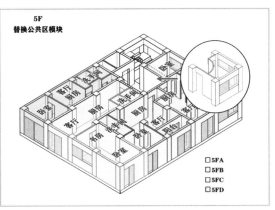

5F
替换公共区模块

☐5FA
☐5FB
☐5FC
☐5FD

图 62

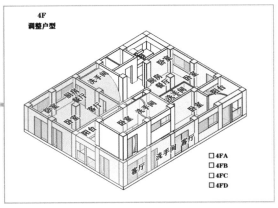

4F
调整户型

☐4FA
☐4FB
☐4FC
☐4FD

图 60

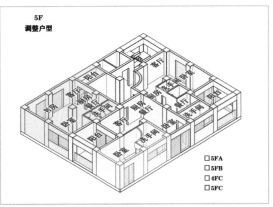

5F
调整户型

☐5FA
☐5FB
☐4FC
☐5FC

图 63

5 层首先用圆弧切削模块替换公共区域扩大空间,随后用斜向切削模块替换 A 户阳台,创造一个独立小阳台的同时让出了 B 户的卫生间。最后用圆弧切削模块替换了 B 户的阳台,使其可以被 B、C 两户共同使用(图 61 ~ 图 65)。

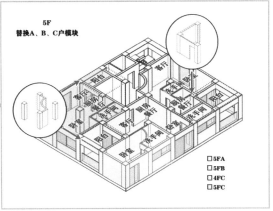

5F
替换A、B、C户模块

☐5FA
☐5FB
☐4FC
☐5FC

图 64

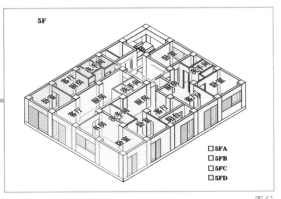

5F

☐5FA
☐5FB
☐5FC
☐5FD

图 61

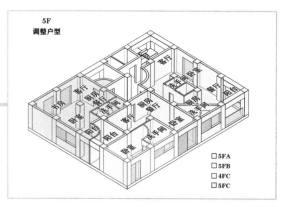

图 65

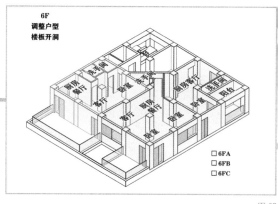

图 68

6 层用斜线切削模块替换了公共区域和 A、B 户交接的空间，为 B 户创造了通道式的入口空间，卫生间一分为二置于两旁。最后在平台中部的楼板上开洞，使 5 层的阳台可以享受到顶部采光（图 66 ~ 图 68）。

7 层首先用圆弧切削模块替换公共区域，扩大了 A 户的面积，随后再用 3 个圆弧切削模块替换三户的洗手间和阳台部分，让 B 户多了一个小阳台（图 69 ~ 图 74）。

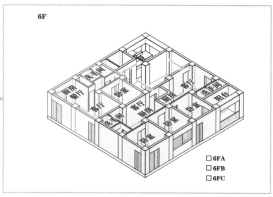

图 66

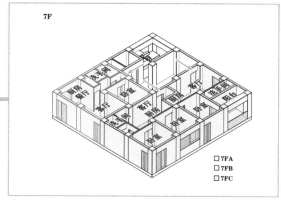

图 69

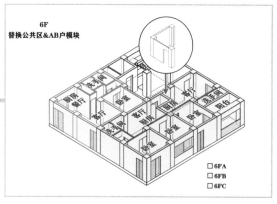

图 67

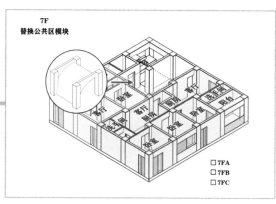

图 70

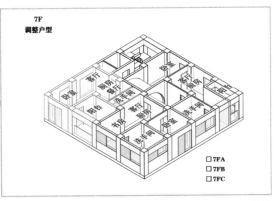

图 71

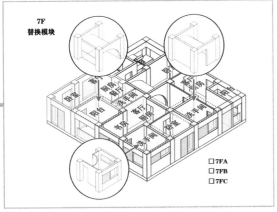

图 72

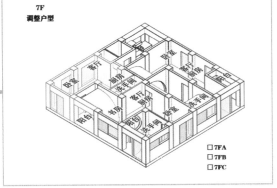

图 73

7层公共区域

图 74

8 层用斜向切削模块替换了 A 户的入口部分，用圆弧切削模块替换 B 户的客厅，随后在平台中部的楼板上开洞，使阳光可以通过 7 层的弧顶反射进 7 层的公共空间（图 75 ~ 图 78 ）。

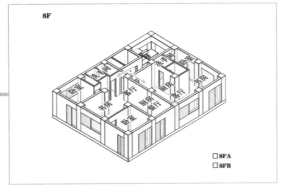

图 75

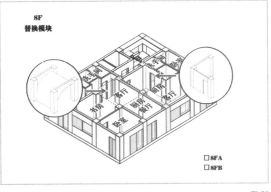

图 76

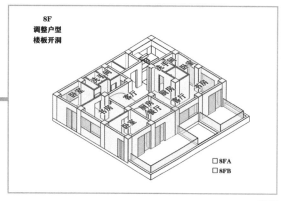

8F
调整户型
楼板开洞

□8FA
□8FB

图 77

8层公共区域弧墙反射的光线

图 78

9 层用弧线切削模块拓展公共空间，并为 B 户置入楼梯间变为跃层，同时在 B 户中部设置一个中庭，使阳光可以通过 8 层的弧墙反射进公共空间（图 79 ～图 82）。

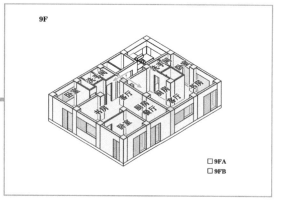

9F

□9FA
□9FB

图 79

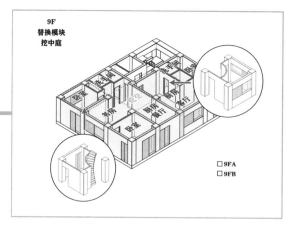

9F
替换模块
挖中庭

□9FA
□9FB

图 80

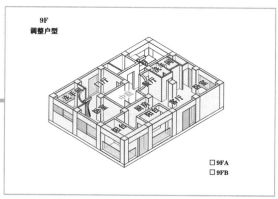

9F
调整户型

□9FA
□9FB

图 81

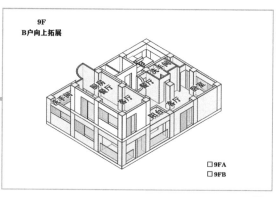

9F
B 户向上拓展

□9FA
□9FB

图 82

由于 9 层 B 户为复式布局，因此 10 层只设一户。用一个复合的斜线切削模块拓展了公共空间，随后用弧线切削模块设置了一个与 8 层、9 层贯通的中庭，同时打通了 A 户的室内流线。最后用竖向弧线切削模块拓展 9 层 B 户的客厅空间（图 83 ～图 86）。

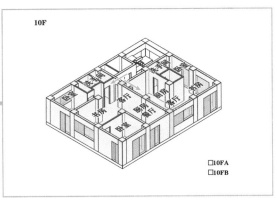

图 83

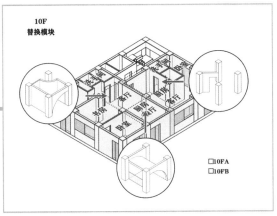

图 84

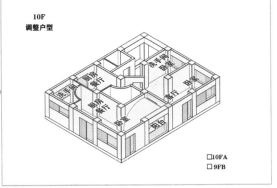

图 85

贯穿 8 ~ 10 层的中庭空间

图 86

加外挂疏散楼梯（图 87）。

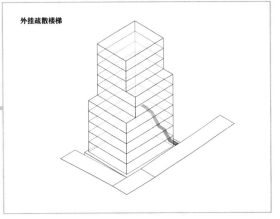

图 87

最后把上面的10层平面组合到一起，收工回家（图88）!

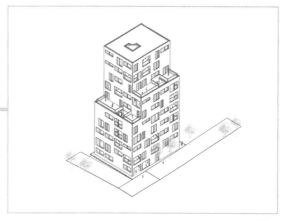

图88

这就是日本建筑师伊藤博之设计的三组坂 flat 公寓楼，一个户户都有精致个性空间的公寓楼（图89~图91）。

图89

图90

图91

这个社会既不白也不黑，而是一道精致的灰，每个平凡的小人物大概都偷偷幻想过不属于自己的奢靡放纵。精致的生活或许是一种选择，但精致的设计是一种态度，一种不被偏见绑架，不被金钱迷惑，不因平凡懈怠，对待每一个设计都精益求精的态度。设计面前，人人平等。

图片来源：

图 1、图 45、图 50、图 54、图 74、图 78、图 86、图 89 来源于 http://ito-a.jp/?page=work_detail&id=382，图 2 ～ 图 6 来源于 https://www.google.com/search?q=sou+fujimoto&tbm=isch&ved=2ahUKEwia_vbgie7uAhWX6J4KHSmvDrkQ2-cCegQIABAA&oq=sou+&gs_lcp=CgNpbWcQARgAMgcIABCxAxBDMgUIABCxAzIECAAQQzIECAAQQzIECAAQQzICCAAyAggAMgQIABBDMgIIADIECAAQQzoICAAQsQMQgwFQ4ztYhERghFFoAHAAeACAAeUBiAGLB5IBAzItNJgBAKABAaoBC2d3cy13aXotaW1nwAEB&sclient=img&ei=TY4rYNqjHZfR-wSp3rrICw&bih=754&biw=1536，图 90、图 91 来源于 *SHINKENCHIKU* 杂志 2020 年 2 月刊 P66-67，其余分析图为作者自绘。

END

这世上最不能当真的，除了群发的情书，还有群发的任务书

图 1

名　称：韩国光州城市主图书馆（图 1）
设计师：ARCVS 事务所
位　置：韩国·光州
分　类：公共建筑
标　签：分期，策略
面　积：约 8000m²

"男人的嘴，骗人的鬼。"他能给你写三千字情书，也能写给别人，反正复制粘贴都是一个模式。但甲方就不同了，他们不但骗人，还骗鬼。如果说写情书是偷偷摸摸复制，害怕穿帮，那写任务书就是光明正大地粘贴——生怕你情窦初开，以为全世界充满爱，感觉不出我的敷衍。所以姑娘们，如果你的男人恰巧还是个甲方，那建议你连情书的标点符号也去查一下征信。倒不是说男人和甲方一定没有真心，只是他们的心思太多，就算写给你的那点儿心思是真的，也是真的没有多少，认真你就输了。

韩国光州市政府计划新建一座公共图书馆，基地选得不能说好，那是相当好——紧挨着光州市的母亲河光州河，旁边还围绕着青年文化中心、城市公园、市政厅以及专用于国乐表演的表演中心等一系列高端大气的设施（图2）。

图2

如此优越的环境，难道就没有点儿幺蛾子吗？这不科学啊。确实不科学，因为幺蛾子已经成精了，这块看起来高端大气的场地本体是一个垃圾焚烧厂，不但原来是，现在也还是，而且在不久的将来也会依然挺立在美丽的光州河畔（图3）。

图3

说白了就是——不准拆。虽然这个垃圾焚烧厂从2016年就停止使用了，政府也承诺将来会改造，但将来是什么时候也不知道，反正现在就是不能拆，也不能动。不管为什么，反正结果就是图书馆的实际使用基地其实只有一半，还得与垃圾厂同桌（图4）。

图4

好在项目面积够大，整个场地有 31 871 m^2，除去垃圾焚烧厂那一半也还剩 10 200 m^2，建一个总面积不到 8000 m^2 的图书馆绰绰有余。

于是，甲方摸着活蹦乱跳的良心毫无负担地发布了建筑竞赛任务书。任务书写得那叫一个暧昧：主要竞赛任务就是在可使用场地上设计一个图书馆，至于旁边的垃圾焚烧厂，你可以考虑，也可以不考虑；可以分期，也可以不分期；可以改造，也可以不改造；如果提一个比遥远还远的未来设想，也行。总之就是一道自选题，做不做都不计分（图5）。

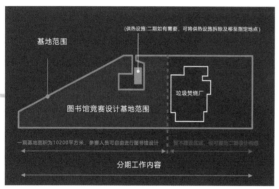

图5

然而，这道自选题就和"想吃什么就吃，再胖我都喜欢你"一样——听听就算了。他们真实的意思都是：想做（吃）什么就做（吃），只要你美丽、贤惠、能挣钱，我就喜欢你。广大建筑师朋友也都在"五彩斑斓的黑"里积攒了丰富的战斗经验：不考虑就是考虑！不在意就是在意！不想要就是想要得快疯了！不就是想分期建个图书馆，再加上一个厂房改造吗？都是千年的狐狸，演什么《聊斋》！

大部分参赛建筑师都果断忽略了甲方的暧昧，简单粗暴地直接将设计任务分解为两期（图6）。

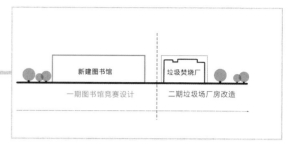

图6

一期：在一阶段的建设场地设计一个美美的图书馆。二期：对二阶段场地上的垃圾焚烧厂进行立面改造。反正也不知道里面将来干什么用，咱们只管让它和自己美美的图书馆和谐统一就完事儿了。方案结果当然是怎么美丽怎么来（图7）。

图7

然而，就算都是千年的狐狸，也有一千年和三千年的区别。修炼三千年的建筑师眉头一皱就知道建筑分期不仅涉及建设周期，更重要的是还涉及使用状态，因此一期和二期不可能同时进行：图书馆建成以后会有很长一段时间不得不和未曾改造的垃圾焚烧厂强行并列，怎么想都不像很美好的样子。所以，棋高一着的这拨建筑师将设计任务分成了三期。

一期：在一阶段的建设场地设计一个图书馆。一点五期：一期结束后，在使用时尽量不让图书馆里的人看到垃圾焚烧厂。二期：对二阶段场地上的焚烧厂进行改造，完成项目（图8）。

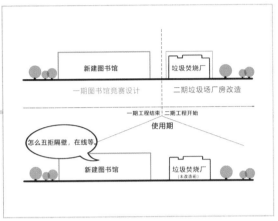

图8

具体到设计策略上，就是将二者尽量隔离。不管是转身不看，还是自闭朝天，只要建筑师能在手法上自圆其说，基本都能出彩。事实证明，这拨人也确实都没有空手而归，妥妥地奔着奖就去了（图9、图10）。

by Wonwoo Architects & Engineers   二等奖

图9

by JWJZ Architecture   三等奖

图10

如果没有下面这个人，估计这拨三千年的狐狸里还能再出个冠军。但很遗憾，偏偏就有这么个人取了真经，修成了正果。

99%的人都被垃圾焚烧厂转移了注意力，而忘记了这本身是一块完整的地，一个整体的项目。虽然甲方没有明说，为啥非得把图书馆（一阶段）和垃圾焚烧厂（二阶段）拧巴地放在一起说事儿，而不是再开一个竞赛或者开条马路把场地分成两块，但他们心里肯定还是暗暗觉得，在未来的使用中这里肯定是一个整体，而不是两个项目各立门户，虽然还不知道这个未来到底什么时候来。所以，真正想修成正果至少得把设计任务分成四期。

一期：在一阶段的建设场地设计一个图书馆。一点五期：一期结束后使用图书馆时，尽量不让图书馆里面的人看到垃圾焚烧厂。二期：对二阶段场地上的垃圾焚烧厂进行改造。二点五期：二期结束后使以上两者无缝连接成一个整体（图11）。

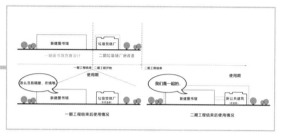

图11

但这是建筑、房子，又不是变形金刚，说分开就分开，说合体就合体（图12）。

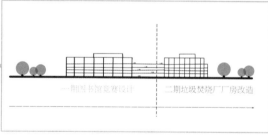

图12

想要最终可以合体，图书馆和垃圾焚烧厂之间至少得有点儿相同基因才行。可看焚烧厂这个皮包骨的样子，也就有个框架结构还能用。也就是说，你只能让新建图书馆延续原来厂房的结构，使其最终成为一个整体（图13）。

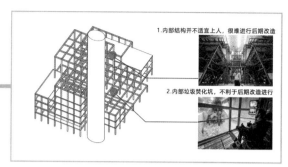

图13

然而现实是，垃圾焚烧厂的结构本身就是个漏洞，内部结构在设计之初就没考虑过上人，并且还有一个垃圾焚化坑——专坑图书馆。那么，问题来了：既然这个结构框架不能作为主角，那最后还想和新建筑连成一个整体，怎么办？

画重点：能站上舞台的不一定是演员，还有可能是道具。把思维转换一下，为什么不能让这个框架结构作为新建结构的道具呢？简单地说，就和奇石盆景一样，虽然值钱的是石头，但那个底座也是不可缺少的，而我们的垃圾焚烧厂只要安静地充当这个架子就行了（图14）。

图14

所以，现在事情就变成了大家开动脑筋想一下：什么样的新建结构能延续过去呢？这么想是不是简单多了（图15）？

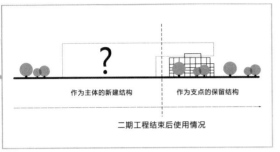

图15

无论实体加连廊，还是阶梯退台，又或者是直接穿过建筑，只要你高兴就好。所谓设计就是这样：策略属于甲方，方法属于建筑师（图16 ~ 图18）。

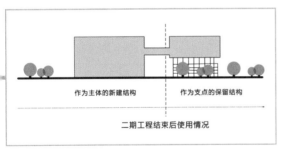

图16

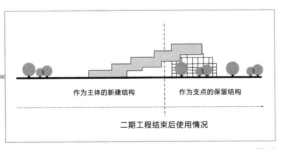

图17

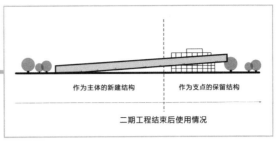

图18

一期，让图书馆的使用不受垃圾焚烧厂的干扰。

说白了，就是让人看不见垃圾焚烧厂。在保证图书馆内部自然采光良好的情况下，让朝向垃圾焚烧厂的那一面不开窗，且其他面也不存在倾向垃圾焚烧厂的开窗视线，也就是让垃圾焚烧厂藏在图书馆的盲区之内。于是，我们就只能得到一个大长条（图19 ~ 图21）。

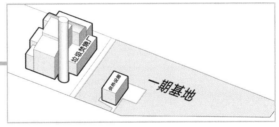

图19

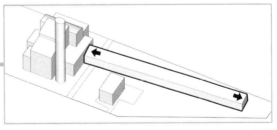

图20

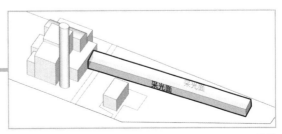

图21

根据结构特性将长条分成 8 段，便于钢结构的焊接施工（图 22）。

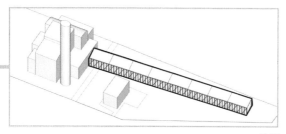

图 22

功能从下往上依次排列门厅、儿童阅览室、多媒体资料库和一般资料库。反正就是个长条，倒是省心了（图 23）。

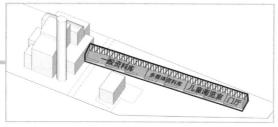

图 23

这样使用者在里面就只能看到两边的景色。除非你特意去找，否则是看不到垃圾焚烧厂的（图 24、图 25）。

图 24

室内还好说，关键是怎么能让处于图书馆室外公共活动空间的人看不见垃圾焚烧厂。首先，把室外活动场地下沉（图 25）。

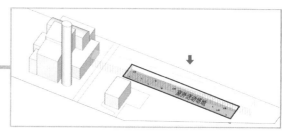

图 25

其次，把除阅览功能之外的其他辅助功能，如书库和报告厅什么的放到下沉广场两边（图 26）。

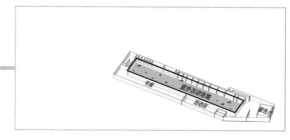

图 26

然后加上退台景观，更方便引入人流（图 27）。

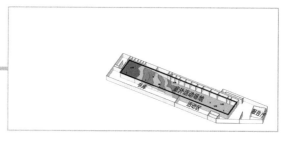

图 27

加上直跑楼梯、自动扶梯以及疏散交通，增强和地面的联系（图 28）。

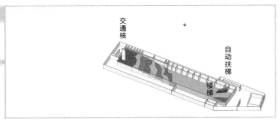

图 28

最后，在地面层加上连廊，方便通行（图 29）。

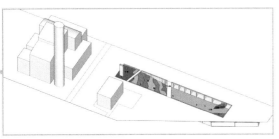

图 29

这样，室外广场就也活在看不见垃圾焚烧厂的风景里了（图 30）。

图 30

至此，一期场地上的图书馆设计完成（图 31）。

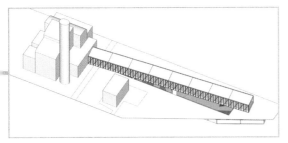

图 31

二期，让图书馆和改造后的垃圾焚烧厂合体。

终于，我们要对可怜但不弱小的钉子户——垃圾焚烧厂动手了。首先，移除供热设施，布置停车场，去掉厂房表皮，留下结构（图 32、图 33）。

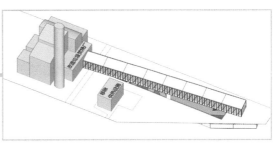

图 32

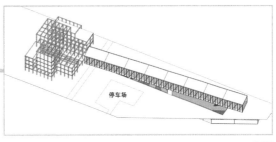

图 33

然后，简单直接的操作来了！把前面图书馆的那个大长条，再来四段直接插入垃圾焚烧厂的结构框架里！穿心而过，不带走一片垃圾（图 34）。

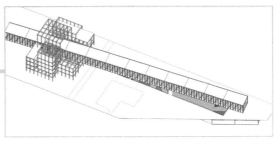

图 34

你不是不知道未来焚烧厂改成什么吗？没关系，我帮你想。你看这个坑，它又方又深，像不像个泳池？前生今世，水火两重天（图 35、图 36）。

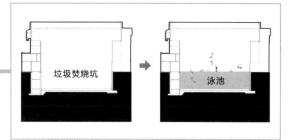

图 35

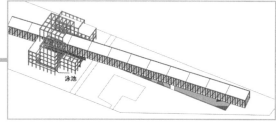

图 36

而且这个图书馆和游泳馆的联动，也算文体两开花了，将来绝对会成为韩国单身男女的大型相亲现场，身材、内涵一条龙看清楚（图 37）。

图 37

图书馆的结构上主要由交通核心筒来支撑钢结构桁架，基本对垃圾焚烧厂的原有结构没有影响（图 38）。

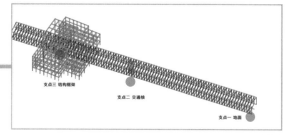

图 38

再给垃圾焚烧厂穿一件透明表皮的新衣服（图 39）。

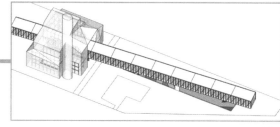

图 39

收工。谁敢说这不是一个妈生的（图 40）？

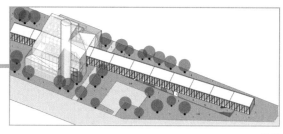

图 40

这就是塞尔维亚 ARCVS 事务所设计的韩国光州城市主图书馆，也是本次竞赛的一等奖（图41～图43）。

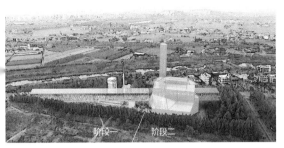

图 41

图 42

图 43

光州一年举办两次马拉松比赛，分别在 4 月 18 号和 8 月 27 号，路线都经过图书馆。"得道成仙"的建筑师掐指一算，4 月 18 号的 7 点 14 分和 7 点 21 分，8 月 27 号的 7 点 14 分和 7 点 21 分，太阳光线都正好和图书馆的长筒对齐，这就叫"开光"（图 44）。

图 44

甲方的心，海底针，做设计真的很像谈恋爱，很多时候，很多事儿不是不想说，而是不知道怎么说，心中百转千回，把这辈子、下辈子、下下辈子的事儿都过完一遍了，却也只发给了对方两个字：忙吗？写在任务书上就是四个字：立意新颖。

谈恋爱不能只靠写情书，做设计也不能只靠任务书，最好的状态永远都是：你没开口，我已经懂了。

图片来源：

图 1～图 5、图 7、图 9、图 10、图 24、图 30、图 37、图 41～图 44 来源于 http://www.gjlibrary-compe.org/sub03/sub01.php，其余分析图为作者自绘。

END

没有原则的建筑师，最为致命

图1

名　称：阿斯托里亚－维多利亚文化中心竞赛方案（图1）
设计师：Mendoza Partida+Estudio Seguí 事务所
位　置：西班牙·马拉加
分　类：文化中心
标　签：可变剧院
面　积：9188m²

每个自我感觉良好的建筑师都喜欢讲原则，主要是喜欢和甲方讲原则，因为在建筑师眼里，最没有原则的事就是讨好甲方。贫贱不能移，威武不能屈。设计要服务生活，服务城市，服务社会，服务广大劳动人民，就是不能服务甲方，特别是不能服务于甲方的个人嗜好。集体利益必然高于个人利益，但现实中荒诞的是，如果你不先对某个人溜须拍马，或许根本就没机会为国为民当牛做马。

西班牙马拉加市有一个梅塞德广场，算是西班牙 5A 级景区，周围全是历史文物，包括毕加索博物馆、吉布拉尔法罗城堡、阿尔卡萨瓦城堡墙壁、罗马剧院、阿尔卡拉巴通道、马拉加博物馆、马拉加主教堂等。广场上还有一个老电影院，虽然它不是文物，但最近，这个老电影院遇到了点事儿——被挖了老底，底下挖出了个古生物遗址（图 2）。

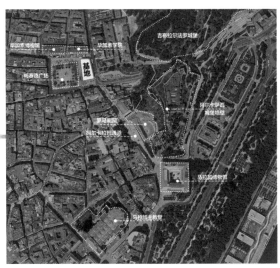

图 2

虽然这个遗址也算不上多么重要，但挖都挖出来了，怎么也得保护一下，马拉加市议会就琢磨着拆了这个老电影院盖个遗址展馆。可在这遍地国宝的地方专门为一个十八线遗址盖个博物馆好像又有点儿兴师动众——主要是地主家也没有余粮。

于是，政府决定出去拉点儿赞助。他们找到了西班牙知名演员、马拉加非正式文化大使安东尼奥·班德拉斯。安演员很痛快，亲自站台：不但为展馆加设一个剧院，还拉了商业大佬 Starlite 集团一起上演"马拉加合伙人"。至此，甲方三巨头正式成立：马拉加市政府、演员安东尼奥·班德拉斯，以及 Starlite 集团。整个建筑也被重新规划成三大功能：800m² 的遗址展厅、1500m² 的 600 座剧院，以及 5400m² 的商业空间。小展馆充值升级成了综合体（图 3）。

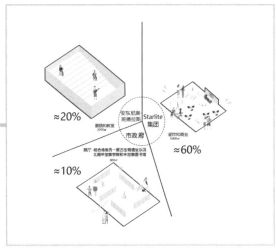

图 3

这个面积分布，明眼人都能看出来谁才是真正出钱的金主。但金主也没用，政府民生工程一切以公共利益优先，商业再多也得叫文化中心，不可能改名叫某某商场。

对此，建筑师当然喜闻乐见，设计一个美美的
文化中心肯定比设计一个商场有意思得多。单
纯的建筑师可能已经沉浸在创作的快感中，都
要画完草图了，却没发现这个美美的文化中心
并没有看起来那么单纯。因为，这里面的剧院
不是普通的公共剧院，而是安演员的个人剧院，
相当于德云社的茶馆小剧场，只为一个演出团
队服务。换句话说，它的开放时间更短，也更
随意——反正都是安演员说了算（图 4）。

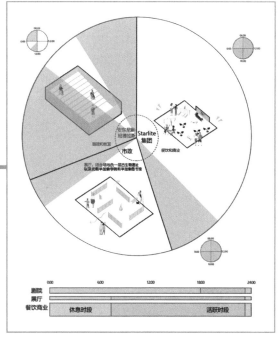

图 4

再说得直白一点儿，安氏剧院基本无法成为建
筑师想象中的那种活跃的公共开放空间，大多
数日子里，它都只是一个没有感情、冷冰冰的
实心疙瘩。一般情况下，建筑师都会果断地把
这些实心疙瘩放到顶层或者地下，就像所有商
业综合体里的电影院一样。从设计角度来说，
这没什么问题，唯一的问题是：你问过安演员
的意见吗？

那么，问题来了：在明显的公共利益面前，安
演员的个人意见重要吗？重要。

安演员估计是个谈判高手，在这场有 3 个甲
方的合作中，他为自己争取到了独一无二的权
利——一票否决权。简单地说，这个项目的局
面就是讨好安演员不一定会中标，但不讨好安
演员一定不能中标。心机建筑事务所 Mendoza
Partida+Estudio Seguí（简称 M+E）果断决
定抱紧安演员的大腿，先把这位爷伺候好。

所以，安演员想要的就是一个封闭剧院吗？太
年轻、太天真！人家安演员那么大一个腕儿，
是缺地方演出吗？混到这份儿上都艺术家了，
是时候该考虑考虑写自传的问题了。很多事儿，
说出来就没意思了。M+E 很懂，马上为安演员
安排了一个艺术生涯光辉事迹展厅。他们设计
了可移动座椅和用折叠门限定的剧院空间，不
演出的时候撤掉座椅，放上展品，就可以展出
安演员的艺术成就，改变座椅排布还可以举办
其他大型活动（图 5）。

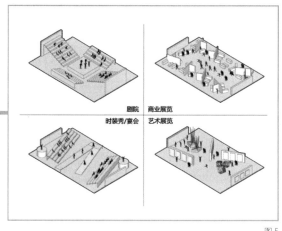

图 5

剧院空间摇身一变成了完全开放的活力空间，安排好了，简直可以全天候展示安演员的精彩事迹和电影，马屁拍得那叫一个清新脱俗（图6）。

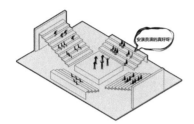

——安演员剧场演出

——安演员作品周边售卖

——安演员作品展示

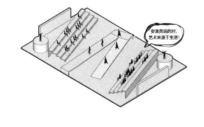

——安演员艺术交流会

图6

再来看一下甲方其他的功能要求。由于地下古生物遗址的缘故，展厅肯定布置在首层，并增加毕加索相关的展览与旁边的毕加索学院联动，展厅南侧布置门厅（图7）。

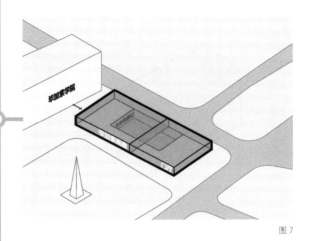

图7

于是，安演员的剧院受遗址影响不得不放在2层，教室和其他辅助房间则围绕遗址布置在地下一层（图8）。

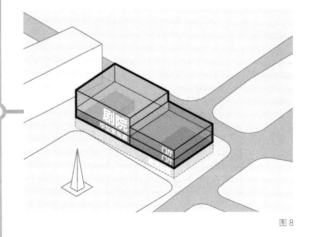

图8

至于和 Starlite 集团利益相关的商业和餐饮，则被无情地放置在了建筑的顶层。赚钱大家分，赔了自己扛，资本和权力的游戏，胜负从来没什么悬念（图 9）。

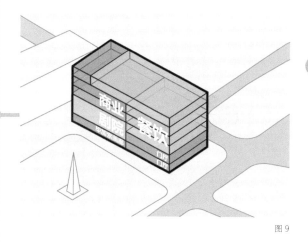

图 9

难得金主没脾气，不趁火打劫一下怎么对得起这些年"五彩斑斓"过的黑？于是，心机组合 M+E 又理直气壮地把顶层餐饮空间折叠压缩，利用空出的屋顶平台和餐饮区的山墙面做了一个露天影院，致敬被拆掉的老电影院（图 10）。

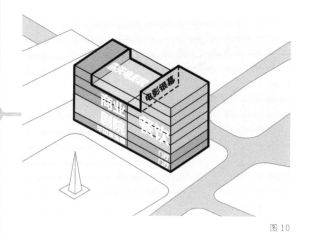

图 10

然后组织交通，加入两个交通核用于疏散，一部公共楼梯用于连接商业空间（图 11）。

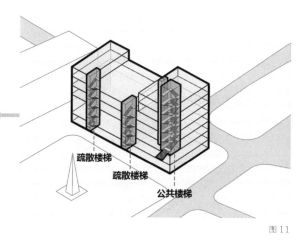

图 11

展厅、剧院以及餐饮和商业流线围绕公共楼梯展开（图 12）。

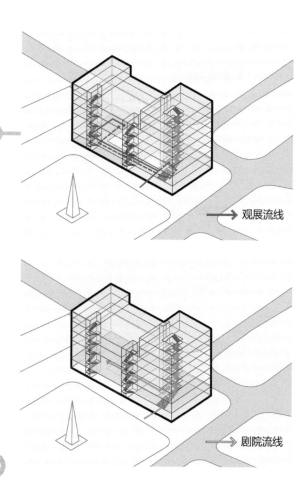

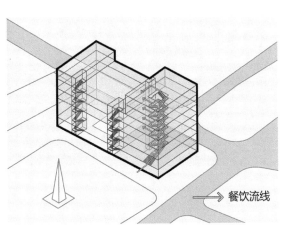

→ 餐饮流线

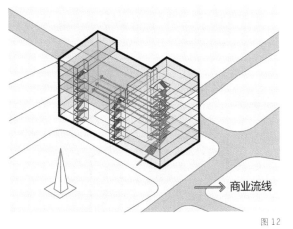

→ 商业流线

图 12

至此，建筑的基本功能布局都完成了，再搞搞立面、修修形体也就可以收工了。然而，问题又来了：这个建筑从整体效果来讲，应该是开放的还是封闭的？

站在安演员的立场，至少剧院部分肯定是要封闭的才能保证内部的使用效果。而市政府和 Starlite 集团当然希望越开放越好，越开放才能越有人气。所以，是要各家自扫门前雪吗（图 13）？

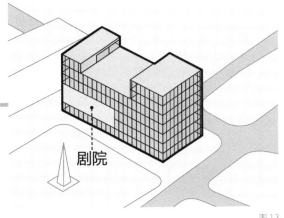

剧院

图 13

也不是不可以，就是看起来不太聪明的样子。你的好友端水大师 M+E 已上线，一碗水端平不难，难的是一碗水端平的同时还要让每个人都觉得自己占了便宜。M+E 的方法就是——集中开窗，既能满足剧院封闭的需求，又能保证其他功能最大限度地开放。最重要的是，自然而然、毫不做作（图 14）。

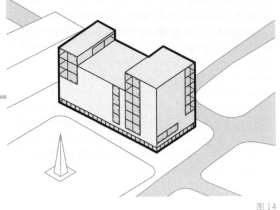

图 14

画重点：为了做到不动声色地自然开窗，端水大师在集中开窗的基础上又做了切割开窗——用建筑形体的转折限定窗框边界（图 15）。

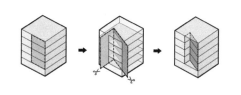

图 15

也就是在投影面积不变的情况下，暗度陈仓地扩大了开窗面积（图 16）。

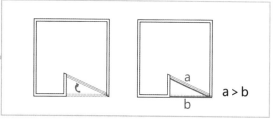

a > b

图 16

这样不但开了窗，还顺便多出了一个小观景平台（图 17）。

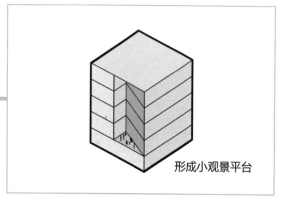

形成小观景平台

图 17

然后，深谙营销精髓的端水大师又让每个开窗洞口都对应周边的一个文化景观——反正这地儿别的不多，就文物多（图 18）。

图 18

先对建筑形体做一个初步切割，为切割开窗做一下准备。北侧平行于毕加索学院的边界，南侧垂直于阿尔卡拉巴通道主轴线，将多余体块切下置换到另一侧（图 19～图 23）。

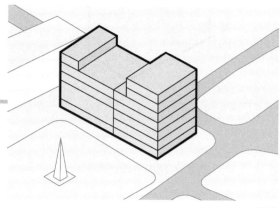

图 19

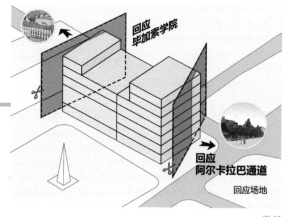

回应毕加索学院

回应阿尔卡拉巴通道

回应场地

图 20

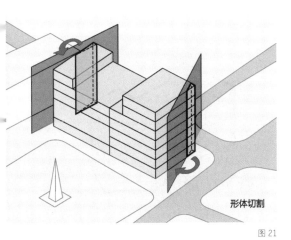

形体切割

图 21

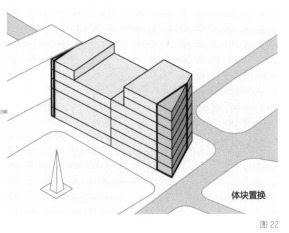

体块置换

图 22

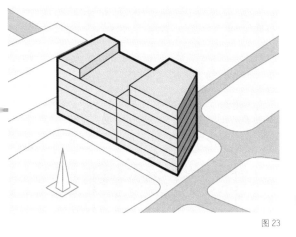

图 23

面向广场的界面则同时用不同角度的折叠面进行切割，得到一个视角更加丰富的观景面（图24、图25）。

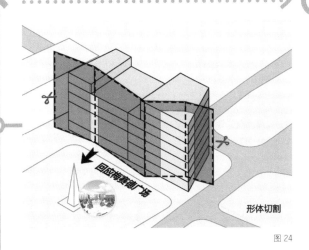

回应博集德广场

形体切割

图 24

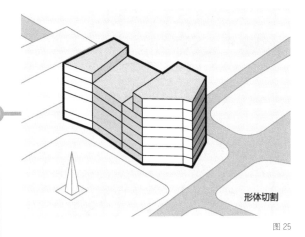

形体切割

图 25

因为内部空间除了剧院，都是不依赖于围合墙体的开放功能，所以大刀阔斧地切割并不影响内部使用（图26）。

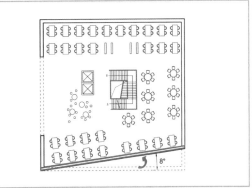

图 26

至此，形体塑造完毕，开始切割开窗洞口。

先看西侧。剧院可以切一小刀，切出一个室外舞台面向广场开放（图27、图28）。

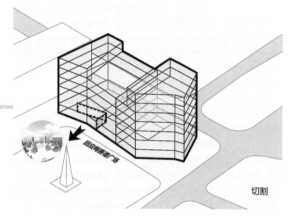

切割

图 27

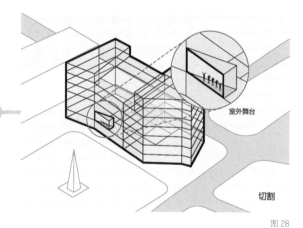

室外舞台

切割

图 28

1～5层切一大刀，面向梅赛德广场（图29、图30）。

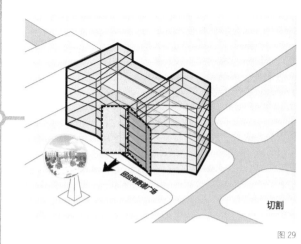

切割

图 29

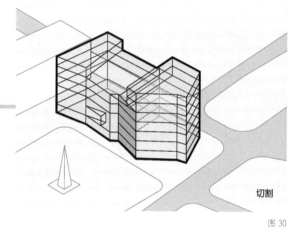

切割

图 30

2层门厅切一刀，开出一个室外小平台，面向广场的标志塔（图31、图32）。

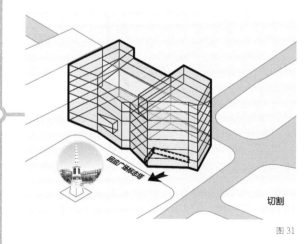

切割

图 31

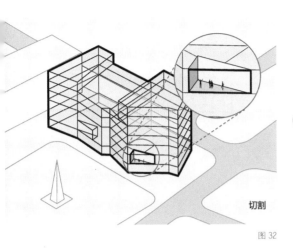

切割

图 32

顶层餐饮区切一刀，面向宗教文化区的大教堂（图 33 ~ 图 35）。

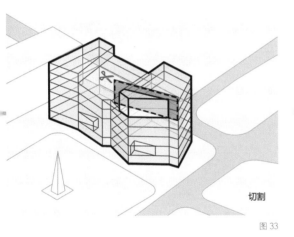

切割

图 33

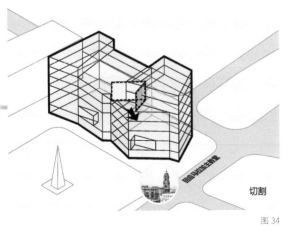

切割

图 34

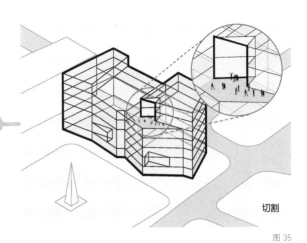

切割

图 35

再看南侧。2 层门厅切一刀，看向主干路（图 36、图 37）。

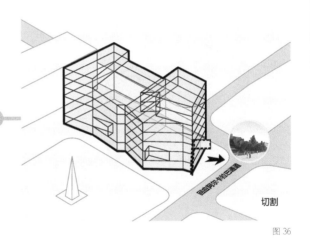

切割

图 36

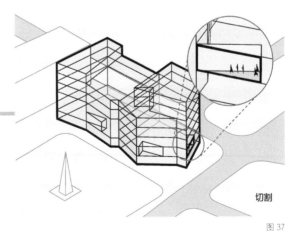

切割

图 37

顶层餐饮区切出露台，呼应遗址文化区的马拉加博物馆（图38、图39）。

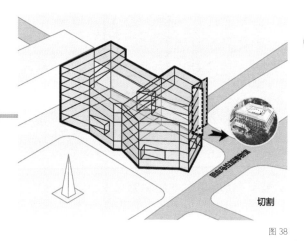

切割

图 38

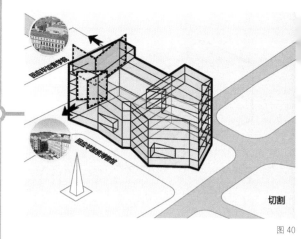

切割

图 40

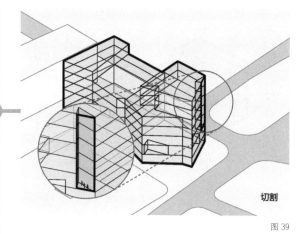

切割

图 39

北侧底层切一刀，呼应毕加索学院和毕加索博物馆（图40～图42）。

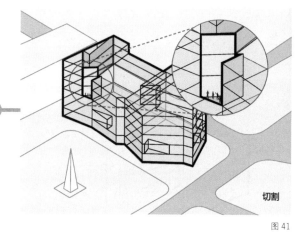

切割

图 41

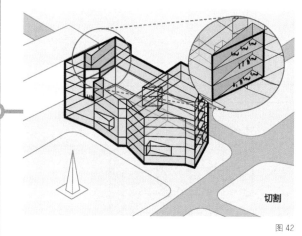

切割

图 42

顶层切一刀形成露台，远眺阿尔卡萨瓦城堡墙壁（图43～图45）。

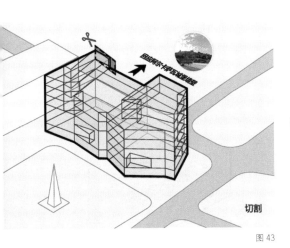

切割

图 43

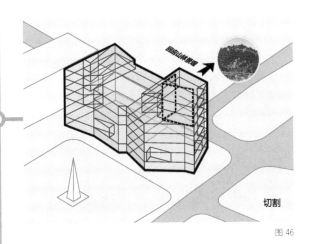

切割

图 46

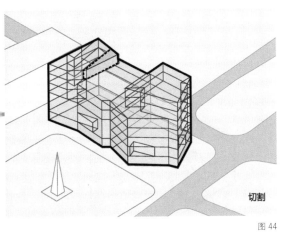

切割

图 44

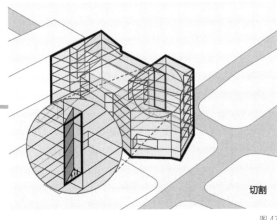

切割

图 47

反正不管怎么说，马拉加市能用的、不能用的城市标志物都与这个新文化中心有了联系。不求最好，但求最全（图 48、图 49）。

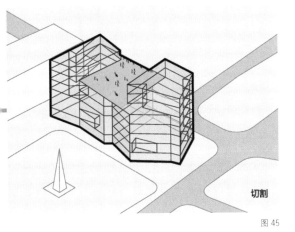

切割

图 45

东侧在 4 ~ 6 层切一刀呼应远处茫茫的山林景观（图 46、图 47）。

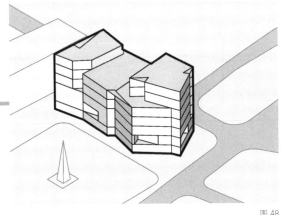

图 48

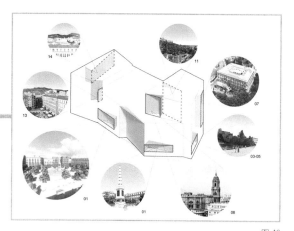

图 49

接下来，再选择切割洞口的其中一个切割面作为开窗位置（图50、图51）。

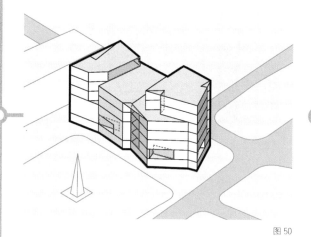

图 50

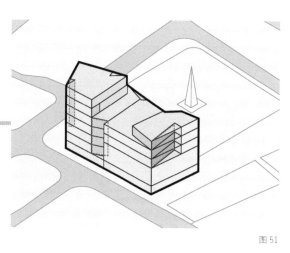

图 51

然后，将首层靠近道路一侧向内收缩，形成入口灰空间（图52、图53）。

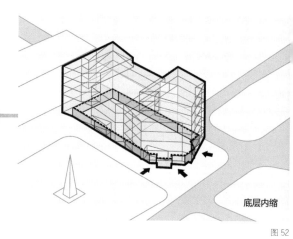

底层内缩

图 52

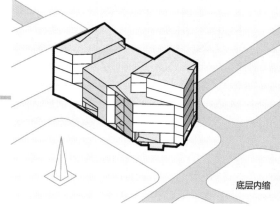

底层内缩

图 53

至此，差不多就可以收工了。然而，这个建筑还有一个隐藏得很深的小心机。你看出来了吗？在这种切割开窗的操作下，在不同的角度看建筑会得到不同的开放程度。正所谓，"你是什么货色，老子就是什么脸色"。左看像个商场（图54），右看像个剧场（图55）。

图 54

图 55

这就是 Mendoza Partida+Estudio Seguí 事务所设计的阿斯托里亚－维多利亚文化中心竞赛方案，也是本次比赛的第二名，请记住这个第二名（图 56 ~ 图 58）。

图 56

图 57

图 58

虽然这个方案只获得了第二名，但因为安演员的据理力争，该方案最终还是凭借心机剧院成了最后的实施方案。原则这个东西，有时候就是个球，拿在手里没用，丢出去才能得分。当然，如果你得了分，还能再抢回来，那你就是迈克尔·乔丹。对于建筑师来说，唯一的底线只有活下去。

图片来源：

图 1、图 49、图 56 ~ 图 58 来源于 https://www.archdaily.mx/mx/870316/mendoza-partida-y-estudio-segui-ganadores-del-concurso-de-ideas-astoria-victoria?ad_medium=gallery，其余分析图为作者自绘。

END

很漂亮的建筑概念，
怎么盖着盖着就打蔫儿了

图1

名　称：法国 Aqualagon 水上公园（图1）
设计师：Jacques Ferrier 建筑事务所
位　置：法国·巴黎
分　类：游乐园
标　签：公园，户外
面　积：8000m²

首先，这次要拆的这个房子长得不太好看，反正肯定算不上美。当然，长得不好看也不是什么错，全世界的丑房子多了，明目张胆地站在大街上吓唬人也没人管。丑房子这个物种的产生无非也就三种原因：甲方眼神不好，建筑师眼神不好，甲方和建筑师眼神都不好。但还有一种情况：项目"根红苗正"，甲方审美不差，建筑概念漂亮，然后，盖着盖着就打蔫儿了，长着长着就歪了。

法国巴黎郊区有个地方叫自然村，度假村的村，还挨着巴黎迪士尼（图2）。

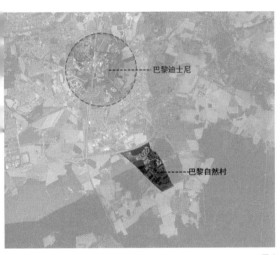

图2

人家迪士尼有什么？有钱有貌有版权。再看自然村，有山有水有树林。所以，自然村很自然地选择"自然"作为自己的生存底牌，也就是强调村里自然环境的优势。而村里最大的环境优势就是有一个非常非常大的湖。就因为这个湖，甲方决定建一座水上公园，基地就选在湖边上，大概只有16 000m²（图3）。

图3

为了保证有足够的湖面景观，项目基地不允许向公共水面拓展。换句话说，虽然叫公园，可实际上只够盖个房子（图4）。

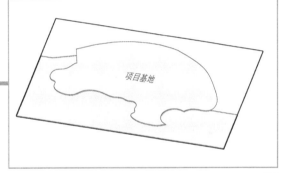

图4

当然，按照甲方的剧本，虽然只够盖个房子，但要求必须得像个公园。甲方要求的功能有室内的游乐泳池和滑道，包括更衣室、办公辅助空间在内共计8000m²；室外的滑道泳池以及游乐设施没有明确的面积要求，但多多益善。由于水上公园会经常举办灯光秀和水上运动表演，甲方特意强调需要一个尽可能大的观演平台。

按照常规操作，观演平台、室外泳池区需要临近湖面，室内泳池与办公辅助部分可以分别设置（图5）。

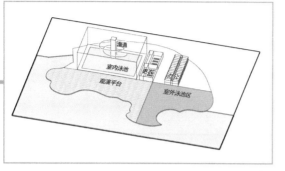

图5

但这种布局基本就是玻璃做鼓——经不起敲打。室外泳池及游乐设施的面积太小，最多算个泳池，压根儿没法游乐，而且观演平台也太平了，看表演是需要自带板凳吗？所以，我们可以将办公等辅助空间与室内泳池共同布置，以扩大室外泳池活动区（图6）。

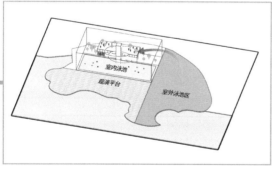

图6

另外，还可以将观演平台放置在室内泳池的屋顶，提供更好视角的同时也为室外泳池区腾出更多的面积（图7）。

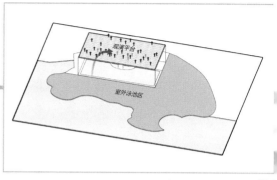

图7

然后，再给建筑打造个美美的度假范儿的形象，是不是就可以拿钱走人了呢？倒也不是不可以，只要你能无视那个安全漏洞。

这个安全漏洞就是，观演平台虽然提高了视角，但也提高了危险系数——后排的人还是得自带板凳，而且一不小心人挤人就容易上演10m无水跳台。想补漏洞最好为观演平台设置不同高度的观演区（图8）。

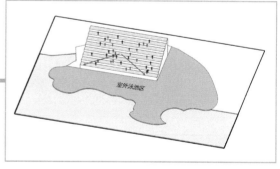

图8

然后，死循环就出现了。阶梯式的观演平台会压缩室内泳池的空间并遮挡视野，还限制建筑形象的发挥。可如果放弃阶梯式观演，屋顶平台太危险，地上平台太占面积，而且都不好用。

至此，我们总结一下，这个单体水上公园到底需要什么样的空间呢？

1. 建筑内部空间相对完整好用，最好中间尽量高，以满足滑道设施的需求（图9）。

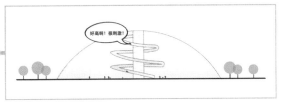

图9

2. 景观视野良好，无论室内泳池，还是观演平台（图10）。

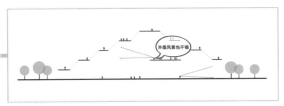

图10

3. 观演平台连续又有高差，让游客拥挤时可以自然向后排疏散（图11）。

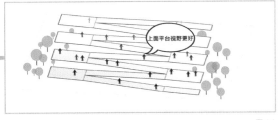

图11

那么，问题来了：同时满足这3个要求的空间存在吗（图12）？

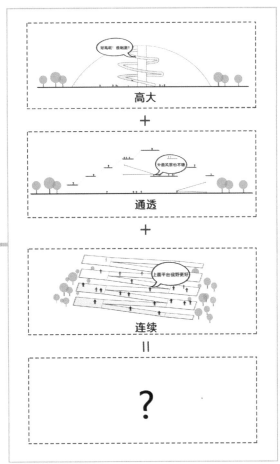

图12

必须存在！而且还存在于一个非常漂亮的概念里，就是我们小时候都玩过的拉花（图13）！

图13

我们先来回顾一下拉花是怎么拉成的。首先，你有一张纸，方的、圆的，什么样的都行（图14）。

图 14

然后，将纸进行折叠并剪几下，折叠的方式和剪切路径决定了拉花的镂空效果（图15）。

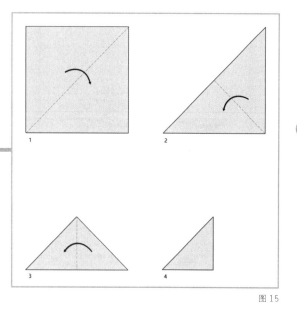

图 15

剪切出的路径就形成拉花的连接部分（图16）。

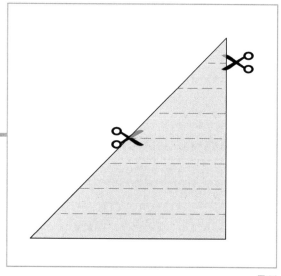

图 16

而通过控制剪切线的宽度，可以调整拉花条状连接的宽度，从而改变拉花的镂空效果（图17）。

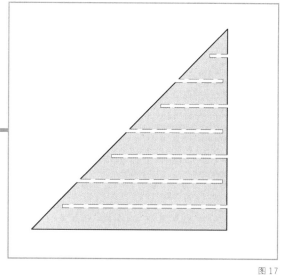

图 17

最后，提起拉花，愉快玩耍（图18、图19）。

图 18

图 19

拉花成品基本上可以直接拿来当建筑用。拉花纸的起始轮廓很大程度上决定了拉花的造型，可以将其理解为建筑基底的边界（图 20）。

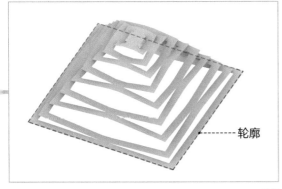

——轮廓

图 20

在这个项目里，根据基地形状和功能需求，将建筑的外轮廓调整为——呃，一个奇怪、拧巴的四不像形（图 21）。

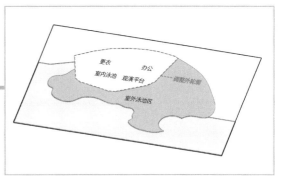

更衣　办公
室内泳池　观演平台
调整外轮廓
室外泳池区

图 21

镂空形成的连接可以让拉花之间连而不断，这部分可以理解为建筑路径，在这里就是观演平台部分（图 22）。

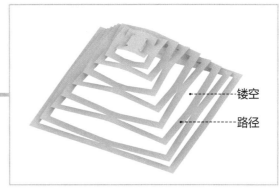

——镂空
——路径

图 22

选取部分平台，使其互相连接，形成环形的路径让游客可以盘旋而上（图 23）。

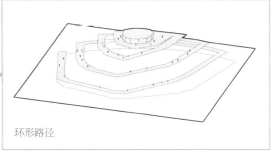

环形路径

图 23

但事实上，只有靠近湖面的部分才有观演需要，而背对着水面的区域有没有平台无所谓。所以，将拉花的中心往远离湖面的方向移动，减少背对水平部分平台的设置，将临湖一侧的观演平台尽可能拉长（图24）。

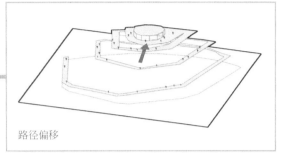

路径偏移

图24

增加路径之间的联系，让游客可以从多个方向到达上层观演平台（图25）。

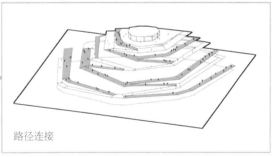

路径连接

图25

拉花路径互相交接的节点是不同层拉花联系的纽带，可以当成公共休息平台使用（图26）。

节点

图26

在连续的路径平台中放大局部平台，形成人群休息聚集的节点（图27）。

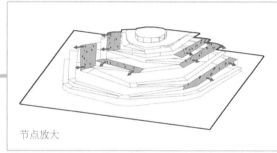

节点放大

图27

至此，建筑以拉花为概念生成的建筑空间基本就完成了，是不是看着就是一朵特别轻盈通透、高冷纯洁的拉花？建筑师也自豪地声称这是一座非常艺术的折纸雕塑（图28）。

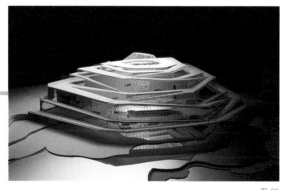

图28

正所谓"概念一时爽,结构火葬场"。更添乱的是,甲方为了打造自然生态的度假村理念,要求建筑的主要材料必须是木材。说白了,就是至少看起来是木结构。这是怕结构师打不死我们吗?

其实选用钢木结构没什么问题,问题是泳池及游乐设施内部需要开阔的大空间,这就需要尽量减少结构的影响。如果设置很多柱子,那是打算在泳池里玩水下扫雷吗(图 29)?

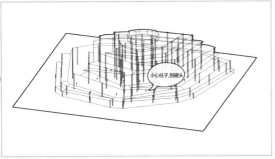

图 29

如果跟随路径设置承重木隔墙,那就是大型真人祖玛现场(图 30)。

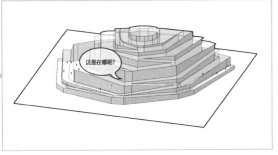

图 30

难不成要再加一层网架把屋顶吊起来吗?那为什么还要费劲去拉花(图 31)?

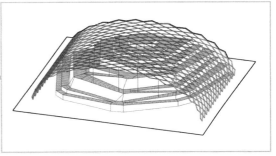

图 31

再开动脑筋好好想一想。现在整个室内泳池的最高处有 35m 高,这也是最高的游乐水滑梯所需要的高度,但并不是所有空间都需要这么高(图 32)。

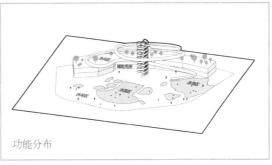

功能分布

图 32

所以,这个最高点可以通过设置钢网架成为整个建筑的支点(图 33)。

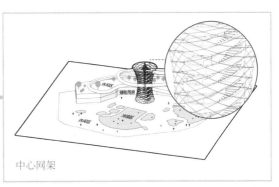

中心网架

图 33

然后，在屋顶观演平台的下方设置放射状的木梁来支撑屋顶，你可以简单理解成就像伞一样撑起来（图34）。

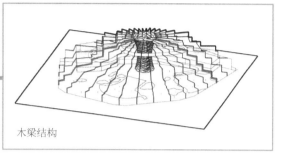

木梁结构

图 34

加大放射状木梁的密度，使之均匀受力（图35）。

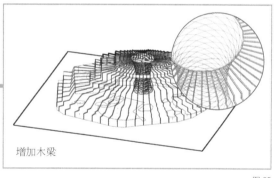

增加木梁

图 35

这样分散布置的木结构难以保持稳定，所以还要增加横向连接使结构变成一个整体。首先，在木梁间加设斜向拉索，使所有的木梁形成一个整体（图36）。

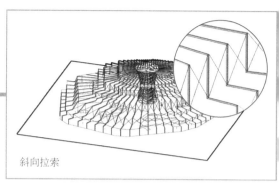

斜向拉索

图 36

为了分散木梁上平台的荷载，采用木质格栅连接木梁。在这里，木格栅相当于次梁，对结构的稳定有很大帮助（图37）。

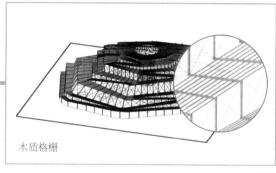

木质格栅

图 37

建筑顶部和圆形钢网架交接处的木梁所承载的压力较大，为了避免木梁被压断，在木梁的下部加设拉杆，平衡木梁的受力，在局部荷载大的平台下，加设少量辅助的支柱（图38、图39）。

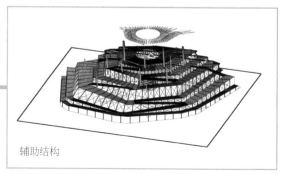

辅助结构

图 38

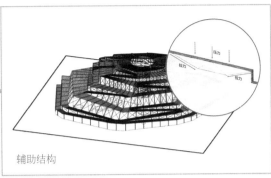

辅助结构

图 39

至此，整个结构系统完成，拉花概念的造型和
空间这才算真正完成（图 40 ～图 42）。

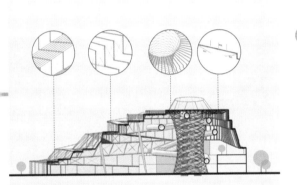

图 40

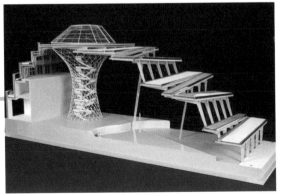

图 41

图 42

最后，在木梁上铺设平台和玻璃立面，收工（图
43）。

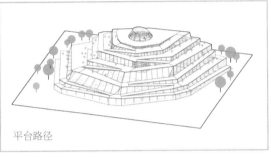

平台路径

图 43

这就是 Jacques Ferrier 建筑事务所设计的法
国 Aqualagon 水上公园，已经被建成使用。
然而，概念"蔫儿"了，画风也歪了。说好
的"高冷纯"呢？说好的拉花呢？说好的折纸
雕塑呢？怎么就变成温室大棚了（图 44、图
45）？

图 44

图 45

室内的木结构看着还不错，至少很漂亮（图 46 ~ 图 49）。

图 48

图 46

图 49

问题出在哪儿了？拉花概念的灵魂是镂空，而伞状结构却让路径（实）与镂空（虚）被玻璃幕糊成了整体，所有循序渐进的层次都一步到位，所有藕断丝连的暧昧都成了实锤，这样也就不好看了。

建筑是一个系统，系统想运行就得让各个部分都兼容，不兼容，就容易蓝屏，像玻璃幕墙一样蓝。

图 47

图片来源：

图 1、图 28、图 41、图 42、图 44～图 49 来源于 https://www.gooood.cn/water-park-aqualagon-by-jacques-ferrier-architecture.htm，其余分析图为作者自绘。

END

建筑师的良心，碎成了玻璃碴

图1

名　称：卡兹米多功能中心（图1）
设计师：FMZD事务所
位　置：伊朗·库姆
分　类：综合体
标　签：城市肌理，体块碎化
面　积：250 000m²

为什么建筑师的生活永远水深火热？谈钱的时候狠不下心，掏心的时候放不下钱。最好是我收钱你掏心，看起来像良心未泯，说白了就是圣母心泛滥。

有时候，建筑师很像一个昂贵又脆弱的玻璃花瓶，里面盛满救世的理想、济世的情怀和普世的真理，但当现实的功利稍微态度强硬一点儿，花瓶就碎成一地仓皇狼狈的玻璃碴。而事实上，花瓶只是装饰，玻璃碴才是武器。

伊朗圣城库姆市打算造一个"巨大"的商业综合体。这句话看似平平无奇，其实暗藏刀光剑影。什么叫圣城？想想耶路撒冷。库姆市就是伊斯兰教什叶派的圣城，每年来这里参加宗教活动的人数超过百万，而现在要在这片神圣的土地上修建一个俗气的商业综合体，还是超级巨大的——具体来说是 100 000m²，包含酒店、餐饮、零售、娱乐、办公等功能。

基地竟然还敢选在底蕴深厚的中心老城区，不远处就是著名的 Qods Musalla 清真寺和法蒂玛圣陵，且毫无求生欲地宣布要成为新的城市地标（图 2）。

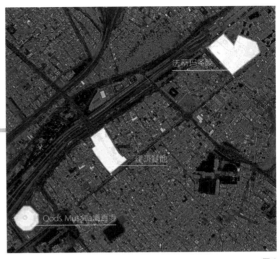

图 2

基地面积近 30 000m²，从地图上可以明显地感觉到这就是比着清真寺和圣陵的尺度来的。但人家那是神的地盘，而对于老城区普遍存在的传统住宅来说，这个从天而降的商业综合体基本就等于是进击的巨人，闯入利立浦特的格列佛（图 3）。

图 3

除去心理上的本能排斥，这个"巨人"还会带来物理上的生活不便。相当于六七个街区的体量切断了场地原有的街道关系，出门绕路2000m成为日常功课，而且势必会破坏街区的原有肌理，视线上造成大范围的压迫，还可能遮挡Wi-Fi信号（图4）。

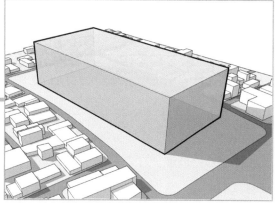

图4

但以上这些对甲方来说都不是问题。体量巨大正好省了广告费，不想绕路正好直接走进商场，没有Wi-Fi也正好出门逛商场，这里不但有免费网络，还有免费空调可以蹭。惹眼又赚钱，就是这么开心又快乐！

这种项目的建筑师，就是典型的来背锅的，挨骂是肯定的，破坏历史名城文脉肌理的罪名已经预备好了。但同时利益也是巨大的，除了能赚到好几年的泡面钱，要是心理强大说不定还能黑红一把。

那么，问题来了：建筑师除了昧着良心拥抱资本，或者宁死不屈谴责甲方这两条非黑即白的路，还有没有可能寻得世间双全法，不负如来不负卿？被矛盾的双方逼到绝境的FMZD事务所，提出了一个非常人格分裂的解决策略，可以叫作外表坚强内心已经碎成玻璃碴设计法。

说白了，就是把这个巨大的综合体建筑拆分成两个部分来做。下半部分碎成玻璃碴，由无数符合传统建筑体量的体块组成，还原老街区的原有肌理，形成亲和的尺度，并保留原有街区通路，供当地居民穿行。上半部分则依然倔强地做一个坚强地标，形成XL号的完整体量，保持鲜明的识别度（图5）。

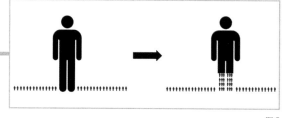

图5

首先，确定建筑体量，并进行功能分区。把可以碎化的功能放在底层，例如，商铺和餐饮。体量巨大而完整的功能放在顶部，办公和酒店各占一半（图6）。

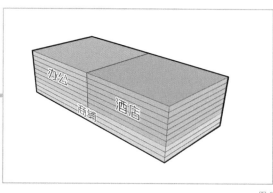

图6

然后，我们从下往上依次进行深化设计。在具体排布底层的商铺功能块之前，先按照老城区的街道肌理规划出保障周边居民正常穿行的路网（图7）。

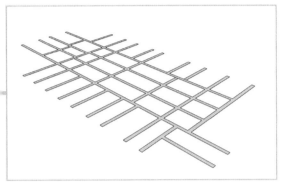

图7

在保留通路的基础上，排布碎化的商铺盒子，盒子尺度参照周围传统建筑（图8）。

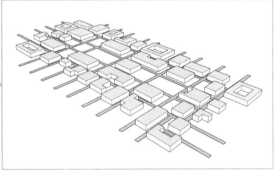

图8

这个设计逻辑类似做规划，不仅延续了传统的街区肌理，而且让商业的"逛买"流线和城市的穿行流线融合，极大地增加了商业区的人流量。

接着，在第一层盒子上摞第二层盒子（图9）。

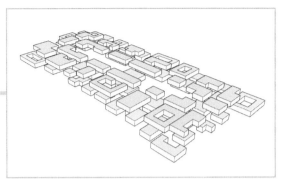

图9

搭建逻辑类似于用麻将块砌金字塔，重点在于错位留缝以保障端部有支承点（图10）。

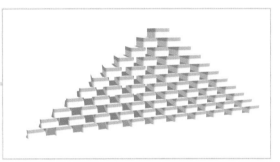

图10

再用连贯的"回"字形大廊道，将第二层的盒子串起来，形成闭合的商业流线（图11）。

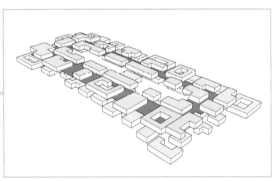

图11

第三层的设计过程与第二层的操作基本一样，继续往上摞麻将（图12）。

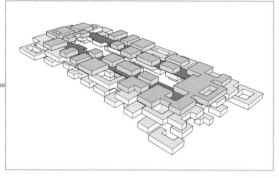

图12

四角添加垂直交通核，完善整个流线（图13～图16）。

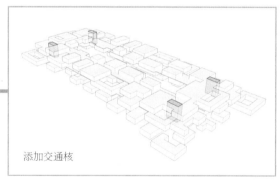

添加交通核

图13

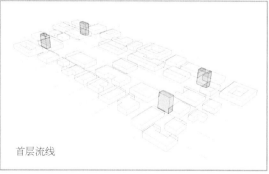

首层流线

图14

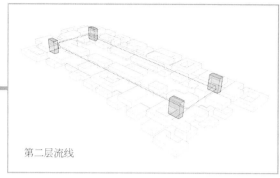

第二层流线

图15

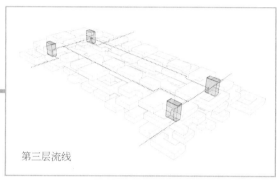

第三层流线

图16

最后，对室内分隔进行细化，形成大大小小的店铺（图17）。

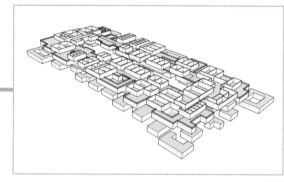

图17

原有街区肌理与街道空间体验被成功地延伸到了设计之中，不仅形成了丰富的露台空间，而且削减了高度上的压迫感，使得建筑外围营造的街道体验在人视角度与原有街区相接近，具有亲和的尺度感（图18）。

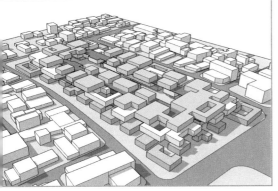

图18

下面设计倔强的上半部分地标。想让上半部分拥有最大尺度的沿街面，对城市放电，再考虑到采光与功能尺度，大致也就有两种排布方式：要么沿长边排列板楼（图19），要么直接"回"字形围合（图20）。

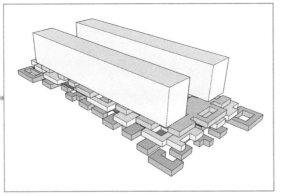

图19

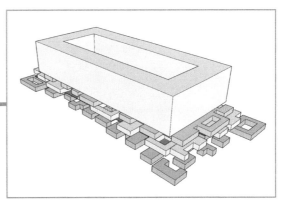

图20

很明显，第二种方式所形成的建筑体量更完整，也更巨大，能够360°无死角地放电，所以果断选择第二种，并且让办公与酒店各占一半（图21）。

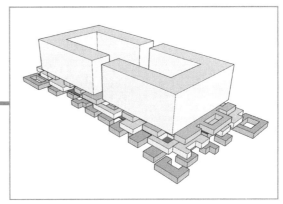

图21

然而，略尴尬的是，建筑上下两部分体量悬殊，整体感约等于零。所以，为了让两者不显得过于割裂，还需要考虑空间上的过渡问题，也就是增加一个大体量与小体量之间的空间层次。FMZD事务所采用的是他们惯常的套路：院中院模式。在大体量内侧增加一些小尺度的院落盒子，将完整面碎化来衔接上下体量的尺度差异。

先制定间距为 5m 的网格，以此为基础，让各个内侧边缘都挤出一些小盒子。外凸体块的室内布局大多为"回"字形排列的小房间，或者一个完整的方形大房间，碎化的同时也为大内院增加了很多遮阳空间（图 22～图 24）。

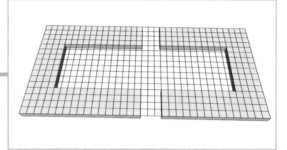

图 22

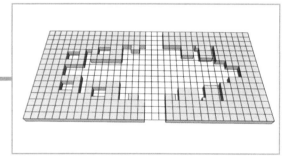

图 23

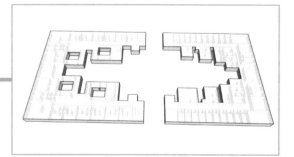

图 24

酒店部分外侧布置标间，内侧的小体块则为套房（图 25）。

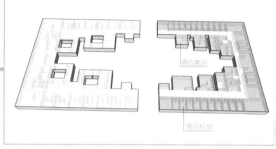

图 25

普通标间无露台，普通套房配有小露台，豪华套房则配有大露台（图 26）。

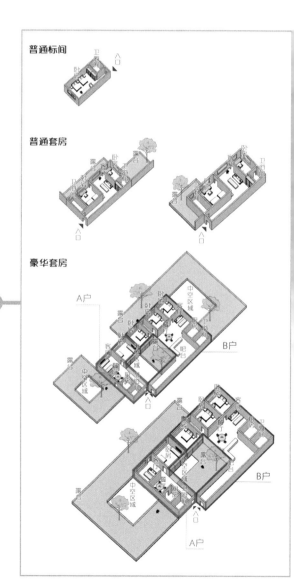

图 26

办公部分同理，外围布置标准办公室，内侧凸出的体块则是空间变化丰富的大型办公室（图27）。

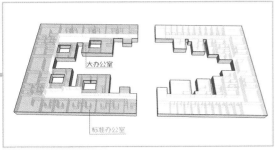

图 27

标准办公室没有露台空间，大型办公室则配有变化丰富的露台空间（图28）。

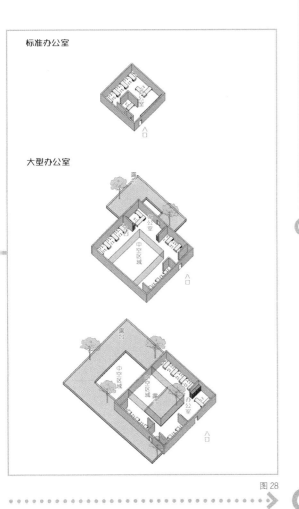

图 28

再结合当地"晒晒晒"的气候条件，对外凸体块进行逐层的错动变形，产生诸多阳台的同时也产生了有效的遮阳效果，且避免了消极的深井式采光（图29）。

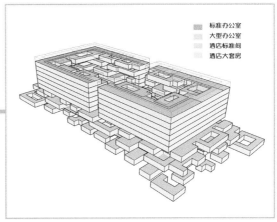

标准办公室
大型办公室
酒店标准间
酒店大套房

图 29

然后，根据疏散要求为整个建筑配置相应的垂直交通核，完成建筑主体的流线设计（图30）。

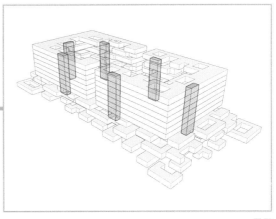

图 30

对角部缺乏支撑的挑出体块，单独添加柱支撑。再把挑梁和柱进行整体的曲化变形，得到一些类似于半拱的形态，形成具有伊朗地域风景特色的空间（图 31 ~ 图 33）。

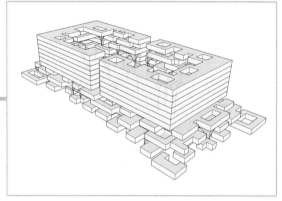

图 31

图 32

图 33

最后，给建筑加上格栅表皮，就可以收工了（图34）。

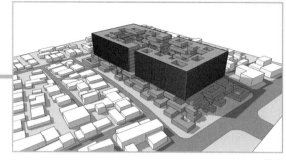

图 34

这就是FMZD事务所设计的卡兹米多功能中心，一个把碎成玻璃碴的良心捡起来当武器的设计（图 35、图 36）。

图 35

图 36

碎成玻璃碴的良心也是良心，商贾重利，神佛慈悲，求财渡人都是修行。就怕自带光环，一边用道德绑架甲方，一边用利益消费情怀。

图片来源：

图 1、图 33、图 35、图 36 来源于 https://fmzd.co/projects/detail?id=15，图 5、图 32 改自 https://fmzd.co/projects/detail?id=15，其余分析图为作者自绘。

END

海洋危险，请建筑师退避三舍

图1

名　称：墨西哥马萨特兰水族馆（图1）
设计师：塔蒂亚娜·毕尔巴鄂
位　置：墨西哥·马萨特兰
分　类：水族馆
标　签：碎化，开放渐变
面　积：13 000m²

现代人有各种各样的病，其中有种病叫作深海恐惧症，但我觉得这个病挺好的，有恐惧才有敬畏。要是全世界的人都得了这个病，估计白鲸蓝鲸抹香鲸、虎鲨灰鲨巨齿鲨都能活得更舒坦点儿。对于地球上的各种生物来说，被人类这个无敌破坏王喜欢或者惧怕都不是最可怕的，最可怕的是人家根本就不认识你，第一次见到名字就是在灭绝物种名单上。据《现代人类导致的物种加速流失：进入第六次物种大灭绝》一文的统计，在过去的114年里，共有468种脊椎动物灭绝，这其中包括69种大型哺乳动物、80种鸟类、24种爬行动物、146种两栖动物、158种鱼类。而你可能一种也没听说过，因为我们最大的罪恶并不是猎杀了某种动物，而是破坏了动物栖息的生态环境。

墨西哥马萨特兰市准备打造一个国际化的中央公园，公园内包括一个新的城市博物馆、一个国际水族馆、一个植物园，以及一系列城市休闲景观（图2）。

图2

马萨特兰市毗邻加利福尼亚湾，而加利福尼亚湾是世界上最重要、最多样化的海洋生态系统之一，本身就有"世界水族馆"之称。所以，在中央公园的内部比拼里，水族馆有着得天独厚的优势。甲方壮志凌云地喊出口号：我们要做整个拉丁美洲规模最大、独一无二的水族馆！

先看看基地。水族馆与博物馆各自占据公园一端，场地够大，两面环路，一面临水。妥妥的，没毛病（图3）。

图3

那么，问题来了：什么样的水族馆才是独一无二的呢？是展示的水生物越珍稀、越濒危，就是独一无二吗？这世界上的大部分水族馆估计都是这个思路，所以大部分水族馆的模式也都是一个封闭的盒子包裹着核心水族箱（图4）。

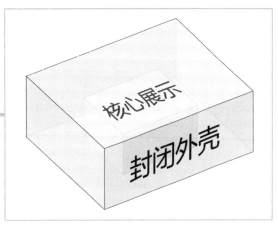

图4

对于建筑师来说，能发挥的地方就是决定这个封闭的盒子长什么样（图5）。

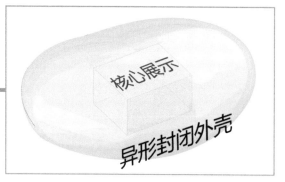

图 5

于是五花八门、一个比一个炫酷的水族馆横空出世了（图6）。

图 6

大多数水族馆的布局也和博物馆类似，边走边看鱼，本质就是看。当然也有人灵机一动，选择颠覆看鱼方式，例如，《非标准的建筑拆解书·方案推演篇》拆过的巴塞尔动物园水族馆，把人看鱼变成了鱼看人，但本质还是"看"（图7）。

观展方式变化

人看鱼

鱼"看"人

图 7

来自墨西哥本土的女建筑师塔蒂亚娜·毕尔巴鄂（我们叫她T女士）不想跟大鱼小鱼们商量谁看谁的问题，因为只要是"看"，人的本能就是去寻找更好看、更新奇、更珍贵的鱼，所以水族馆的明星永远都是鲸、海豚、大鲨鱼。果然，建筑是人类社会最真实的反映。

现实中，我们对某种珍稀海洋生物的关注就远远大于对海洋整体环境的关注。比如，几乎每个人都知道要保护蓝鲸，却很少有人知道由于全球变暖，某些海域的海洋物种已经消失了50%，像极了我们在水族馆里直奔鲸鲨，而忽略掉其他小鱼的样子。更何况，人类与鲸鱼之间其实还隔了18个春暖花开的生态系统，压根儿没机会进水族馆。

所以，T女士想要创造的是一个开放的水族馆体系，谁也别去刻意地看谁，人和鱼在这个世界上本就是自来水不犯海水的和谐共生关系。换句话说，水族馆里装的不是各种鱼缸，而是从陆地到海洋不同的生态系统，仿佛野生动物园一样，T女士想要设计的就是一座开放的野生水族馆（图8）。

人 + 动物/其他生物 + 环境

图 8

搞事情之前还是要做好基础工作。首先，在靠近水体一侧拉起体块，留出较大的外部空间（图9、图10）。

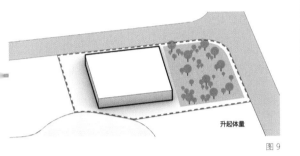

升起体量

图9

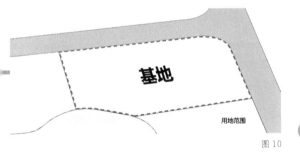

基地

用地范围

图10

然后扭转体块以获取更大朝向水景的景观面（图11）。

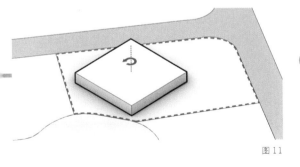

图11

确定主次入口方向，建筑体块削减形成次入口，便于大型设备进出（图12）。

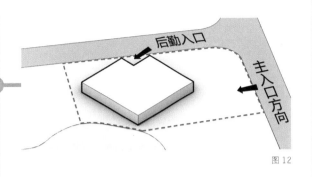

后勤入口

主入口方向

图12

根据任务书要求规划功能分区。底层安排行政办公及研究中心；2层安排所有的展览空间及公共服务空间，其中展览空间中大致按照生态系统分区；局部3层安排办公及设备空间（图13～图15）。

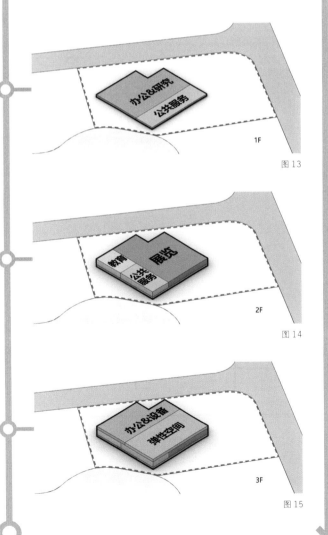

办公&研究
公共服务
1F
图13

教育
公共服务
展览
2F
图14

办公&设备
弹性空间
3F
图15

至此，都是常规水族馆的操作，下面开始进行野生放养。

想要把完整的加利福尼亚湾生态系统置入建筑，打造一个开放共生的水族馆，是一个听起来很不错的概念，但世界上最不缺的就是概念。好建筑师的本事不是提出一个好概念，而是把好概念转化成好空间。陆地、湿地、深海等不同生态系统对人来说，适宜生存的程度是不同的，比如你可以在陆地随风奔跑，却不能在深海多待一秒，换句话说，能产生的行为种类和范围是不同的（图16）。

图16

而同样能影响行为种类和范围的是建筑空间不同的开放程度（图17）。

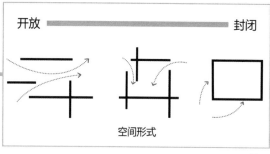

图17

画重点：<u>T女士将从开放到封闭的生态系统与从开放到封闭的空间系统相叠合，也就是从开放度入手，将生态系统、人类行为、建筑空间三者紧密联系起来。</u>然后，建筑师T女士选择用网格渐变碎化来量化控制空间开放度。但有一个小问题：用过PS软件的人都知道，渐变其实有很多种，到底选哪一种来量化（图18）？

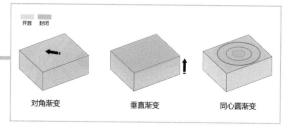

图18

其实哪种都行，只要你不卡机。这里T女士考虑到水族馆位于公园当中，四周都较开阔，所以采取了同心圆的形式，就像洋葱一样层层深入，越到里面越封闭，越往外面越开放。而深海生态系统作为对人开放程度最低的部分，必然就是洋葱的内心了（图19）。

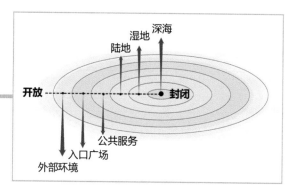

图19

所以我们先从最开放的外围开始，一层一层走向深海。从踏入基地起，设计就已经开始了。首先，拒绝没什么内容的入口大广场，仅设一条曲折小路，周边种上树。穿越树林接近建筑，迈出开放到封闭的第一步（图 20）。

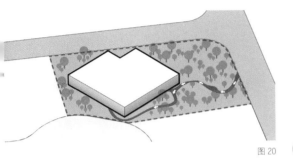

图 20

划分 6m×6m 的网格，形成正交构架体系（图 21 ~图 24）。

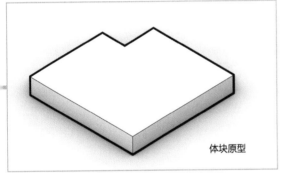

体块原型

图 21

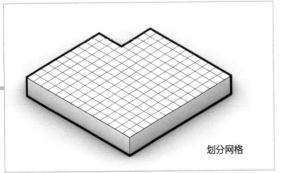

划分网格

图 22

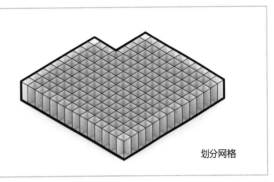

划分网格

图 23

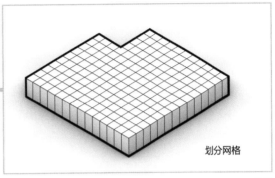

划分网格

图 24

将构架向 x 轴、y 轴两个方向延伸，相当于建筑内部空间通过延伸的片墙反映到了外部空间中，使建筑表面向外打开。同时将包裹在建筑表皮的外部空间碎化，成为内外过渡空间（图 25、图 26）。

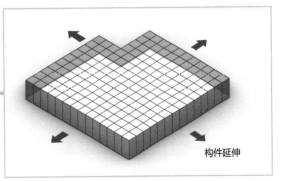

构件延伸

图 25

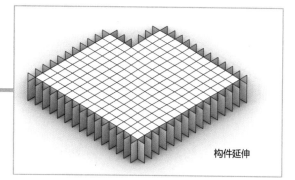

构件延伸

图 26

继续往里推进，是不是就能直接进入建筑了？不！虽然建筑四周向环境打开了，但还差顶面没有利用。把 3 层局部做成室外平台，人流被建筑两侧的大台阶引上平台，顺便还能眺望海景。一切都安排得明明白白（图 27、图 28）。

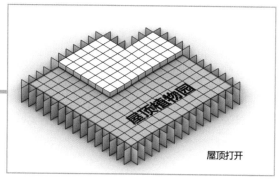

屋顶植物园

屋顶打开

图 27

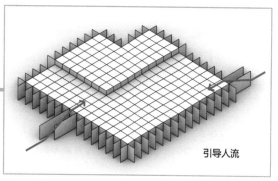

引导人流

图 28

从屋顶平台继续向里推进，这次是真的可以进入建筑了。将主入口置于平台上并做成下沉式，建筑内部通过圆形入口广场再次向外部开放（图 29 ~ 图 32 ）。

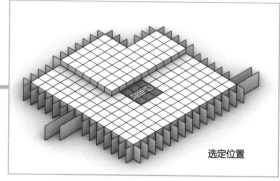

选定位置

图 29

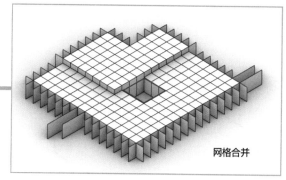

网格合并

图 30

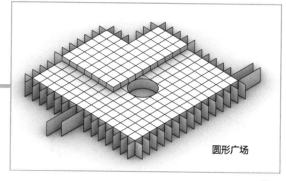

圆形广场

图 31

图 32

由于 3 层室内空间主要为设备用房，暂且不提，
直接掀开屋顶露出 2 层内部空间（图 33）。

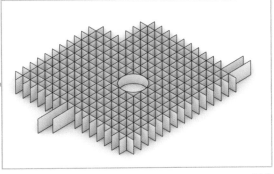

图 33

目前，内部空间的状态还是一群均质的方格，
先根据功能进行一些基本调整。教育空间为
完整大空间，根据需求调整面积（图 34 ~ 图
36）。

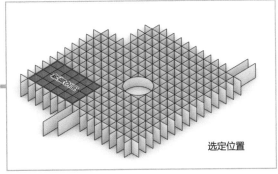

选定位置

图 34

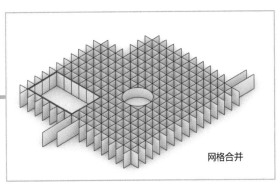

网格合并

图 35

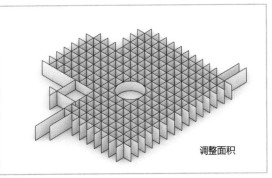

调整面积

图 36

在功能区交接处及展示区两端设置条状服务空
间，集中布置卫生间、楼梯间等，顺便解决疏
散问题（图 37、图 38）。

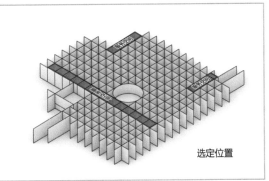

选定位置

图 37

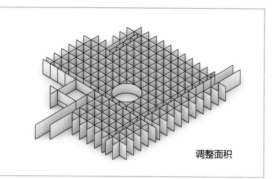

调整面积

图 38

接下来，咱们继续按照从开放到封闭的过程，朝着深海区域迈进。先大致确定不同板块的范围及位置（图 39）。

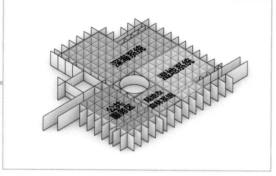

图 39

一、深海区域

1. 公共服务区——远离深海区域，主要是休闲空间。平面多做凸出或者凹进的错落布置，或部分直接打开成为室外平台，局部通高以联系下层空间（图 40 ~图 43）。

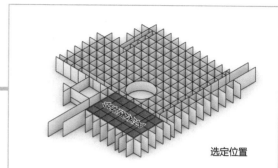

选定位置

图 40

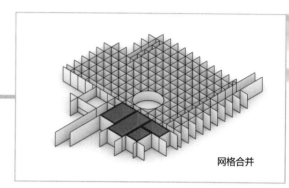

网格合并

图 41

细化空间

图 42

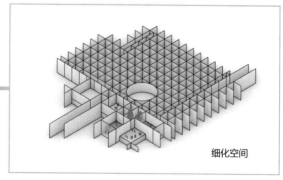

细化空间

图 43

接下来进入展区部分。

2.陆地和森林系统——在生态系统中对人的开放程度最高，因此空间最为开放，采用较低的碎化程度，上下两层通高，保持大空间。同时打破墙体围合，并以网架代替墙体，局部加设片墙增加空间层次（图44～图47）。

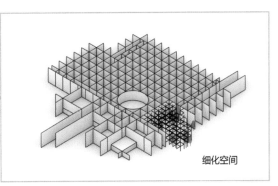

细化空间

图 47

3.湿地系统——开放程度比陆地系统稍低，空间碎化程度中等，错落布置展厅空间，从而形成多个直通展厅的室外平台。同时局部开天窗，加强展厅开放度（图48～图50）。

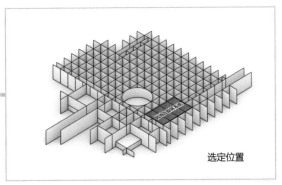

选定位置

图 44

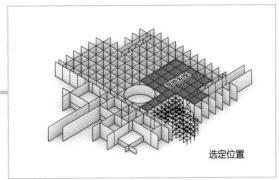

选定位置

图 48

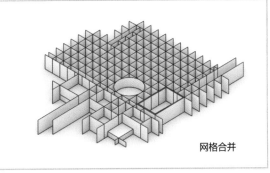

网格合并

图 45

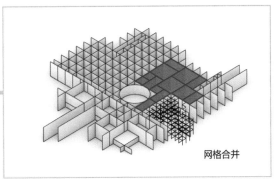

网格合并

图 49

细化空间

图 46

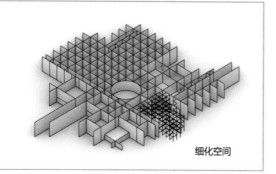

细化空间

图 50

4. 深海系统——逐渐深入，到达一个人类无法生存的世界。深海区整体空间最为封闭，设置两个主要深海展厅，其余部分采取较高的碎化程度（图 51 ~ 图 53）。

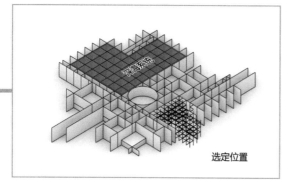

选定位置

图 51

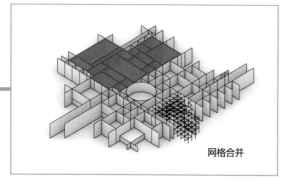

网格合并

图 52

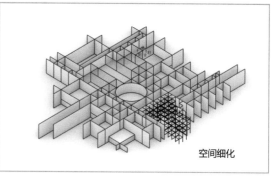

空间细化

图 53

不同系统板块之间设置过渡区连接（图 54、图 55）。

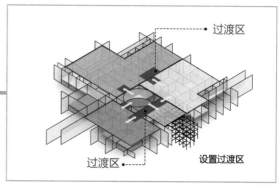

过渡区

过渡区

设置过渡区

图 54

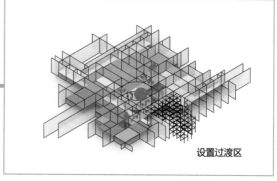

设置过渡区

图 55

墙体开洞，产生更加多样化的迷宫式探索路径（图 56）。

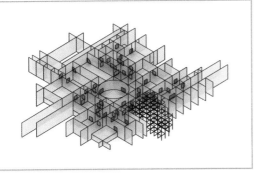

图 56

完善游览流线（图 57）。

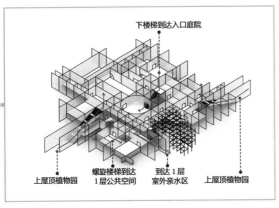

下楼梯到达入口庭院

上屋顶植物园　螺旋楼梯到达　到达 1 层　上屋顶植物园
　　　　　　1 层公共空间　室外亲水区

图 57

1 层及 3 层均以 2 层为基准进行平面设计（图 58～图 60）。

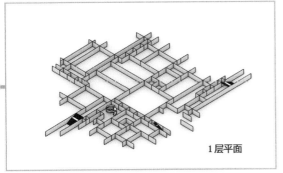

1 层平面

图 58

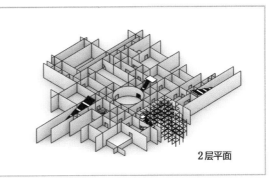

2 层平面

图 59

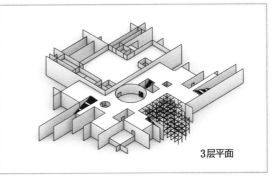

3 层平面

图 60

最后再根据最终平面，调整一下之前向外延伸的片墙，并将其沿 z 轴拉伸，增加空间层次。教育空间上方使用穹顶，呼应圆形广场（图 61）。

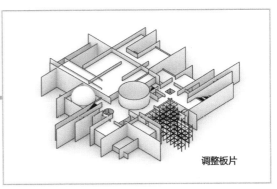

调整板片

图 61

至此，这座野生水族馆已经初步完成，接下来还要对展示空间进行细化。

各个空间的细化也要时刻谨记我们从开放到封闭的设计原则。随着实际生态系统对人开放程度的降低，空间开放度也相应降低，各个生态系统的呈现方式也要做出相应改变。对于人们较为熟悉或能够到达的生态系统，采用模拟环境的呈现方式；而对于人们感到陌生且难以到达的生态系统，则主要采用展示的呈现方式，同时也相对限制人的行为活动（图62）。

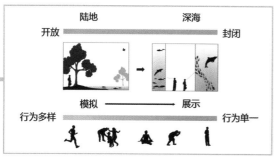

图62

二、展示空间

1.陆地和森林系统——陆地系统内设置森林、溪水、曲折的架空步道，以模拟陆地及雨林环境，在这一部分人的行为活动最为多样（图63）。

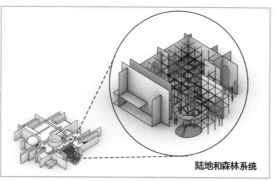

图63

2.湿地系统——湿地系统中设置浅水池及少量树木模拟浅滩环境，同时四周设置下沉台阶供人休闲（图64）。

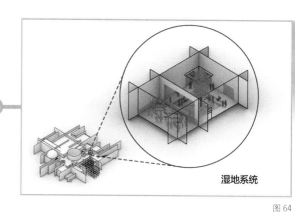

图64

3.深海系统——这一部分不再采取"模拟"的呈现方式，而是通过隧道、全面玻璃展墙等进行多样化的展示，人的行为多样性也随之降低（图65、图66）。

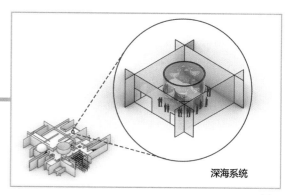

图65

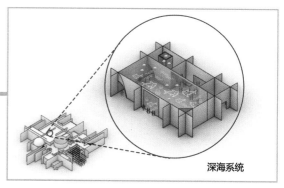

图66

最后的最后，再附上一个做旧的表皮，屋顶局部做瀑布水池（图67）。

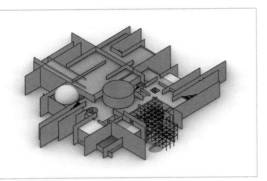

图 67

这就是墨西哥建筑师塔蒂亚娜·毕尔巴鄂中标并在建的墨西哥马萨特兰水族馆，一座开放的野生水族馆（图 68 ~ 图 72）。

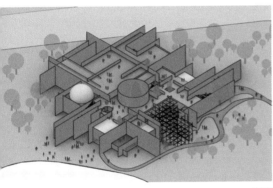

图 68

图 69

图 70

图 71

图 72

海洋危险，大鱼凶猛，所有人都应该退避三舍。我们的征途不是星辰大海，我们心中装的是星辰大海。人类的力量很强大，却也永远无法真正征服海洋。建筑师的力量很弱小，但至少可以避免让海洋馆成为一座精致的水晶坟墓。

图片来源：

图 1、图 32、图 69 ~ 图 72 来源于 https://www.archdaily.com/924373/tatiana-bilbao-the-greatest-challenge-in-designing-the-mazatlan-aquarium-was-recreating-what-goes-on-in-the-gulf-of-california，其余分析图为作者自绘。

END

你中标的机会可能在二十多年前就错过了

图1

名　称：汉诺威世博会荷兰馆及其更新方案（图1）
设计师：MVRDV 建筑设计事务所
位　置：德国·汉诺威
分　类：改造，加建
标　签：再利用
面　积：25 200m²

不怕比你聪明的人还比你努力，就怕比你聪明的人还比你提前努力。智商随时有可能下线，时间却永远不会重启。都说枪打出头鸟，但如果有一只小鸟悄悄地早起，穿隐身衣出门，提前探好路，随身带地图，那么，迎接它的就是整片森林的免费自助餐。抢跑这种事儿，有裁判的时候才叫犯规，现实世界是如果你不抢，连红包都没有。

20多年前，你还没学建筑，村里没通网，有人已经抢了你2020年想投的那个标。20多年前并不是上个世纪，而是本世纪的第一年，公元2000年。那一年，周杰伦发布了第一张专辑《JAY》，《西游记》出了续集，Windows 2000替代了 Windows 98，苹果还没有推出 mac OS；那一年，法国人在欧洲杯上夺冠，德国人举办了长达5个月的汉诺威世博会。

汉诺威世博会的主题也特别"新世纪"——人·自然·技术：展示一个全新的世界。新世界什么样，谁也不知道，但东道主德国人发挥了自己严谨又朴素的想象力，得出了一个严谨又朴素的结论：新的世界一定不能浪费！所以，主办方要求世界各国在进行场馆设计时，要遵循"不建任何在世博会后无用的东西"这一勤俭节约的指导方针。

那么，问题来了：什么是世博会后有用的东西？
答案一：土地。有地就有 GDP，种花、种菜、盖房子，所以，搞个轻质、便携、易拆除的场馆，建成就是为了拆——土地永远活在开发商的生意里，建筑永远活在人们的记忆中（图2）。

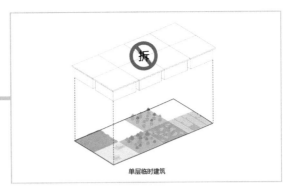

图2

答案二：建筑。全都拆了虽然不浪费地，但是浪费钱。而且怎么说也是世界博览会，不是世界临时博览会，搞一堆简易场馆，世博会不要面子的吗？这个解决方案就是在世博会后将展览场馆改造成其他功能性建筑再利用（图3）。

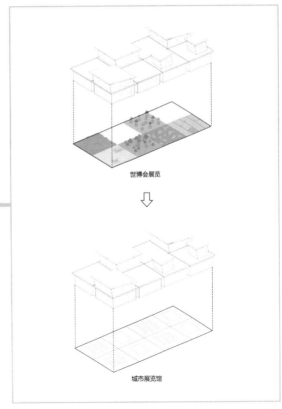

图3

但麻烦的是世博会的场馆建筑过于特殊——就好像春节晚会的演出服，出了电视台你要还敢穿着上街，我敬你是条汉子。其实，大型赛事、展会会后场馆再利用一直都是个"磨人的小妖精"。捉妖的很多，能捉住的很少。

彼时，出道不久的 MVRDV 建筑设计事务所被选中代表荷兰设计汉诺威世博会荷兰馆，荷兰馆被分到的是一块长条形的基地（图 4）。

图 4

作为一个刚刚崭露头角的新晋男女混合团体，能接到世博会这种大 IP 项目无疑是扬名立万、一夜爆红的好机会，但 MVRDV 想要的更多。一夜爆红就像中彩票，一夜之后能利用爆红站稳一线才是长期饭票。为了长期饭票，MVRDV 下了一盘大棋，也就是展会后再利用的第三种答案——建筑再利用，土地也要再利用。

说白了，就是搞分期建设。场馆作为一期工程，尽量减少占地面积，剩余的基地留着搞开发。开发后，场馆也随之转型，重新投入使用（图 5、图 6）。

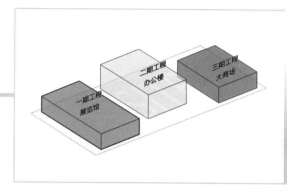

图 5

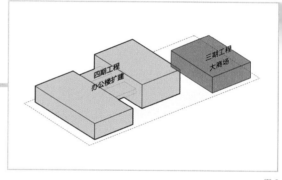

图 6

听起来很简单，可做起来却一点儿也不简单，因为你不能大张旗鼓地搞分期，不然好好的世博会马上就会变成东一块西一块的破落户，展会都开不好，还搞什么会后利用？所以你得神不知鬼不觉，在主办方眼皮子底下悄悄地分期，暗度陈仓地保证荷兰馆的面子，撑住世博会的场子，再在会后出其不意、一鸣惊人——这样第三种答案才能得分。

既然想分期，那么国家馆就得减少占地，把各个展示单元由平铺变为竖向堆叠，一节更比六节强（图7）。

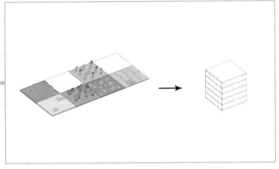

图7

展馆体量确定了，把它放到基地里。那么，问题又来了：现在怎么摆，以及以后怎么用？其实，这两个问题归根结底是一个问题——因为用法直接决定了摆法，也就是后续加建的建筑如何与国家馆本身产生关系是重点要考虑的问题。后续开发的功能大概率会是个能卖钱的功能，也就是商业、办公、写字楼之类的，否则展馆改展馆都是做公益，还有什么好开发的？如果把国家馆直接改为后期商业功能中的一栋，那就怎么都不会太协调。好歹也是个国家级别的展馆，复制粘贴铺满场地也太让人折寿了吧（图8）？

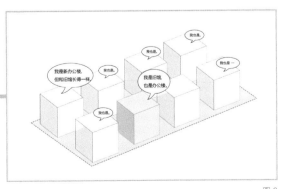

图8

既然改造为商业功能空间不太协调，那就只能改为场地共用的独立公共空间了，这样扩建前场馆为展示作用的正式功能，周边场地作为非正式的休闲广场（图9）。

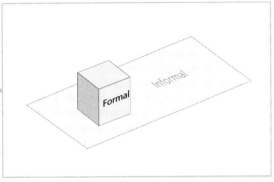

图9

扩建后，场馆作为基地组团的非正式功能，周边可自由发展适应新需求的其他正式功能（图10）。

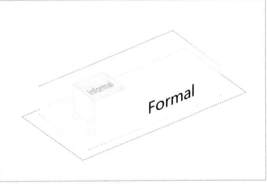

图10

至于整体的体块摆法，掐指一算也就这么几种可能性。

1.并列式（图11）。

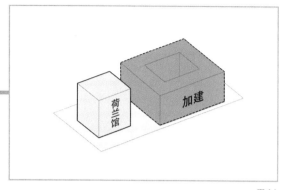

图11

2.半包围式（图12）。

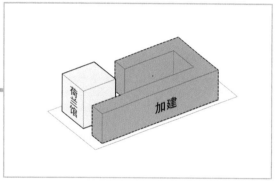

图12

3.围合式（图13）。

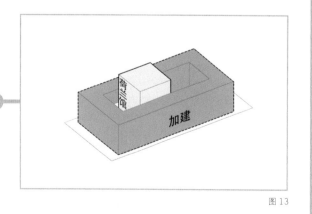

图13

为了神不知鬼不觉地在世博会期间不露出分期建设的马脚，MVRDV选择占据核心战略位置的围合式布局。布局确定后，接下来就是展馆设计。由于MVRDV自行提高了难度，导致现在荷兰馆的设计要比原来的复杂很多——因为既要撑住世博会的场子，又要考虑改造后作为非正式空间的适用情况。

那么，问题又来了：什么样的改造最简单？当然是不伤筋动骨（不动结构）的改造最简单。简单地说，MVRDV的设计策略就是在最经济适用的开放框架空间里尽可能花哨地布置展厅，借用家装界的一句话说就是"轻装修、重装饰"。

于是，MVRDV给每层展厅都设计了一个场景特别浮夸且鲜明的主题，并调整层高。1层沙丘造型模拟荷兰独特的沙丘景观（图14）。

图14

2层是郁金香花圃，不用解释（图15）。

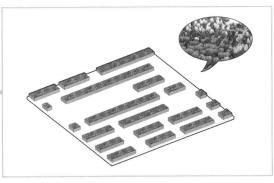

图 15

3 层、4 层是森林，4 层种树，呼应世博会的自然主题（图 16）。

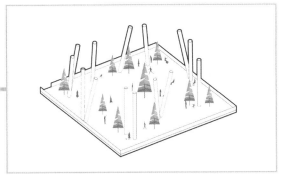

图 16

3 层是将上层树木下面的根茎做成花盆状，暗示支撑荷兰社会的基础设施，花盆内部被做成一个个小的展示单元（图 17、图 18）。

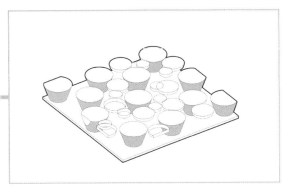

图 17

图 18

5 层是放映厅，主要用于放映展示荷兰的短片（图 19）。

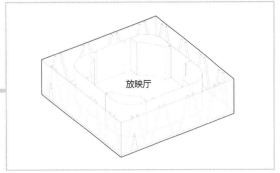

图 19

6 层是屋顶花园，设置最不可或缺的荷兰元素——风车（图 20）。

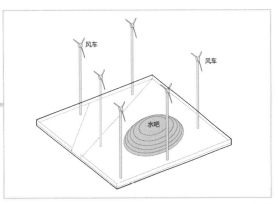

图 20

然后把这一堆主题竖向堆叠（图21）。

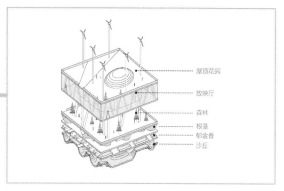

图21

建筑外侧挂上交通核（图22）。

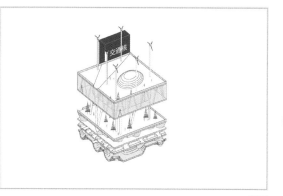

图22

至此，荷兰馆的设计基本就完成了。其本质上就是一个开放的框架体系，方便未来改造成其他类型的空间使用。虽然本质简单，但包裹本质的现象还是很有趣、很好玩的。

基本空间结构确定了，长期计划也想好了。最后的问题就是怎么在世博会期间给主办方交代了——给了你这么大一片地，就做了这点儿东西，你仿佛在逗我笑（图23）？

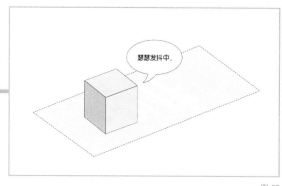

图23

既然建筑体量不足以控制场地，那就用流线继续控制，加入向四面延伸的螺旋形外挂楼梯，再进一步向四周发散出小路径，通过环绕的流线与场地契合（图24～图26）。

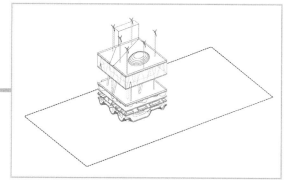

图24

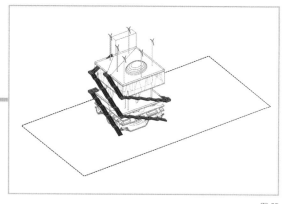

图25

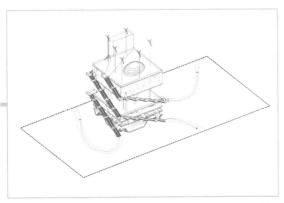

图 26

配合 3 层的森林主题，少盖房子多种树。小径之外的其他地方全都被绿地植被覆盖，也进一步呼应了人与自然的展示主题（图 27、图 28）。

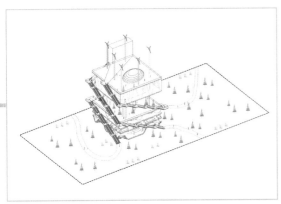

图 27

图 28

至此，整个荷兰馆就算完活儿了。大概是因为其单纯直率、毫不矫揉造作，竟然还被评选为汉诺威世博会最"酷"的建筑，在展览的 5 个月时间里赚足了眼球（图 29、图 30）。

图 29

图 30

然后，就没有然后了。汉诺威世博会轰轰烈烈地落幕了，落幕之后就是无尽的落寞，主办方既没拆了场馆，卖地再规划，也没对场馆进行改造再利用。所谓不浪费，有时候就像日常减肥——口号喊过了就算成功了。但是，生活不是连续剧，不论好坏都要强行走到结局，生活更像永远预报不准的天气，不知道哪块儿云彩有雨，也不知道哪次雨后除了落汤鸡的狼狈还有遇见彩虹的幸运，MVRDV 的这块儿云彩就在 20 年后才下了雨。

当年，选址在城市边缘地区的世博会园区终于在 20 年后与不断扩展的城市交了圈，新甲方开启场馆改造计划，MVRDV 马上上线营业——甲方要求把原来的地块改为宿舍加办公综合体，MVRDV 表示，方案 20 年前就做好等你了。

第一步：按照计划，新建体量以围合式布局放在展馆四周（图 31）。

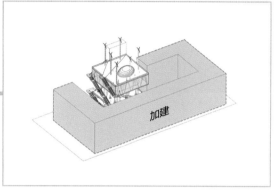

图 31

第二步：按任务书要求的面积布置基本体块。

1. 办公楼：5 个地上层和 1 个地下层。3 ~ 5 层为办公室和会议室，地下室和 1 ~ 2 层为整个场地提供停车位。

2. 宿舍楼：地面上有 9 层，为学生提供 370 套公寓。底部包括具有 300 个以上自行车停放点的自行车停放系统。

把围合体量断开，减少对原场馆的遮挡，同时把体块分为办公楼与宿舍楼两部分（图 32、图 33）。

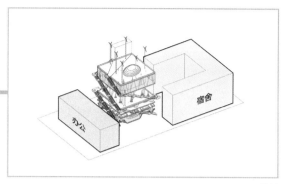

图 32

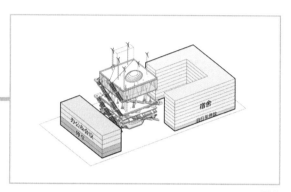

图 33

第三步：原场馆改造为非正式共享办公空间。

1 层的沙丘造型将保留作为小咖啡馆和展览区的集合空间（图 34）。

图 34

最初用作温室栽种郁金香的 2 层将保持其严格的直线布局，进一步划分成办公小空间（图 35）。

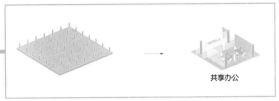

图 35

而 3 层的根茎将被转换为多功能会议活动室（图 36）。

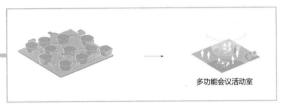

图 36

5 层放映厅改为开放办公区（图 37）。

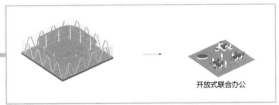

图 37

4 层的森林与屋顶花园保持不变，继续用作休闲空间。

第四步：进一步加强宿舍楼、办公楼与原场馆的联系，使其成为一个完整系统。

两侧建筑通过屋顶平台的逐层后退，凸显出原场馆的核心地位（图 38）。

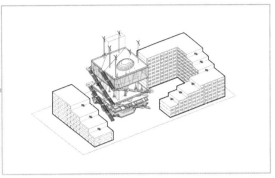

图 38

加入连接原场馆门前广场两侧退台的休闲台阶（图 39）。

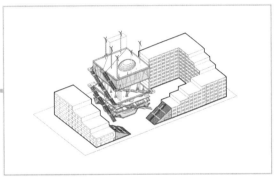

图 39

进一步在退台产生的屋顶平台上延续公共活动空间，置入各种活动功能，添加跑道与楼梯等交通连接，激活整个场地（图 40）。

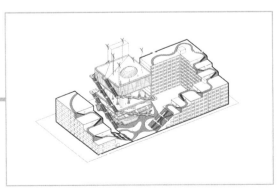

图 40

最后，在场地空余处配建停车楼。收工回家（图
41）。

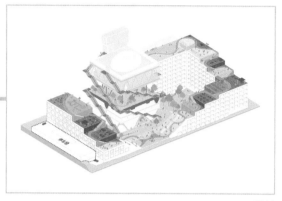

图 41

这就是 MVRDV 设计的汉诺威世博会荷兰馆及其
更新方案，一场为中标潜伏了 20 多年的布局（图
42 ~ 图 46）。

图 42

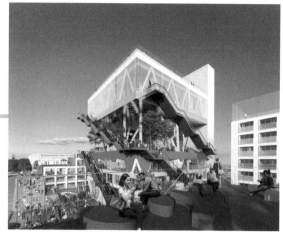

图 43

图 44

图 45

图 46

20 多年后的今天，MVRDV 早已声名鹊起、今非昔比，这项布局了 20 多年的中标也无所谓名利，但值得思考的是，在我们不知道的地方，有多少人已经在十几二十年前开始为今天布局，又有多少人已经开始为十几二十年后谋划打算？你听到枪响以为比赛刚刚开始，实际上那是别人庆功的礼炮。人生不是比赛，没有起跑线、终点线和公平正义的裁判。人生就是一场大逃杀，前有狼后有虎，你可以跑不过虎狼，但你必须跑得过其他人。

图片来源：

图 18、图 28 ~图 30 来源于 https://www.mvrdv.nl/projects/158/expo-2000；图 41 ~图 43 来源于 https://worldarchitecture.org/article-links/efgvf/mvrdv-to-convert-its-former-expo-2000-pavilion-in-hannover-into-a-coworking-office-building.html，图 44 ~图 46 来源于 https://www.mvrdv.nl/projects/432/expo-pavilion-20，其余分析图为作者自绘。

END

甲方一声不吭就变了，
难道是我投标的姿势不对吗

图1

名　称：赫尔辛基古根海姆博物馆竞赛方案（图1）
设计师：Urban Office 建筑事务所
位　置：芬兰·赫尔辛基
分　类：文化建筑
标　签：广场综合体
面　积：12 100m²

投标界也是有鄙视链的，来头大的看不上投资大的，投资大的看不上面积大的，面积大的看不上面积不大、来头不大、投资不大的等99%的投标。投标天天有，靠谱的没多少，不禁让人强烈怀疑甲方已将组织招投标的数量纳入了KPI（关键绩效指标）考核。

所以，当一个来头大、投资大、面积大的大竞赛横空出世的时候，你能想象全世界建筑师眼冒绿光的迫不及待吗？更何况，这个声名显赫、人帅钱多的甲方都已经惊世骇俗地捧红了两个殿堂级的建筑大师（图2）。

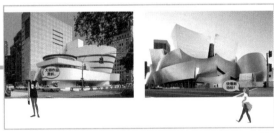

图2

"古根海姆"这四个字在建筑师眼里基本就意味着"一战成名"，有生之年能设计一座古根海姆博物馆就够任何一个建筑师吹一辈子的了，就算马上封笔，从此混吃等死，你的名字都会和弗兰克·赖特以及弗兰克·盖里一同出现在一个百度百科词条里——改名弗兰克·某某某。

现在，机会来了！古根海姆基金会希望在赫尔辛基建一座新的古根海姆博物馆，要求一如既往地直冲云天：成为21世纪的典范博物馆，让古根海姆四个大字在北欧的天空发光发热！基地就选在赫尔辛基的海港边，四周360°环绕绿地，还有一堆好像批发来的城市重要建筑（图3）。

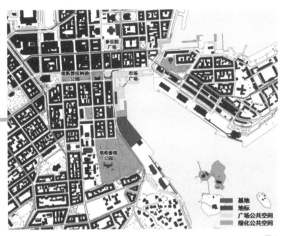

图3

地球人都知道古根海姆的野心，但很遗憾，这里不是充满欲望的大都市纽约，也不是当时百废待兴的毕尔巴鄂，这里是波罗的海的女儿，建城超过500年的设计之国的首都，全球最具幸福感的地方，欧洲九大文化城市之一——赫尔辛基。

说白了，这里不缺艺术感，更不缺博物馆，也没有日渐萧条的局面亟待拯救。最糟心的是，财大气粗的古根海姆基金会还自我感觉特别良好地把基地选在了市中心的中心，周围不是意义重大的古董，就是意义更重大的老古董（图4）。

图4

有句话叫"文学将杀死建筑"，意思就是不管你的建筑盖得多好看、多奇特、多高科技，都比不过对面老房子曾经扛过枪、打过仗的光辉故事让人印象深刻，具体可参见雨果的《巴黎圣母院》（图5）。

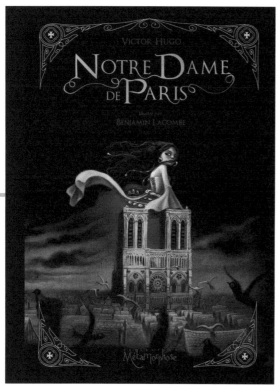

图5

那么，问题来了：赫尔辛基的新晋练习生古根海姆怎么能在一堆故事里脱颖而出呢？想靠奇装异服脱颖而出的成功率太低，而且芬兰人民的品位不俗，也没那么容易讨好。来自曼哈顿的 Urban Office 建筑事务所想到了另一种解题思路：如果不能为人民群众讲故事，那就给听故事的人民群众送个板凳（图6）。

图6

历史建筑太多的麻烦就是气氛太严肃，到哪儿都想站军姿。

Urban Office 建筑事务所毕竟来自纸醉金迷的大纽约，转了一圈基地就发现这里的群众娱乐生活太匮乏，街上连个跳广场舞的人都没有——应该说连个跳广场舞的广场都没有。虽说大教堂、参议院前面都有大广场，但那是给你搞娱乐生活的吗？那是给你接受爱国主义教育的。只有一个公园气氛还挺轻松，可惜还是个小山丘（图7）。

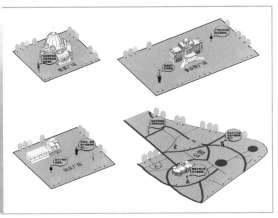

图 7

于是，Urban Office 建筑事务所忽然就知道给赫尔辛基人民送一个什么样的板凳了，就是一个广场全家桶，俗称广场综合体。在这里，想观景周边全有，想休息不用爬山，想看展不用排队，各种广场规格齐全，功能丰富，唱歌、跳舞、做游戏样样行得通。

但广场并不是一块简单的空地。我们以芦原义信提出的 20 ~ 25m 为基本模数，以基础宽度与基础长度 2 ∶ 3 的适宜比例来控制广场，可以简单得出几种广场规格。而 Urban Office 建筑事务所想要综合的就是各种小群体活动的广场（图 8）。

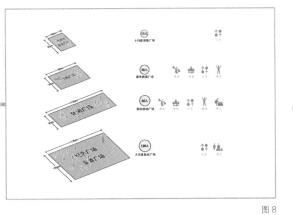

图 8

第一步：一个大广场。

首先，看一下任务书规定的面积要求，基地面积为 18 520m²，而要求建筑面积只有 12 100m²，平铺都铺不满，所以不可避免地需要选定基地内的建筑位置。

考虑到主要人流方向，Urban Office 建筑事务所空出北部广场和海边前广场，让建筑位于场地西北部，与旁边的公园呼应（图 9）。

图 9

要想拥有足够大的场地去做多种方式结合的广场综合体，最直接的方法就是将整个建筑都做成广场。一种方法是将体块平摊，做成屋顶广场，阳光充足风景好，就是下雨受不了（图 10）。

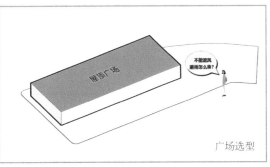

图 10

另一种方法是将建筑底层架空，做一个有顶棚的室外广场，刮风下雨都不怕，但不见天日心慌慌（图11）。

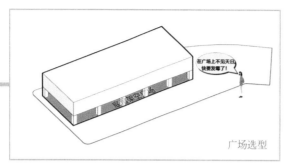

广场选型

图11

小孩子才做选择，建筑师全都要。Urban Office建筑事务所灵机一动，决定把有棚和没棚的相互结合，搞成一个风雨无阻、阳光灿烂的夹心广场（图12）。

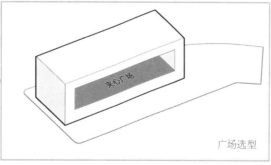

广场选型

图12

第二步：广场功能细分。

现在我们有了一个有顶棚的室外大广场，面积很大，但没用。正所谓广场遍地是，人流避开走。人在大尺度空间中缺乏归属感，所以缺乏设计的大广场并不能起到聚集人流的效果（图13）。

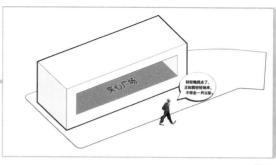

图13

敲黑板：关键操作是将广场功能细分。将现有广场一分为二，一个继续有顶棚，另一个则变成露天的，同时缩小了广场尺度，使之更适合小群体的休闲活动（图14）。

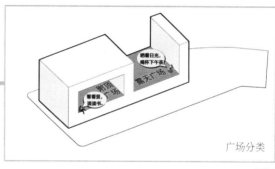

广场分类

图14

然后，根据基地日照方向调整室外场地围合角度，为外部活动场地营造更好的光照条件，同时形成斜向的大台阶，给露天广场加载剧场舞台的技能（图15）。

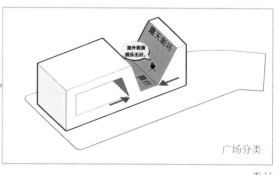

广场分类

图15

第三步：组织建筑内部空间。

建筑内部功能除去任务书规定的 4000m² 展览空间以及相应的办公和后勤空间外，余下大约三分之二的空间都允许建筑师自由发挥，也就是说可以尽情地来造作啦。

由于建筑体块主要分为上下两部分的横向体块和垂直向的三个条形体块，所以将底部和顶部面积充裕的横向体块作为展览及演讲功能的正式空间，而竖向体块则主要作为垂直交通空间（图 16）。

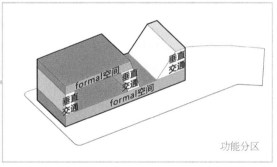

功能分区

图 16

插入楼板，首层以 7m 层高作为入口门厅使用，2 ~ 4 层以 5m 层高作为主要展厅空间使用（图17）。

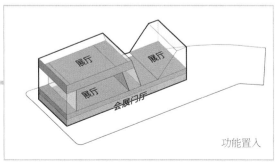

功能置入

图 17

首层在建筑入口处退让，按照功能要求置入入口服务门厅、活动大厅及演讲厅（图 18）。

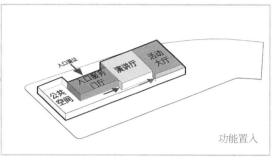

功能置入

图 18

但看起来好用的矩形空间在公共空间内形成了多个破环连续性的窄墙，于是将三个体块切成连续斜向空间（图 19）。

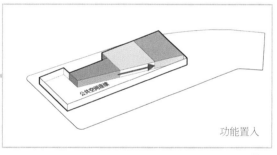

功能置入

图 19

同样在 2 层置入斜向的展厅空间（图 20）。

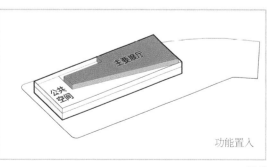

功能置入

图 20

此时，公共空间内有一个难以使用且感受消极
的锐角空间（图21）。

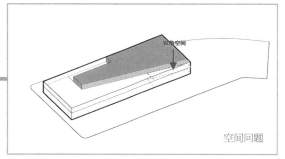

空间问题

图 21

因此，将露天广场的阶梯部分旋转至适应场地
边线，消解内部锐角空间的同时也扩大了露天
广场的面积（图22~图25）。

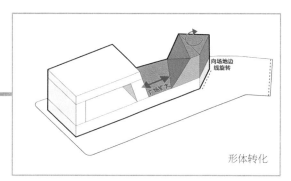

形体转化

图 22

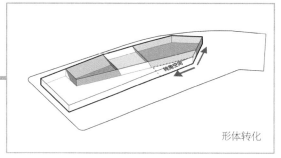

形体转化

图 23

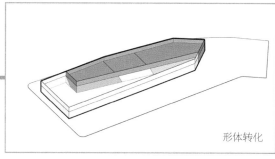

形体转化

图 24

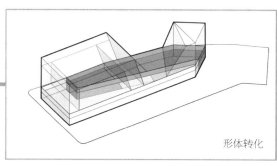

形体转化

图 25

将走廊外墙与入口台阶结合，缩小走廊的空间
体量，同时阶梯广场体块在台阶处面向城市开
放（图26、图27）。

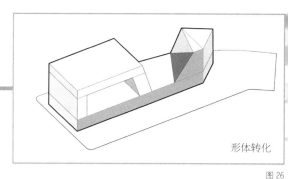

形体转化

图 26

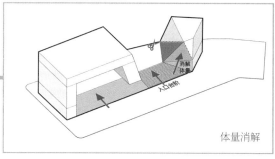

体量消解

图 27

此外，向居民区探出架空体块，加设一个小广场作为室外临时展场，吸引来往路人的注意（图28）。

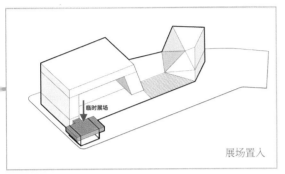

展场置入

图 28

下面来到广场平台层。首先，将建筑入口插入左侧竖向体块内，中间体块为避让入口进行扭转，右侧竖向体块在3层形成独立展厅（图29～图31）。

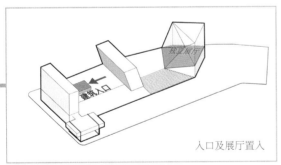

入口及展厅置入

图 29

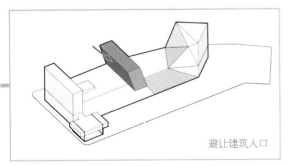

避让建筑入口

图 30

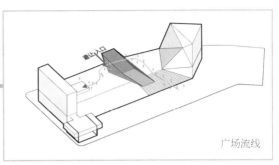

广场流线

图 31

退让后的尖角体块在广场视角上给人以强烈的冲击力，窄边的视觉效果对广场的开放空间并不积极，因此消解了入口台阶处的尖角体块，增大1层体块面积，使内部展厅空间的实用性更强，也使广场空间更加积极（图32～图34）。

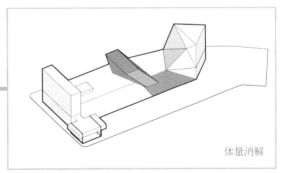

体量消解

图 32

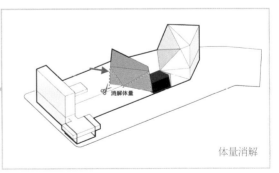

体量消解

图 33

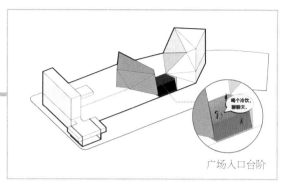

广场入口台阶

图 34

随后向 1 层延展中央结构的外墙，与展览及会展空间内墙结合，营造内外一致的流线形态，斜向墙面也更利于自由布展。在 1 层、2 层公共空间内布置活动节点，将大厅、咖啡厅、餐厅、商店等休闲功能置于其间，引导游客行进和停留（图 35、图 36）。

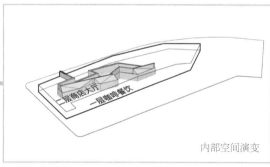

内部空间演变

图 35

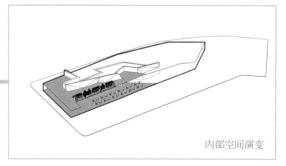

内部空间演变

图 36

将内部墙体与外部墙体整合，在公共空间外墙处开设大面积的折线形窗户，使得内部的公共空间具有膨胀感，也让人置身其中有更宽阔的视野（图 37）。

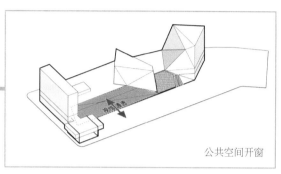

公共空间开窗

图 37

在顶层布置自由展厅和办公空间（图 38）。

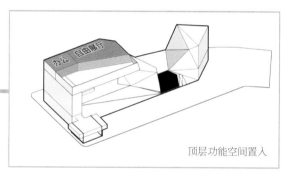

顶层功能空间置入

图 38

将顶层小面积的独立展厅塑造成起伏的坡面，有利于布展的同时增强了顶部展览空间的流动性（图 39）。

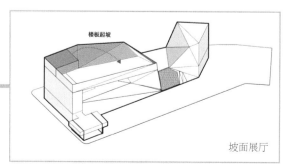

坡面展厅

图 39

至此，必备的正式功能空间分区基本形成。

接下来将垂直交通和公共卫生间插入（图40）。

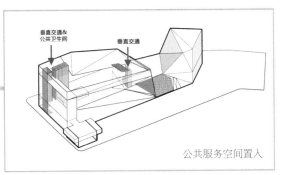

公共服务空间置入

图40

随后，处理剩下的左侧竖向体块，将其设置为环状折跑楼梯，同时将左侧体块顶部扩大，增加通高空间以扩大与顶层展厅的接触面积，消解外部视觉感受不积极的窄小体块（图41、图42）。

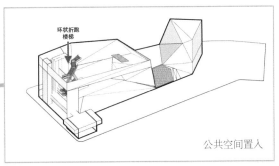

公共空间置入

图41

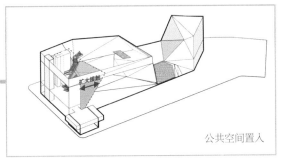

公共空间置入

图42

调整顶层楼板形态，使其与下方通高空间连通，延伸展厅空间将其与楼板结合得更加紧密，同时为通高的交通空间开设大面积三角窗，加强内部光线的同时与底部公共空间形态保持一致（图43、图44）。

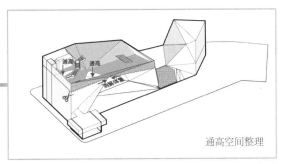

通高空间整理

图43

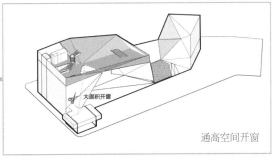

通高空间开窗

图44

通过连廊将3个竖向体块串联形成空中走廊，同时在独立展厅上部加入通往连廊的折线楼梯，完成展厅的环形流线（图45、图46）。

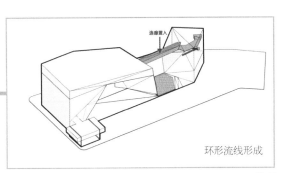

环形流线形成

图45

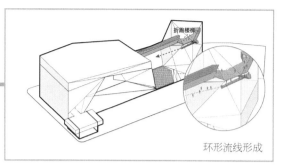

环形流线形成

图 46

随后，调整连廊与阶梯广场的关系，使广场内凹，适应连廊角度的同时被正立面墙体遮挡，使外部广场空间也具有一定的私密性（图47~图49）。

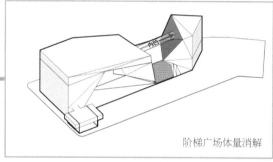

阶梯广场体量消解

图 47

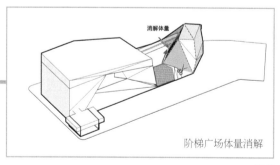

阶梯广场体量消解

图 48

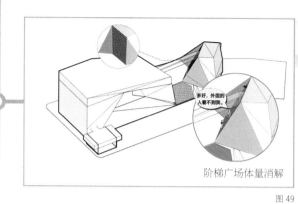

阶梯广场体量消解

图 49

调整平台，在独立展厅及2层入口空间楼板处设置小面积的通高空间，加强公共空间与正式空间之间的联系（图50）。

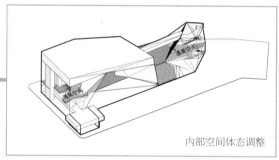

内部空间体态调整

图 50

最后，为展厅空间引入自然光。选择面积较小的观景窗插入下部实墙，同时为顶层展厅开设天窗（图51）。

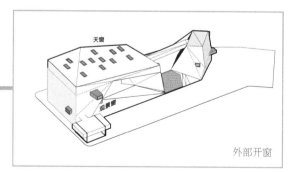

外部开窗

图 51

至此，整个建筑基本成型。

总结一下，以上这堆乱七八糟、让人眼花缭乱的操作其实只有一个原则——由内而外，指哪儿打哪儿。很多奇奇怪怪、无法用语言描述的多面体建筑造型其实都是这样搞出来的，需要什么形状的空间就做个什么形状的空间，最后建筑成个什么形状就算什么形状。

最后，覆盖木质板材，使建筑融入场地环境，并具有芬兰建筑形象特点。打图收工去投标啦（图 52）。

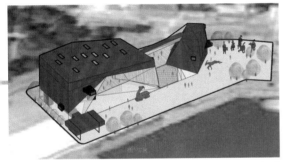

图 52

这就是 Urban Office 建筑事务所设计的赫尔辛基古根海姆博物馆竞赛方案（图 53 ~ 图56）。

图 53

图 54

图 55

图 56

然而，打脸总是来得猝不及防。赫尔辛基古根海姆博物馆竞赛共收到来自全世界的 1714 份参赛方案，组委会最终选出了 6 个获胜方案进入决赛，而 Urban Office 建筑事务所并不属于这 6/1714。也不知道甲方是失忆了，还是转型了，总之他们不要惊世骇俗了，也不要再造传奇了，就选了 6 个特别朴实、特别低调、特别"不古根海姆"的正常方案（图 57）。

图 57

或许真的是强龙压不住地头蛇，江湖险恶，还
是认怂保平安吧。

图片来源：

图 1、图 53 ～图 56 来源于 http://urbanofficearchitecture.
com/，图 2 改绘自 https://www.theartstory.org/museum-
guggenheim.htm 及 https://www.treemode.com/case/3408，
图 57 来源于 https://www.hisheji.com/project/space-type/
archi-design/2015/04/29/9635，其余分析图为作者自绘。

END

假装高深莫测，是建筑师们的心照不宣

图 1

名　称：法国比亚里茨海洋与冲浪博物馆（图 1）
设计师：斯蒂芬·霍尔
位　置：法国·比亚里茨
分　类：博物馆
标　签：挤压
面　积：近 4000m²

建筑师喜欢假装高深这件事其实特别好理解，毕竟抽象劳动都没有统一标准，也没有量化指标，各花入各眼，能增加筹码的也就剩下甲方的人类普遍情感了。小火靠捧，大火靠命，活下去全靠编故事。选中的不一定好，落选的也不一定差——道理谁都懂，但依然只有能让甲方转身签合同的才算入绩效 KPI。人的特点是逆流而上，如果太简单，失败时就没有借口；挑战困难的事情，即使失败了，别人也会称赞你的勇气。这不是我说的，这是尼采说的。

具体到建筑师这里，称不称赞都无所谓，成不成交才是正道。越复杂、越困难、越高深、越莫测，故事就越精彩，设计方案的附加值也就越高，甲方也就越舒坦——反正都花一样的钱，肯定选那个无差别人类劳动最多的啊。但很多时候，很多设计问题都不是靠复杂来解决的。

作为欧洲冲浪运动的发祥地，法国西南部的海岸小城比亚里茨不仅是众多冲浪爱好者的聚集地，更被很多人誉为"欧洲冲浪之都"。2005 年，为了更好地展现当地的冲浪文化，比亚里茨市政府想建一个海洋与冲浪博物馆，并在紧邻海岸、风景优美的公园里选了一块场地（图 2）。

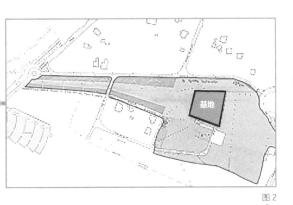

图 2

别看比亚里茨市政府满怀雄心壮志，口号喊得响亮，但拿出手的基地实在不算大，只有 3000m²。而这个听起来相当高端的海洋与冲浪博物馆其实不高也不大，要求的建筑面积不到 4000m²（图 3）。

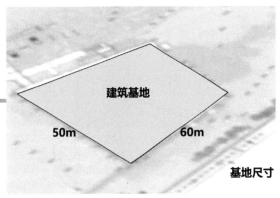

建筑基地

50m   60m

基地尺寸

图 3

按照任务书的要求，博物馆的功能主要就是展厅、多功能厅、办公、服务等。既然功能简单，面积又不大，那布局上其实也没有多少选择——只要你不是故意想"作妖"。门厅及服务功能布置在入口一侧，而多功能厅及办公功能则放在另一侧，中间布置展厅。

妥妥的，没毛病（图 4 ~ 图 7）。

拉升体块

图 4

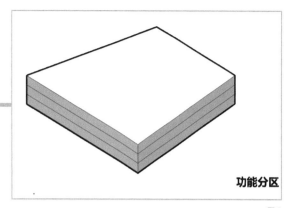

功能分区

图 5

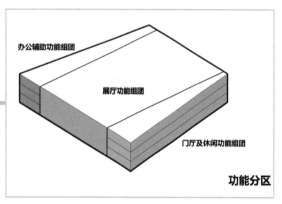

办公辅助功能组团

展厅功能组团

门厅及休闲功能组团

功能分区

图 6

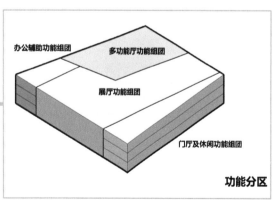

办公辅助功能组团

多功能厅功能组团

展厅功能组团

门厅及休闲功能组团

功能分区

图 7

对此，甲方没什么意见，但甲方的邻居就没那么淡定了。本来公园方就对好好的红花绿草中建个博物馆满肚子牢骚，然而胳膊拧不过大腿，政府发了话也只能认栽，但条件还是要提一提的，不然吓坏了小花、小草、小朋友怎么办？

公园方的要求其实也算合理：不能破坏公园景观，碍了游客们的眼。这在建筑师听来，就是要让建筑和场地产生关系，和谐共处。这个好说，上学时都讲过，最经典的就是底层架空，萨伏伊别墅的绝招借来用用（图 8、图 9）。

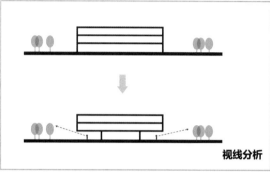

视线分析

图 8

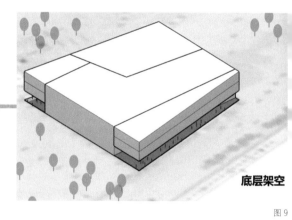

底层架空

图 9

或者还可以中层架空，留出观景平台（图 10、图 11 ）。

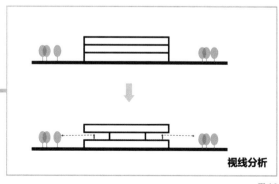

视线分析

图 10

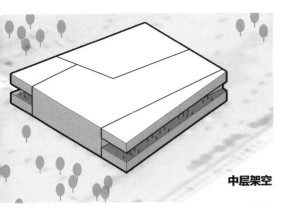

中层架空

图 11

最常见的还有设置屋顶观景平台，空中花园美美的（图 12、图 13）。

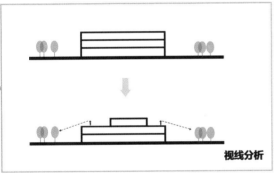

视线分析

图 12

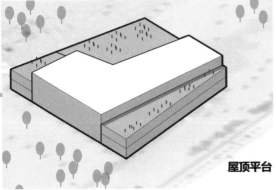

屋顶平台

图 13

再次重申：小孩子才做选择，建筑师全都要。将以上三种合体，形成一个从屋顶到底层的大斜坡延伸至公园，与公园绿地连为一体。同时，把地面三层的体量压入地下三分之二，再次缩小博物馆的存在感（图 14 ～图 16）。

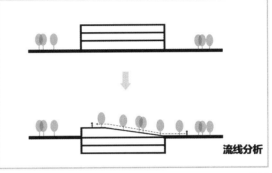

流线分析

图 14

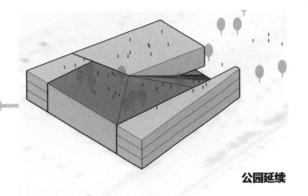

公园延续

图 15

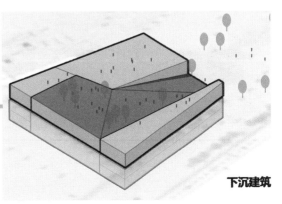

下沉建筑

图 16

但说句实在话，让建筑融入环境的方法有100种，这个大斜坡的做法算不上多么出彩——因为真正的挑战根本就不在这儿。环境最多算外伤，而致命的都是内伤，这个方案的内伤就是，面积太小！

我们先根据前面的分区按面积把功能排布出来（图17）。

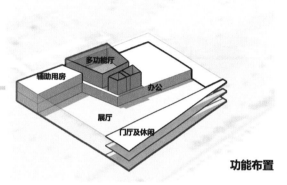

功能布置

图17

然后你就会发现这个胸怀大海、乘风破浪的"大气"博物馆，事实上只有一个一千六七百平方米的刀把儿形展厅（图18、图19）。

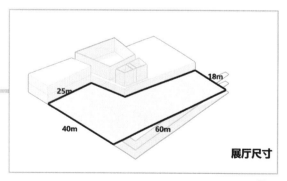

展厅尺寸

图18

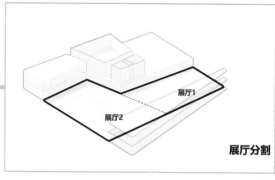

展厅分割

图19

而作为一个海洋与冲浪博物馆，就算只展示点儿海水，两个展厅也都不够，何况您这还有个"冲浪"主题在排队等着呢（图20）！

图20

所以，建筑师们，发挥才能的机会是不是来了？！快点发动100m²布置100个房间的技能，再辅以什么延长流线、混淆视线等武功，生生地把4000m²的博物馆做成40 000m²的空间体验。

真的忍不住想说，很多时候建筑师仿佛活在原始时代，怎么一想到博物馆还全都是纯实物展示呢？国宝都疯狂了，满屏满网的数字博物馆难道是对建筑师屏蔽了吗？还是你们村刚通网？在21世纪，当展厅面积不够的时候，最简单的方法明明是选择虚拟展示！

现在问题就简单了：我们只需要确定屏幕挂哪儿就可以了。那么，需要首先考虑的就不是空间划分，而是屏幕视距。一般来说，人与屏幕的最佳观赏距离是屏幕垂直高度的3倍（图21）。

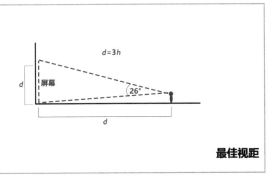

最佳视距

图 21

如果在短边一侧设置屏幕，受斜坡屋顶影响，短边的墙高只有4m，全部设置成屏幕的话，最少也要留出12m的观赏距离，去掉视线净空区后，观影区域就只剩下4m距离，很显然太过于拥挤（图22～图24）。

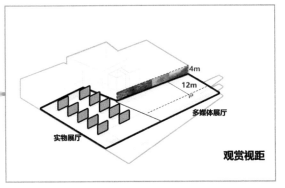

观赏视距

图 22

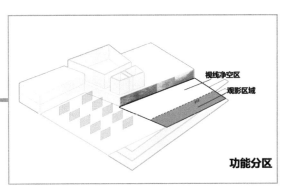

功能分区

图 23

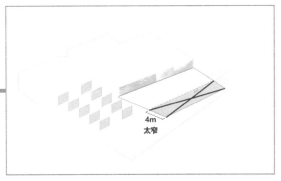

图 24

而另外一边墙高8m，设置成屏幕的话，需要留出24m的观赏距离，去掉观赏距离后，仍剩余较大的空间，相比之下，这里更适合作为虚拟展厅使用（图25～图27）。

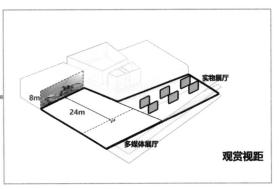

观赏视距

图 25

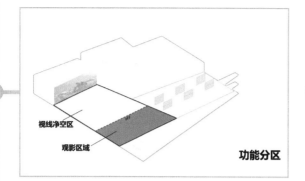

视线净空区

观影区域

功能分区

图 26

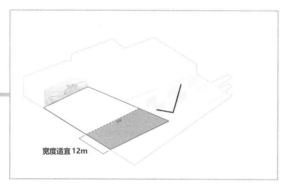

宽度适宜 12m

图 27

然而，只有一个屏幕的虚拟展厅也太寒碜了，怎么着也得设置三四个才好意思叫展厅吧？所以，是又回到空间设计上了吗？

简单点儿，做设计的方式简单点儿。抬头看，苍天饶过谁。我是说，可以考虑在屋顶上进行展示。天天喊人家第五立面，能不能走走心，真的把人家当个立面用？当然，在屋顶设置屏幕也是要设计的，总不能直接撂在中间，让人们走半道就停下抬头看吧，那不是变成了碰碰车场地（图 28、图 29）？

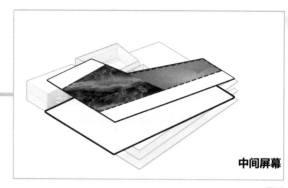

中间屏幕

图 28

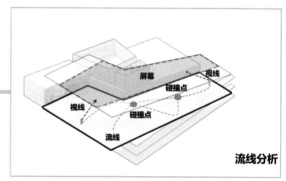

屏幕　视线

碰撞点

视线　碰撞点

流线

流线分析

图 29

最合理的是在屋顶两侧放置屏幕，不影响展厅正常的行为流线，还可以借助两侧的楼层平台限定观赏范围，提高观赏角度（图 30、图 31）。

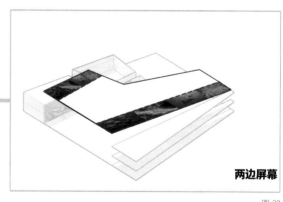

两边屏幕

图 30

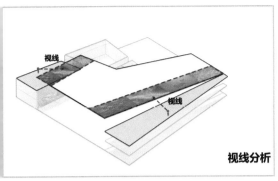

视线分析

图 31

但一直仰着头看展对颈椎的考验太大，于是，前方神来之笔！建筑师将屏幕的位置进行变形，让原本水平的屋顶向着斜 45° 方向上弯曲。这个简单的操作不仅解决了观赏视角的问题，而且巧妙地点到了海洋与冲浪的主题，为原本平平无奇的展厅赋予了灵魂（图 32 ~ 图 35）。

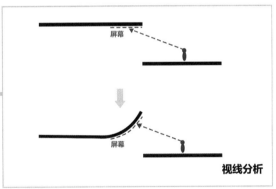

视线分析

图 32

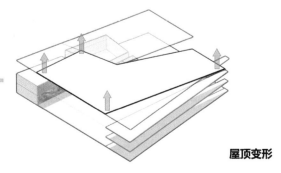

屋顶变形

图 33

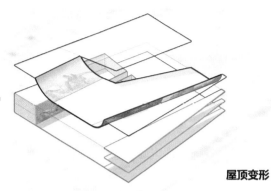

屋顶变形

图 34

图 35

同时，屋顶的弯曲也对展厅空间进行了弱限定的分区（图 36）。

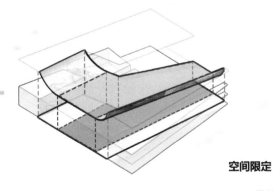

空间限定

图 36

更绝的是，这个弯曲屋顶也顺便为建筑选择了造型。凹陷的一侧面向大海，就像一个框景器为在屋顶平台看海的人们限定了视线。一箭好几雕，有没有（图37、图38）？

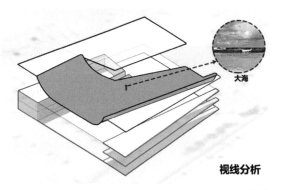

视线分析

大海

图 37

框景

图 38

然后，整理观展及观景流线。观展流线主要都集中在能看见各个大屏幕的平台上，人们在平台上看完虚拟展示后经过一个坡道下到展厅之中，然后逛完展厅再沿着楼梯回来（图39、图40）。

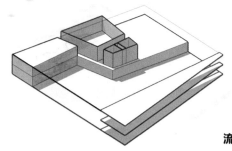

流线分析

图 39

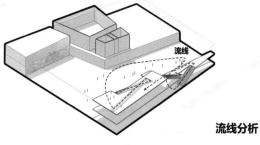

流线

流线分析

图 40

观景流线主要是把人们引向公园，让公园成为建筑功能的一部分，将位于地下的办公功能块面沿展厅的一个角向下压，而向上拉面向公园的那条边，使楼板倾斜，从而连接展厅空间与公园，也使办公空间拥有自然采光（图41、图42）。

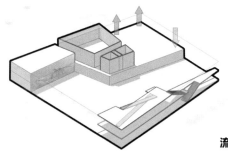

流线分析

图 41

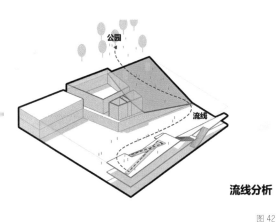

流线分析

图 42

让其他部分的屋顶也产生变形，使其与功能更好地契合（图 43、图 44）。

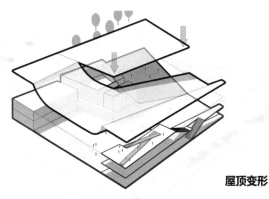

屋顶变形

图 43

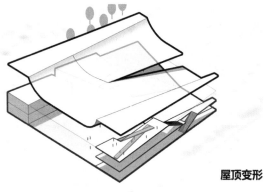

屋顶变形

图 44

新的弯曲屋顶也成了新的观景平台（图 45、图 46）。

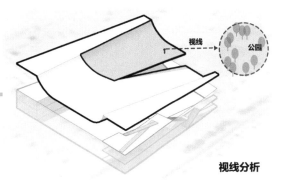

视线分析

图 45

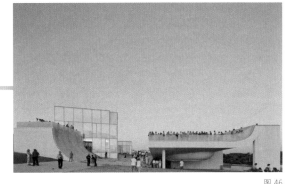

图 46

屋顶既然有了这么多观景平台，那么就单独设置一部楼梯让人们可以从建筑内部直接进入屋顶（图 47、图 48）。

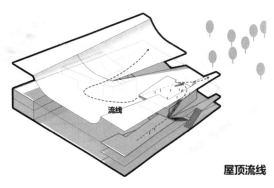

屋顶流线

图 47

图 48

之后又在屋顶加设了海景餐厅和冲浪商店，唯美食与美景不可辜负（图 49 ~图 51）。

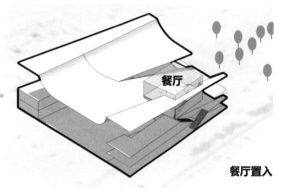

餐厅置入

图 49

图 50

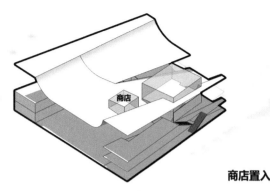

商店置入

图 51

最后，再为其他辅助功能设置单独的入口及流线，整个建筑就差不多完成了（图 52）。

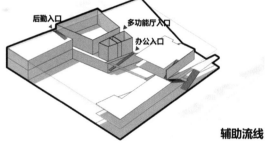

辅助流线

图 52

封上立面，收工（图 53）。

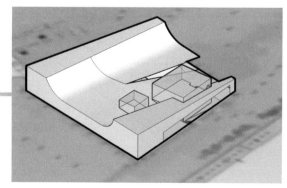

图 53

这就是斯蒂芬·霍尔设计的海洋与冲浪博物馆，一个很简单的小博物馆（图54～图56）。

图 54

图 55

图 56

很多时候，我们并不是在做设计，而是假装在做设计。我们一直在纠结的不是建筑"需要"怎么做，而是建筑"应该"怎么做——应该怎么做才会显得我更高级、更高深、更高效、更志存高远。然而，高手从来不拔刀，高僧只说家常话。

图片来源：

图1、图20、图35、图46、图48、图54～图56 来源于 https://mp.weixin.qq.com/s/_qADgnrDrNd297ZJb2auJA，其余分析图为作者自绘。

没有什么设计问题是不能
通过『浪费』来解决的

图1

名　称：德国海尔布隆 Experimenta 科学中心（图1）
设计师：Sauerbruch Hutton 事务所
位　置：德国·海尔布隆
分　类：展览建筑
标　签：螺旋流线
面　积：17 580m²

如果说时间就是金钱，那么，浪费时间就是在变相炫富。没有浪费过时间的人生是不完整的。浪费可耻，但就是爽啊，不但爽，还很有用。这世上没有什么建筑是甲方费点儿钱、费点儿时间还搞不定的，如果有，那就再多费个建筑师，毕竟，建筑师还会浪费空间。

德国海尔布隆市要建一个地标性的"科学中心"，其实就跟咱们的科技馆差不多，配置上也相似，除了展览教育部分，就是一个单独的360°穹顶影院。

海尔布隆市坐落在内卡尔河的两岸，科学中心的基地就选在了内卡尔河中心的一个小岛上（图2）。

图 2

小岛南北两端有公路与岸边相连，东西两侧有两座人行桥，南部有一个已经被纳入改造范围的 6 层仓库，北部则是要被拆掉的商业餐饮休闲区，但甲方要求在新科学中心里保留这些功能。请注意，这些保留的功能里还包括原有的广场功能（图3）。

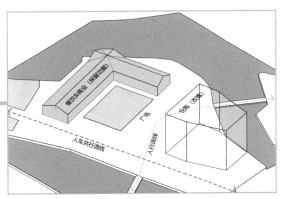

图 3

所以，科学中心就有了 3 个主要功能区，分别是展览部分（10 000m²）、穹顶影院（4000m²）以及商业餐饮休闲区（3000m²）（图 4）。

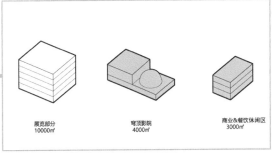

图 4

本来，有个长得像个球的穹顶影院就已经够糟心的了，再有一堆小卖铺，真是怎么看都与冷艳的科学中心合不上拍，最直接的后果就是怎么摆都别扭。

比如，最简单的摆法：影院放在展厅头顶，商业餐饮放在一旁与之相连，然后就超限了。是的，这块地限高 36m（图 5）。

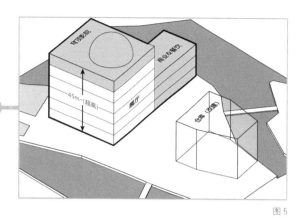

图 5

那换个思路：用展厅包住穹顶影院。虽然多占了一些地，但高度降下来了，穹顶也藏起来了。但结果就是广场快挤没了，只剩一条街了，甲方果断说不行（图6、图7）。

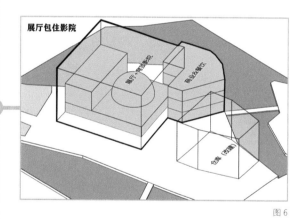

图 6

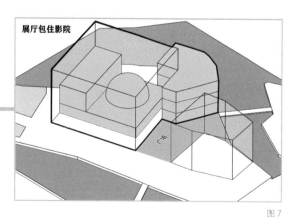

图 7

再换个思路，反正建筑师就是思路多。既然展厅加影院的常规组合不好用，那就拆了？让商业餐饮跟影院抱团行不行？商业餐饮部分包住影院，形成两个面积差不多的单元（图8）。

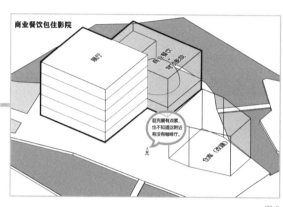

图 8

这样摆放虽然勉强能放下，但商业餐饮部分没有临街面，活力大大降低。正所谓擒贼先擒王，只要影院在地上放着，就怎么摆都难受。它不光自己是个大圆球，长得很欠揍，还有一堆附属房间像拖油瓶一样跟着，但好在目的性很强，只有想去和不想去两种人，没有打酱油的路人甲乙丙丁进去就为凑热闹的。

因此，把穹顶影院做成半地下，一来让出地面空间，二来体块展开之后，众多辅助用房布置起来也方便了许多（图9）。

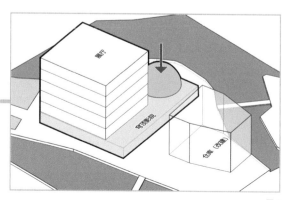

图 9

影院这个球被按到地下之后，感觉空气都清新了。为了不让这个球影响群众的购买欲，再把商业餐饮功能做成个金箍套在影院的头上——从街上看，就像一个很大很大的购物商场（图10）。

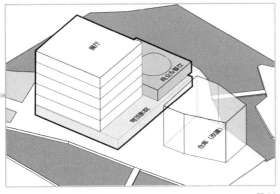

图 10

然而，这个商业部分只是看起来很大，其实只有一圈，说不心虚是假的。于是，建筑师把小算盘打在了小岛南侧那个即将被改造，但还不知道要被改成什么样的仓库上——反正都要改，别人改还不如我自己来，还能卖甲方个人情。

将仓库的首层和地下一层改造成餐饮和商业，并在地下一层与北侧的影院连通（图11）。

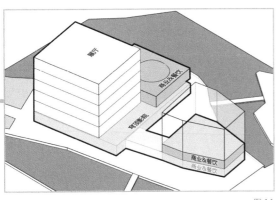

图 11

至此，各功能区的布局就算搞定了，但同时，也搞出来一个大漏洞。现在这个科技馆的展览部分，为了达到面积要求至少需要5层高，对于一个需要用腿走来走去的公共建筑来说，5层是个什么概念？毕竟连百货公司都放弃治疗了，以前3层以上基本就是家居箱包这种一年也卖不出一个的落灰商品，现在3层以上直接就改成吃喝玩乐的地方加电影院了。难不成这年头儿学习已经比"逛吃"更有吸引力了吗？买东西都懒得上5层的咸鱼们为了学习先进的科学技术知识，一口气爬5层都不带喘的（图12）？

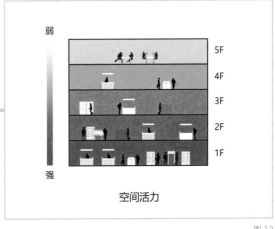

图 12

但抱怨也没用，要么你想办法解决空间活力逐层降低的现实问题，要么你想招儿转移甲方的注意力忽略这个问题——反正情况就是这么个情况，蒙混过不了关，只能让你提前过了气。

我们首先要搞明白，是什么导致楼层越高活力越低。没错，就是流线。传统公共建筑的交通流线基本会在每层都形成闭合流线的布局，也就是逛了一圈会回到原点，然后再找电梯、楼梯往上走。好处就是各层分区明确，空间紧凑，便于管理，但是用在展览建筑上就显现出一个致命的漏洞：各层流线之间的联系太弱，容易产生割裂感，无法引导参观者一直向上探索。换句话说，正常人都有完形心理，或者多多少少的强迫症，半路折返总是不甘心，但每层的闭合流线在回到原点时都是一个结尾的提示，参观者自然也就会毫无负担地随时按下结束键（图13）。

解决这个问题的办法其实也很简单，每层不闭合不就完事儿了吗？说白了，只要你舍得浪费一部分空间不排功能，让流线不闭合，就能像爬山似的吊着人的胃口不断往上走。最简单的方式就是我们的老相识——螺旋上升流线（图14）。

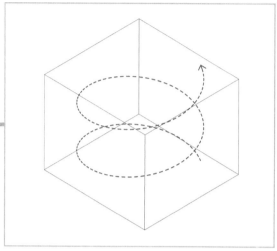

图14

把流线转化成空间。采用这种螺旋上升流线的建筑，在塑造空间时最理想的选择就是将流线加宽成为大坡道，将交通空间隐藏在功能空间里，不知不觉就登了顶（图15）。

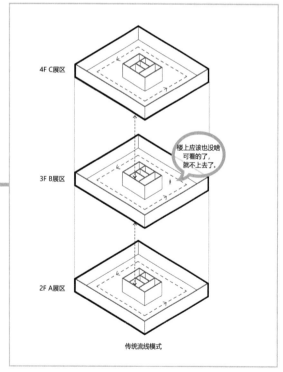

图13

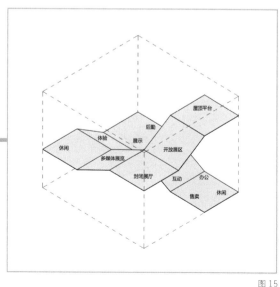

图15

但生活就像养不熟的白眼狼，活得再久也依然陌生，看似完美的螺旋空间大坡道偏偏就不适合科技馆。就像物理题里总有真空状态一样，对很多科学展品来说，坡道或者台阶都会影响实验效果或者观察体验，还是完整的大空间的平地比较好用（图16）。

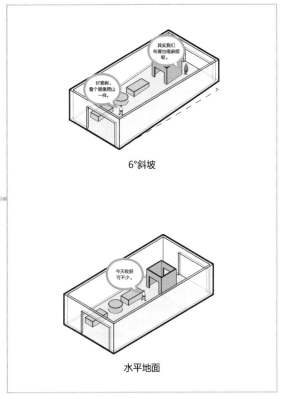

图16

另外，这种上万平方米的严谨科学展厅是一定要分区的，要是物理课和化学课一起上不就乱套了吗（图17）？

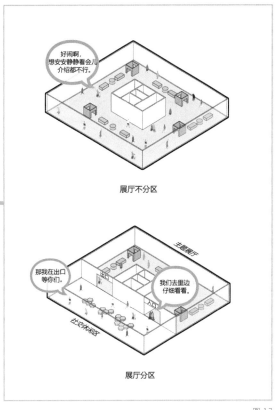

图17

所以，我们需要对普通螺旋上升流线进行改造，形成连贯又分区明确的空间。改造的关键就是继续浪费。如果说螺旋空间虽然浪费一部分面积不形成闭合流线，但至少还能在交通空间里找补回来一点儿的话，那么我们现在就是要把这找补回来的这一点儿也完全舍弃掉——浪费个彻底（图18）。

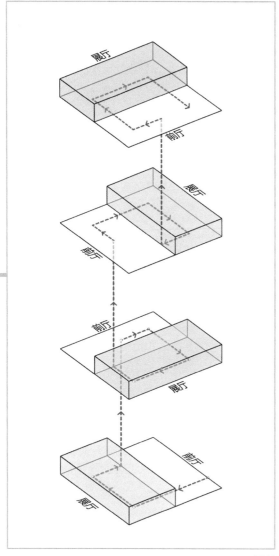

图 18

至此，内部空间模式基本就确定了。但在深入设计之前，我们还要照顾一个场地中的重要因素，就是那个可以改名但不能去名的广场。

现在的方形体块围合出的广场是个"刀把儿"，长宽比接近 1 ：4，也就比普通街道宽了一点儿（图 19）。

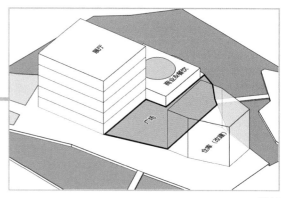

图 19

而广场的要素在于围合感让人能够停留，刀把儿形空间显然不达标。经过一番尝试，设计师发现体块为五边形时形成的广场围合感最佳，六边形和八边形体块形成的广场空间均被尖角打破（图 20 ～图 22）。

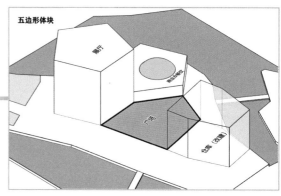

五边形体块

图 20

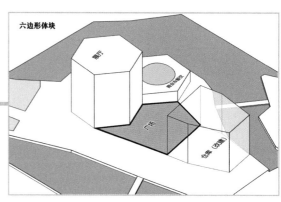

六边形体块

图 21

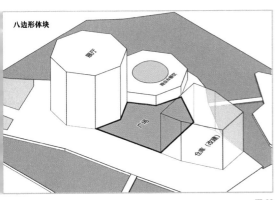

图 22

确定了五边形体块之后，下面我们就把改造后的螺旋上升空间放进去。首先，把五边形按照基地情况进行适当调整后拉起 5 层体块（图 23）。

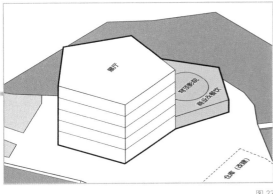

图 23

由于展厅部分的进深将近 50m，因此插入一个中庭来改善采光（图 24）。

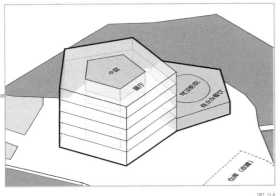

图 24

现在每层的空间变成了环形。下面按照前文所述把每层的展览空间分成封闭的主题展厅以及被浪费掉的前厅。当然，你要告诉甲方，这叫开放功能（图 25）。

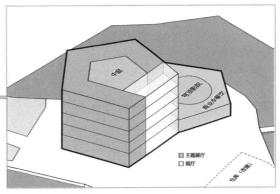

图 25

然后逐层旋转（图 26）。

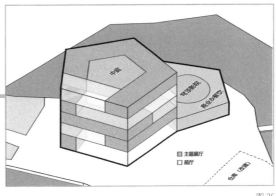

图 26

再按照螺旋流线的方向用自动扶梯将各层的前厅连接。那么，问题又出现了：由于不同层的前厅在竖向重叠的面积不大，直接置入楼梯的话很容易破坏封闭展厅空间——如果你不怕甲方废掉你的话，可以继续选择浪费空间来解决这个问题（图 27）。

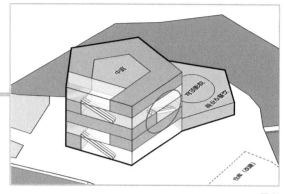

图 27

为了保险起见，还是从五边形入手。你要知道旋转这个动作就是广场舞的基本功：一个人转没意思，大家一起转才有气势。既然内部的空间已经旋转起来了，那体块也跟着旋转一下呗。如果把上一层的平面以五边形的一角为轴，进行一个小角度的旋转，它与下一层的平面之间就会形成一个缝隙，正好可以放下一组自动扶梯。由于错开了角度，楼梯不必插进展厅中央，而是相当于挂在墙外，保障了展厅空间的完整性（图 28 ～图 30）。

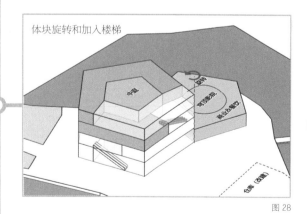

体块旋转和加入楼梯

图 28

体块旋转和加入楼梯

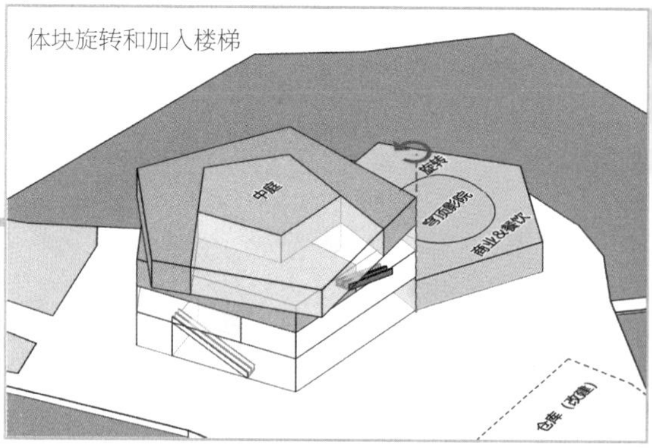

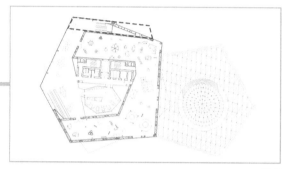

图 29

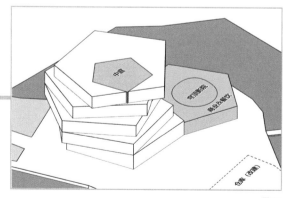

图 30

但是这样转不了几下，整个建筑就要跑偏了——中庭都要冲出外墙了，是想上天吗（图 31）？

图 31

所以，项目需要继续改进，原则就是尽量保证各层五边形的中心尽量少偏离。旋转问题的根源就在于一个"转"字，只要真转，就会导致中心大幅度偏离以至于无法接受。真转不行，那就只能假转了。保持一条边不动，直接扭动另外四条边，这样就可以人为地控制中心偏移的幅度。同时在扭动时，保持不动的边也不能再依次放置，而是要间隔放置，这样才能最大限度地限制中心偏离的幅度（图32～图39）。

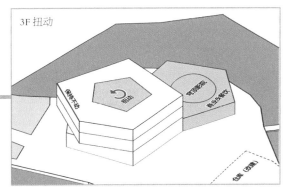

图34

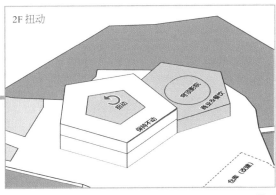

图32

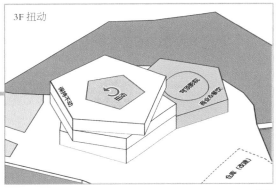

图35

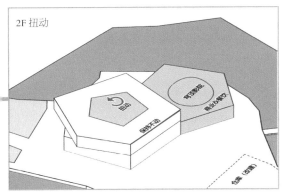

图33

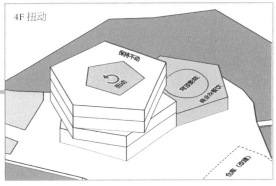

图36

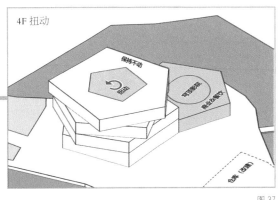

图37

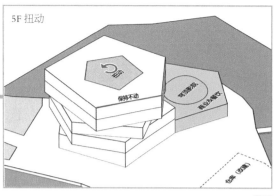

图 38

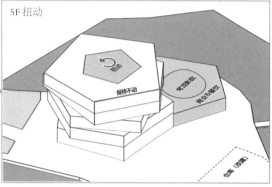

图 39

扭动完成之后，在形成的缝隙空间中插入自动扶梯（图 40）。

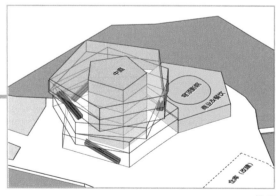

图 40

因为观展螺旋流线占据了建筑外围，所以就把本应放在建筑角落的疏散交通核以及洗手间等辅助空间集中起来放在中庭里（图 41）。

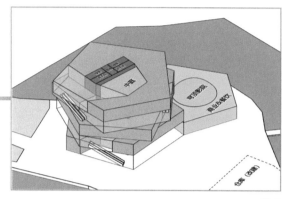

图 41

下面再来深化平面。1 层比较特殊，马蹄形空间没有做成封闭展厅，而是被一些办公后勤空间占据。在两个五边形衔接的部位设置一个门厅，使得科技馆与餐饮商业部分既能相互连通，又能分开管理，互不干扰。2 ~ 6 层就按照前面说的方法进行分区螺旋上升，并扭动形体——是的，因为螺旋流线的空间浪费，5 层的展厅面积被拉到了 6 层。其中每一层的中庭空间都插入形态各异的体验吊舱，成为该层的互动中心。

屋顶必然要安排一个平台，要不然都对不起这一流江景（图 42）。

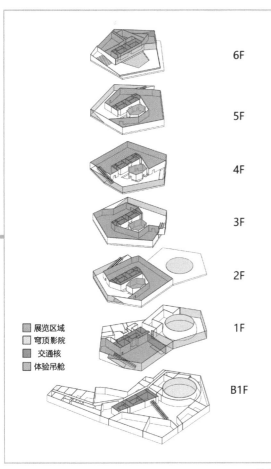

图 42

最后，给封闭展厅的实墙部分加上桁架纹理的金属板表皮来营造出科技馆的未来感。

收工（图 43 ）。

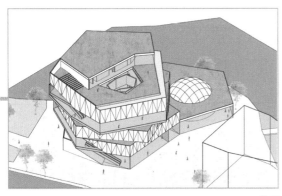

图 43

这就是 Sauerbruch Hutton 事务所设计建成的德国海尔布隆 Experimenta 科学中心（图 44 ~图 47 ）。图 48 和图 49 就是赤裸裸的被浪费的空间。

图 44

图 45

图 46

图 48

图 47

图 49

妈妈说，人生就是用来浪费的。如果你爱一个
人，你会舍得为他（她）浪费时间；如果你爱
一件事，你也会舍得为它浪费时间。那么，如
果你爱建筑，你除了可以为它浪费时间，还可
以浪费空间。不浪费解决的是温饱，浪费满足
的是欲望。欲望不高尚，但也不可耻，很多时候，
我们不是不想，只是不敢。

图片来源：

图 1、图 44 ~ 图 49 来源于 https://www.gooood.cn/
experimenta-heilbronn-by-sauerbruch-hutton.htm，其余
分析图为作者自绘。

END

半年之约又到了

图1

名　称：赫尔辛基图书馆竞赛方案（图1）
设计师：STL 事务所
位　置：芬兰·赫尔辛基
分　类：图书馆
标　签：平行关系
面　积：13 150m²

我从来没想过，有一天拆房也能拆出连续剧来，还是半年更一集的。欢迎收看《拆不完的赫尔辛基图书馆》第五集，先来回忆一下故事设定。

基地位于赫尔辛基文化区中心，面积没什么富余，还被各种"神仙"周边无死角包围，而且还得跟全芬兰最重要的政府机构建筑议会大厦正面交锋。

所以，这仅仅是个图书馆吗？不！它是政府与民众之间相亲相爱的象征！是知识、民主、言论自由的化身（图2）。

图2

因此，各路影帝影后很默契地没把这当作一个单纯的图书馆来表演设计。所以，你猜这一集还能是个什么路数？和前面几集"妖魔鬼怪"比起来，今天这个真的是有点儿"平"，一碗水端平的"平"。

为什么图书馆竞赛这么多，偏偏赫尔辛基这么招人稀罕？主要就是因为赫尔辛基图书馆像雾像雨又像风，就是不像个图书馆。它所处的地理位置及周边设施已经决定了这个图书馆不管像个什么都不违和，只要不像个安静的图书馆就行。换句话说，它承载了太多其他城市功能，反而使本身的图书馆功能变得无足轻重。这种设定，建筑师当然喜闻乐见，但你们问过图书馆的意见吗？

图书馆做错了什么？明明是人家的主场，怎么就莫名其妙地退居二线了？资深端水大师STL事务所就是一个特别有正义感的事务所：铁了心要为图书馆伸张正义，玩了命也要把图书馆功能与其他城市功能放在同等重要的位置上！

<u>画重点：STL想给赫尔辛基一个完整的城市客厅的同时，也想给赫尔辛基一座完整的图书馆。二者关系相互平行，不分主次，换句话说，这意味着两种行为——读书行为与社交行为互相平行、互不干扰</u>（图3）。

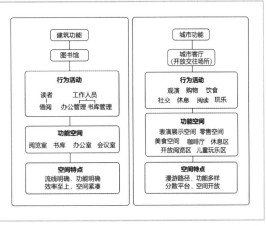

图3

图书馆就要有个图书馆的样儿，大家来了就是安安静静地好好读书，阅览室是阅览室，书库该分类就分类，空间该封闭就封闭（图4）。

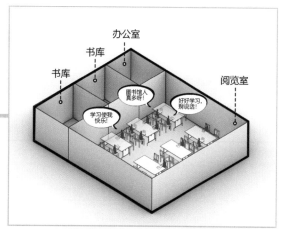

图4

城市客厅就大大方方地把我家大门常打开，来去自由，活动丰富，想唱就唱，要唱得响亮（图5）。

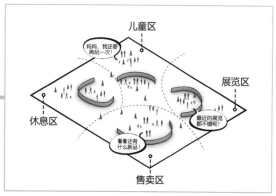

图5

那么，问题来了：如何在一个空间中同时容纳两种互不打扰的平行关系呢？按照常规思维，不是上下就是左右了。

1. 上下关系

简单分层的方法就能实现上下关系，但两种体系存在等级差异，显然位于下方的体系占据主导地位（图6）。

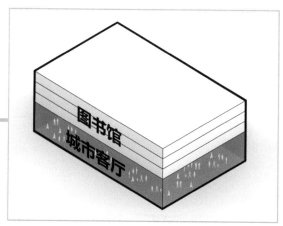

图6

2. 左右关系

消除了两者的等级差异，但二者各占据一半空间，也就意味着各自的使用人群对场地都没有完全的可达性。说白了，就是两栋楼（图7）。

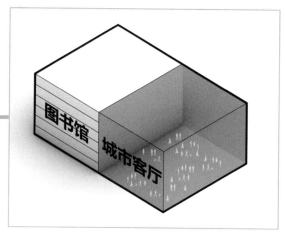

图7

那按照不常规的思维呢？STL 事务所提出了一种新的关系——梳子关系，也就是一种上下咬合的关系。就像两把梳子，它们对在一起会形成一个完整的木块，但是拆开后又是独立的个体（图8）。

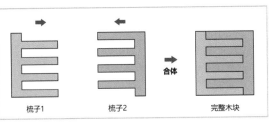

梳子1　　　梳子2　　　完整木块

合体

图8

敲黑板！想要梳子关系能够成立，除了梳齿之外，还有一个重要的组成部分，就是各自独立的梳背。如果没有梳背，梳齿就只是一堆木头片（图9）。

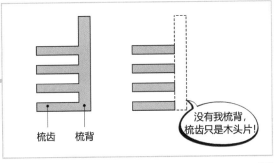

梳齿　梳背

没有我梳背，梳齿只是木头片！

图9

换句话说，两种功能复合以后的平行系统是由三部分组成的：

第一部分，梳背A——图书馆交通体系；第二部分，梳背B——城市客厅交通体系；第三部分，咬合梳齿——功能空间（图书馆和城市客厅）。

其中，咬合梳齿部分其实就是一个个肩负双重使命的小盒子，这个小盒子内部容纳传统图书馆功能，盒子上表皮的"虚盒子"容纳开放的城市客厅功能（图10）。

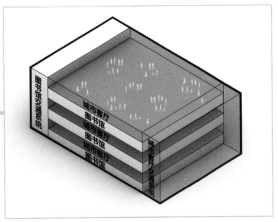

图10

可以简单理解为，每个图书馆的功能盒子的屋顶就是城市广场。所以，城市客厅面积相对于图书馆面积来说，只能是大于或等于的关系，毕竟，城市客厅小了的话，图书馆就连顶盖都没有了（图11）。

城市客厅＞图书馆　　城市客厅＝图书馆　　城市客厅＜图书馆

图书馆，还可！　　图书馆，还可！　　图书馆，我的图书馆没了？

图11

既然图书馆面积一定小于或者等于城市客厅面积，那么我们就先从图书馆开始设计。

图书馆部分

第一步：选择 8m×8m 的柱网满铺场地来控制体量，拉起体块（图 12、图 13）。

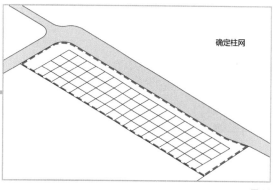

确定柱网

图 12

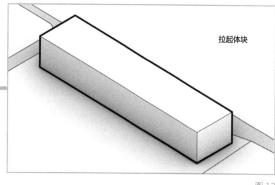

拉起体块

图 13

第二步：规划图书馆的交通系统。

图书馆部分追求效率至上，因此将交通核与辅助空间集中设置为一面"辅助墙"，放置在远离公园的一侧（图 14）。

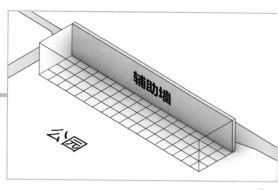

辅助墙

公园

图 14

第三步：在体块中插入图书馆盒子。

根据柱网确定最小的单元盒子尺寸，若长向采取单跨尺度，盒子尺寸为 8m×28m，空间比例失调，所以长向采取双跨尺度，盒子尺寸 16m×28m 为最小单元（图 15～图 17）。

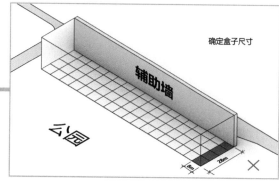

确定盒子尺寸

辅助墙

公园

8m   28m   ×

图 15

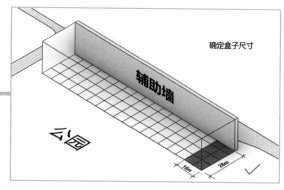

确定盒子尺寸

辅助墙

公园

16m   28m   ✓

图 16

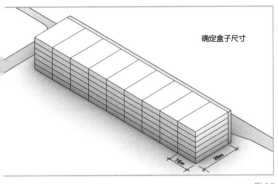

确定盒子尺寸

图 17

第四步：面向广场确定主次入口，并在背面设置后勤入口（图 18）。

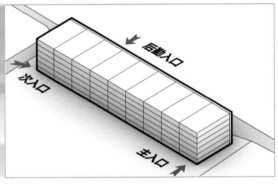

后勤入口

次入口

主入口

图 18

第五步：首层敲掉一部分盒子作为入口大厅（图 19、图 20）。

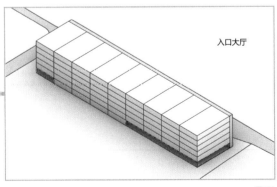

入口大厅

图 19

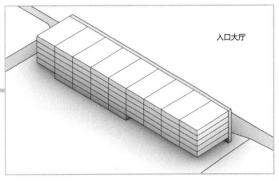

入口大厅

图 20

第六步：向里移动辅助墙留出各层前厅空间，并在辅助墙开洞加强空间渗透（图 21、图 22）。

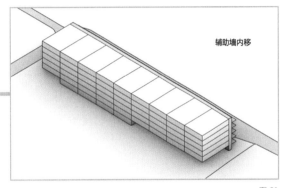

辅助墙内移

图 21

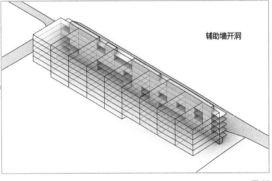

辅助墙开洞

图 22

第七步：在各层平台开洞并加入直跑楼梯，进一步加强各层联系（图 23、图 24）。

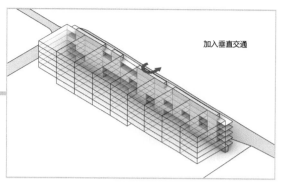

加入垂直交通

图 23

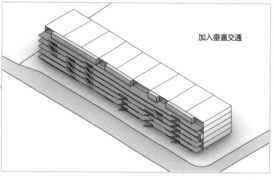

加入垂直交通

图 24

第八步：对图书馆进行具体的功能分区设置。

1 层主要为管理办公及公共服务空间；其他层主要为阅览室、教室以及研讨室等学习空间；地下一层局部设置两个报告厅及书库；地下二层设置书库及后勤服务空间（图 25）。

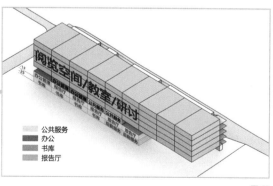

阅览空间/教室/研讨

公共服务
办公
书库
报告厅

图 25

第九步：在此基础上完善图书馆的阅览流线、办公流线以及书库流线（图 26 ~ 图 28）。

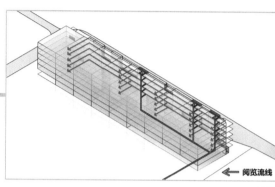

← 阅览流线

图 26

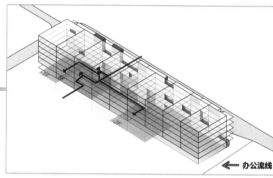

← 办公流线

图 27

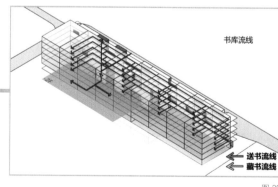

书库流线

← 送书流线
← 藏书流线

图 28

至此，一个中规中矩、效率至上的图书馆就基本完成了，但挑战才刚刚开始。

城市客厅部分

同样，我们也是先来规划交通系统的。所谓城市客厅，说白了就是想尽办法消解建筑与城市的边界，把房子当有顶的广场用。而作为一个广场，除了地儿大以外，最重要的就是便捷的交通以及交通方式的多样性，不管你是遛弯儿、跑步，还是骑车、开车，各种方式都能经过的广场才是好的城市客厅。这种多快好省的复杂交通系统真是光想想就令人绝望。

你不会做，还不会找现成的吗？逃避可耻，但很有用。STL 事务所不是 UNStudio，对交通没那么大执念，几乎没怎么犹豫就果断决定找个现成的——将周边的城市路网延伸到建筑中去，照猫画虎地打造了一个立体漫游的交通系统。

第一步：让周边路网与建筑硬碰硬，碰到的地方都搞成入口（图 29、图 30）。

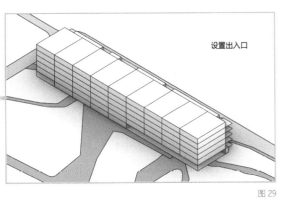

图 29

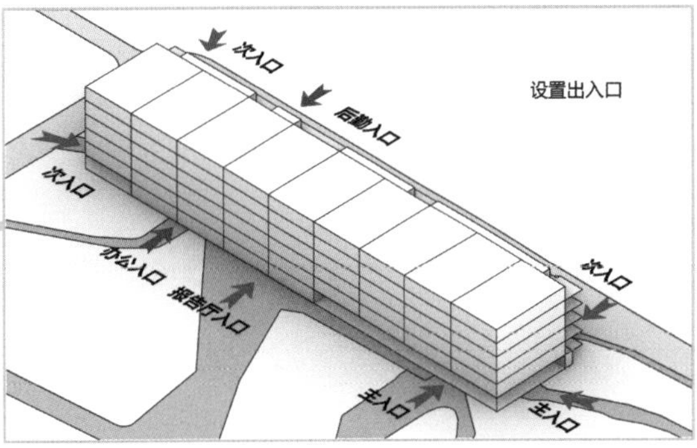

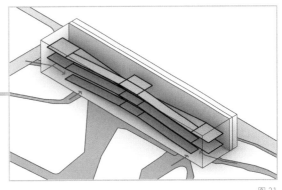

图 30

第二步：周边路网与建筑碰撞的位置也顺势设置垂直方向上的平台，并互相连接形成立体交通。你可以用螺旋的方式，也可以任意穿插。在这里，STL 事务所用了剪刀式上升的方式（图 31）。

图 31

对路径进行调整并适应图书馆盒子（图 32、图 33）。

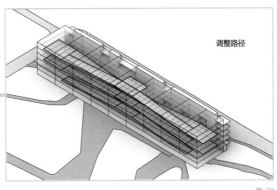

图 32

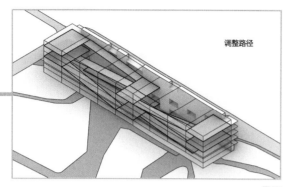

图 33

但是现在建筑里还是图书馆盒子密布的状态，所谓城市交通系统也没有用武之地，所以下一步就是要对图书馆盒子进行删减。

第三步：根据现有立体路径平台的位置删掉重叠的图书盒子，同时删掉阻挡路径的盒子（图 34、图 35）。

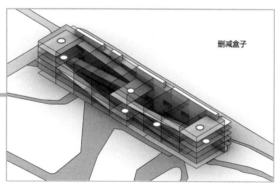

图 34

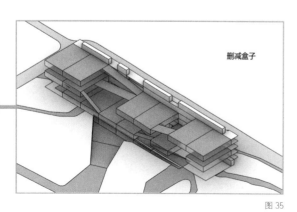

图 35

第四步：为城市平台置入丰富多彩的公共开放功能区（图 36）。

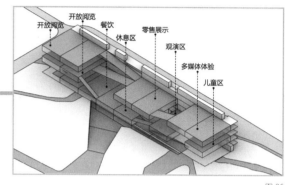

图 36

第五步：调整盒子大小，形成不同的通高空间，使立体客厅功能更加丰富，同时调整相应的路径（图 37）。

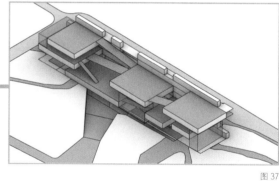

图 37

第六步：局部添加梯段，增强各层城市客厅平台的联系（图 38）。

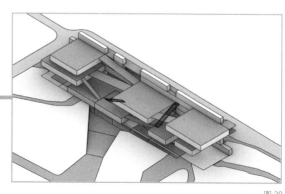

图 38

第七步：将梯段细化成各种大台阶，成为人们交流、观演、休息的场所（图39）。

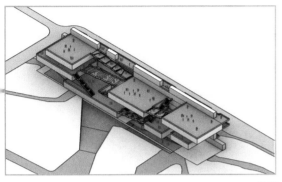

图 39

至此，整个建筑基本完成，最后再来深化一下细节。

结构

采用桁架结构作为外部骨架（图40）。

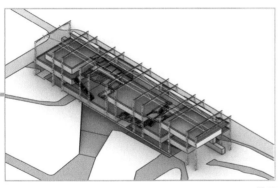

图 40

盒子内部加入结构柱，面向公园的一侧斜切，加入斜向结构支撑。盒子整体相当于一块大楼板，以辅助墙与外部桁架系统作为支撑，从而使盒子上表皮实现无柱大空间（图41～图43）。

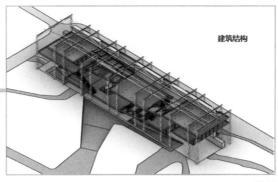

建筑结构

图 41

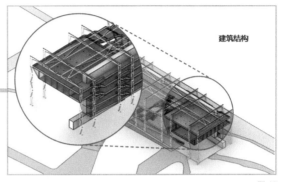

建筑结构

图 42

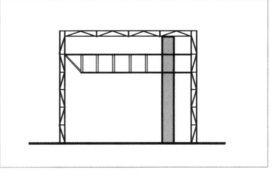

图 43

表皮

在桁架结构外罩一层透明膜材质，让建筑内的所有开放空间都能沐浴阳光，并将入口处向上提起（图44、图45）。

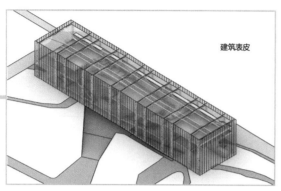

建筑表皮

图 44

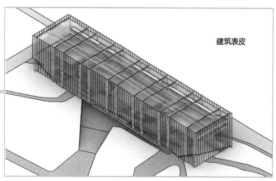

建筑表皮

图 45

这就是 STL 事务所设计的赫尔辛基图书馆竞赛方案（图46～图52）。

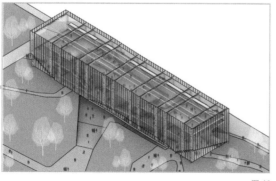

图 46

图 47

图 48

图 49

图 50

图 51

图 52

都说鱼和熊掌不可兼得，其实兼得也没什么不可以，只要你有一张饼——大饼卷一切嘛！重要的是，建筑师要愿意当那张饼，而不是自诩为熊掌和鱼待价而沽。

图片来源：

图 1、图 47 ~ 图 52 来源于 https://www.archdaily.com/299904/helsinki-central-library-competition-entry-stl-architects?ad_medium=gallery，其余分析图为作者自绘。

END

建筑师要是小心眼起来，
也堪比宫斗剧了

图1

名　称：卢卡斯叙事艺术博物馆竞赛方案（图1）
设计师：OMA 事务所
位　置：美国·芝加哥
分　类：文化建筑
标　签：高层博物馆，视线引导
面　积：28 000m²

图2

名　称：贝鲁特艺术博物馆（图2）
设计师：Ibda 事务所
位　置：黎巴嫩·贝鲁特
分　类：文化建筑
标　签：高层博物馆，视线引导
面　积：15 000m²

OMA 事务所选了一个很耐人寻味的时间点公布了一个未中标的方案。卢卡斯叙事艺术博物馆原本位于芝加哥北岛区的密歇根湖畔,整个项目是一个大型景观规划项目的一部分,而这个景观项目由 Studio Gang 建筑事务所主导,非常复杂且敏感。从卫星地图中我们可以发现,该地区的景观植被被工程项目切割,围合内部湾区域植被健康状况较差,而基地选址正好位于靠近陆地一侧的滨湖区域,属于极为敏感的地段(图 3)。

图 3

在卢卡斯发起这个博物馆建筑竞赛之前,2013年的北岛区就已经发起了景观生态竞赛,项目的生态诉求是恢复绿色生态基础设施体系,以保护鸟类和其他动物,也就是最大限度地将其恢复为自然林地和湿地。据 Studio Gang 建筑事务所称,自然保育和鸟类保护是整个湾区的高优先级项目,这就意味着在博物馆选址地必须要有足够的绿色基地,使生态基础设施不孤立,为鸟类和两栖动物的迁徙提供"垫脚处"(图 4)。

图 4

以上这一大堆说白了就是一句话:你的建筑要是敢影响我的生态,我就敢和你开始星球大战!后来的事儿,大家就比较熟悉了:马岩松中了标,在微博热搜挂了好几天(图 5)。

图 5

然而,投标结束了,战斗才刚刚开始。毫无意外,芝加哥人民不满意博物馆对生态保护区的侵占,一言不合就把已经给出去的基地强行没收了。星战之父当然也不是吃素的,天天和黑武士干架还能怕地球人?一纸诉状果断把芝加哥人也给告上了法庭。这场官司真的是打得旷日持久,比《星球大战 9》的片长还要长——谁说打官司只看证据?明明还要看体力差距!官司打了整整两年,也没分出个子丑寅卯。

171

最先撑不住的还是卢卡斯先生，毕竟芝加哥人民那是子子孙孙无穷匮也，你以为最多跑个马拉松，没想到对方是万人接力绕地球一圈。卢卡斯先生终于认识到，再耗下去，估计有生之年都见不到博物馆了，于是果断在加利福尼亚洛杉矶另觅新址，从头再来。

就在这个微妙的时间点，OMA 事务所公布了在原竞赛基地芝加哥北岛区的方案，每个细胞都在用原力叫嚣着：当初要是选我的方案，肯定就不用打官司换基地了！

OMA 事务所的底气在于他们的方案或许是整个竞赛里对环境考虑最多，对场地破坏最小的方案——建筑基底面积仅占了场地的八分之一。那么，问题来了：博物馆的总面积不可能减少，基底面积缩小到八分之一，就意味着只能增加建筑层数——算不过来多少层，反正肯定不少。

OMA 确实设计了一个很高的博物馆，像树一样高。以前我们拆解那个高层科技馆的时候就说过，高层公共建筑成立的关键就是垂直方向上流线的连贯性，要避免因层数过多而导致空间活力降低（图 6）。

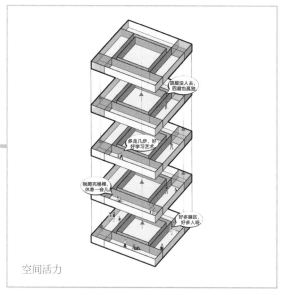

空间活力

图 6

就是不要在每层平面上形成闭合流线，产生心理上的结束提示，割裂垂直方向上的整体空间感（图 7）。

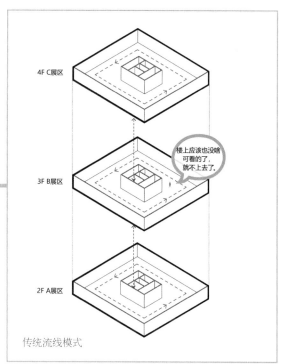

传统流线模式

图 7

那么，如何在竖向上组织流线？让大家开开心心爬楼梯就成为设计的关键。在以前的拆解中，我们说过一种解决方法是通过"浪费"一部分空间形成螺旋上升流线（图8）。

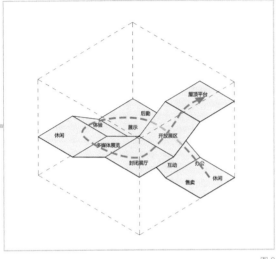

图8

而 OMA 事务所提出了另一种解决方法——用竖向空间视线来引导流线，也就是抛弃平层上的功能布置，直接在竖向空间中组织流线以及功能。再说白一点儿，就是把整个建筑做成一个大交通核，除了往上走，就没地儿可以走（图9）。

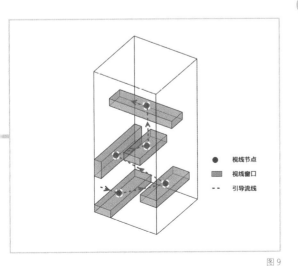

●　视线节点

■　视线窗口

- - -　引导流线

图9

先把竖向交通立起来，作为整个建筑的核心体块（图10）。

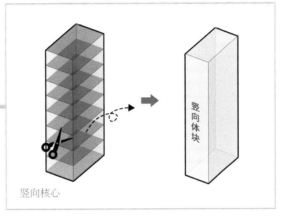

竖向体块

竖向核心

图10

然后将原本回形平面里布置在端部的垂直交通和卫生间等辅助功能整合，置入竖向体块中。然后，这个交通核就成了交通核加强版（图11）。

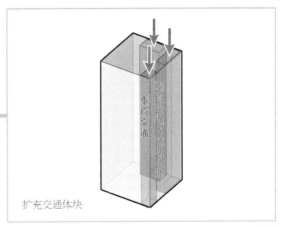

垂直交通及辅助功能

垂直交通

扩充交通体块

图11

但确定了竖向体块没用，最重要的是打破平面流线模式，竖向组织功能流线。首先在底部设置停车场，随后根据空间的开放性在其上方置入大型剧院。将博物馆的主要空间展厅，根据功能面积需求填充进竖向体块。办公区和会议区与博物馆主要功能联系不大，且对私密性要求较高，将其置入顶部（图12～图15）。

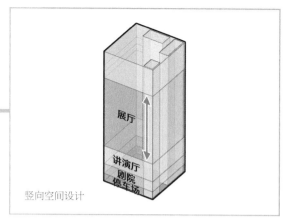

竖向空间设计

图14

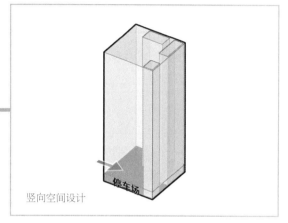

竖向空间设计

图12

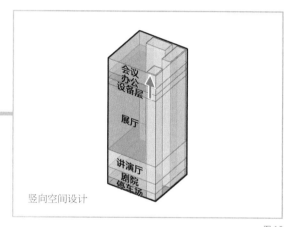

竖向空间设计

图15

这样建筑的竖向功能就全部置入了（图16）。

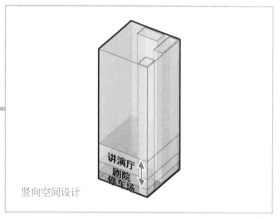

竖向空间设计

图13

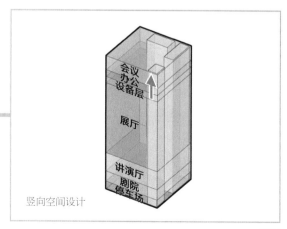

竖向空间设计

图16

但这样布置的功能体块与核心交通并没有产生联系，所以下一步就是要让两者融合，使竖向交通成为观展流线的主干。那么，问题又来了：你说竖向交通是主干就是主干了？凭什么？其实 OMA 事务所使用的方法类似于我国古代建筑中塔的空间结构，以垂直交通作为核心组织空间，让人们在参观展览后，无论流线还是视线都仍旧回归到垂直交通上（图 17）。

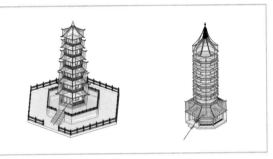

图 17

我们按照从下至上的顺序进行融合。停车场两层只需要布置快捷流线，所以直接将垂直交通置入就可以了（图 18）。

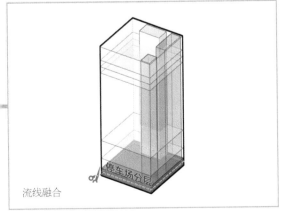

流线融合

图 18

首层主要功能是剧院，直接从门厅入口进入，垂直交通核作为辅助（图 19、图 20）。

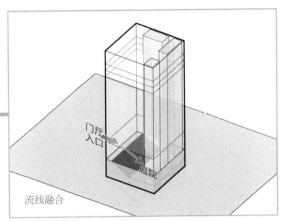

流线融合

图 19

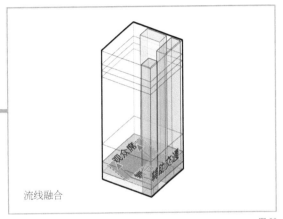

流线融合

图 20

2 层讲演厅阶梯坡度方向与下方剧院相反，使门厅入口位于讲演厅和剧院之间，向上是讲演厅，向下是剧院（图 21 ~ 图 23）。

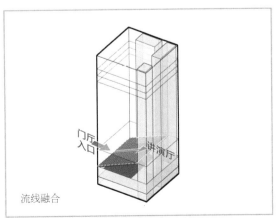

流线融合

图 21

175

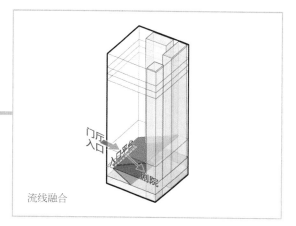

流线融合

图 22

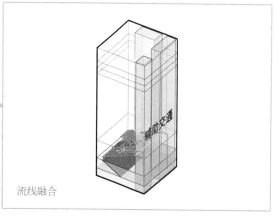

流线融合

图 23

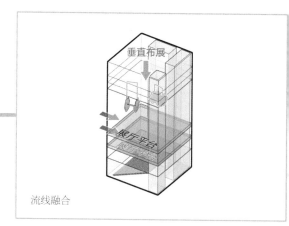

流线融合

图 24

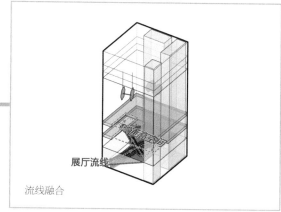

流线融合

图 25

展厅作为博物馆最重要的部分,关乎全局成败。库哈斯一不做二不休,直接将其设计成竖向展厅。说白了就是垂直布展,把大部分展品都吊在空中,让参观者随着扶梯前行参观。垂直交通不再是快速交通,而是具有扩充功能的漫步空间(图 24 ~ 图 26)。

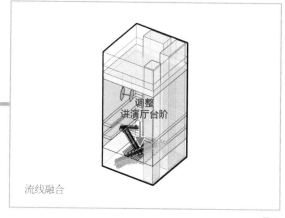

流线融合

图 26

随后，在展厅上方设置设备层，设备层将下部开放空间和上部办公空间分开的同时，也作为大空间上方设置小空间的结构转换层（图27）。

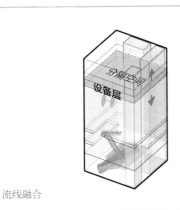

流线融合

图 27

最后，办公区和会议区对私密性要求更高，因此单独设立交通体系，使其与下方开放空间分开（图28）。

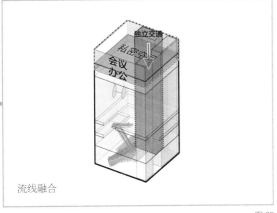

流线融合

图 28

至此，建筑的主要功能布置完成。参观者可以通过门厅，跟随垂直交通完成整个博物馆的参观流线。每当遇到功能空间流线结束时，都有视线窗口来引导竖向选择，从而完成整个垂直流线（图29、图30）。

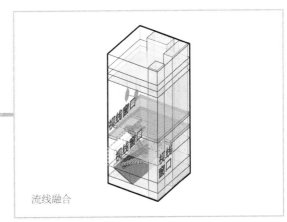

流线融合

图 29

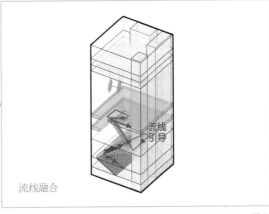

流线融合

图 30

整个设计看起来似乎还不错，除了一个致命弱点——面积不够啊！卢卡斯先生多年来收藏了超过 10 000 件包括绘画、摄影作品、雕塑等在内的与电影相关的艺术品，就这么一个比中庭大不了多少的地方能全都吊起来？真当自己是璀璨的银河、浩瀚的星空啊？再说，有些展品生来就是供着的，吊着算怎么回事？所以，还要扩充展厅面积。

别紧张，扩充并不复杂，只要你能守住底线，而这个底线就是不管怎么扩充依然要回到中心垂直展厅。再直白一点儿说，你怎么扩充面积都行，就是别顺手去扩充交通系统就行（图31～图34）。

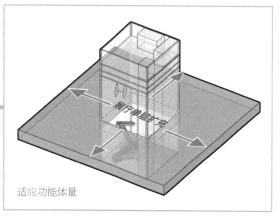

适应功能体量

图 31

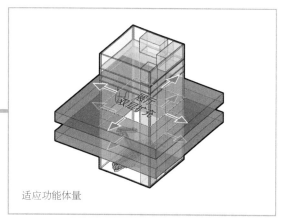

适应功能体量

图 32

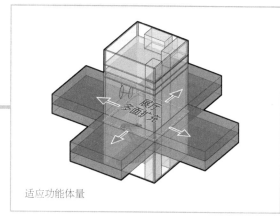

适应功能体量

图 33

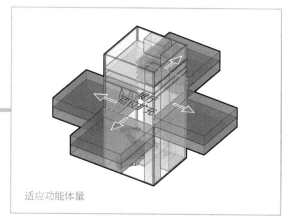

适应功能体量

图 34

而库哈斯依然选择了最简单的平层扩充（图35）。

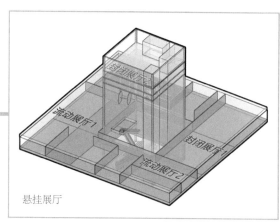

悬挂展厅

图 35

同时，将表演区、室内公园、雕塑区、车间、工厂、影院、运动场等休闲空间都直接通过竖向流线布置在封闭的悬吊体块上方（图36）。

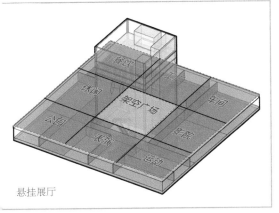

悬挂展厅

图 36

底部停车场需要较大的停车空间，剧院需要候场及休息室，门厅也需要一定的休闲空间，这部分空间在地下部分进行扩充（图37）。

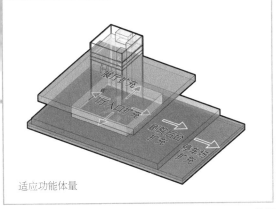

适应功能体量

图 37

这样，所有的功能需求就都满足了。最后OMA事务所顺应建筑造型，将 ETFE 膜包裹在主体块外部，半透明的膜结构在日光及灯光的映衬下，好似一颗大钻石（图38）。

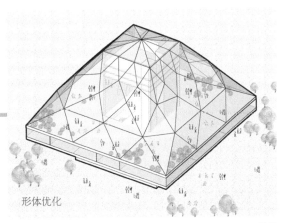

形体优化

图 38

这就是 OMA 事务所设计的卢卡斯叙事艺术博物馆竞赛方案，一个最小程度侵占生态绿地的垂直博物馆（图39、图40）。

图 39

图 40

虽然库哈斯就差把秋天的菠菜包邮到家了，但拍了一辈子星战的卢卡斯明显很专一，换了地儿也没舍得换建筑师。不过 OMA 事务所研究出来的这个新的高层博物馆体系还是很实用的，阿联酋的 Ibda 事务所就是其中的一个好学生。

Ibda 事务所看上了黎巴嫩贝鲁特这个文化古都的一个艺术博物馆竞赛。博物馆的基地位置极好，就在国立博物馆对面，周围的宝藏文物也很多（图 41）。

图 41

这个竞赛倒没有什么生态保护的问题，但 Ibda 事务所觉得在这一堆文物中盖房子压力太大，太高调不讨好，太低调又不甘心，不如像库哈斯一样把自己切割成一颗大钻石，一颗永流传。

虽然逻辑相同，但也不能照抄。首先，还是在建筑的核心位置布置交通空间，将参观电梯和疏散楼梯都安置在此。为了不一样，垂直交通空间由方形变成三角形（图 42）。

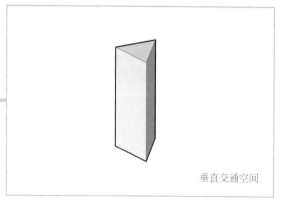

垂直交通空间

图 42

在三角形的三个角上布置垂直交通核，中间形成通高的中庭空间，使建筑上下空间视线贯通（图 43）。

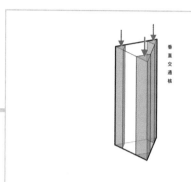

垂直交通核

垂直交通空间

图 43

这个世界上或许有两个一模一样的人，但绝不可能有两个一模一样的项目。贝鲁特博物馆不仅比卢卡斯博物馆少了将近一半的面积（贝鲁特 15 000m²，卢卡斯 28 000m²），更重要的是，贝鲁特博物馆位于拥挤繁华的老城区，而不是开阔清新的生态保护区。换句话说，Ibda 事务所不但没地方搞出一个外扩的大平台，连一个能塞进去全部功能类型的垂直空间也搞不出来。

在 OMA 事务所的高层博物馆中，参观者从中央体块进入，到达封闭和开放展厅空间后观展，再回到中央空间漫步，每个功能区的起始点经过流线都来到竖向交通空间成为新的选择点，人们在选择点上经过竖向的视线引导只能进行垂直向的选择，从而完成视线的竖向延伸（图 44）。

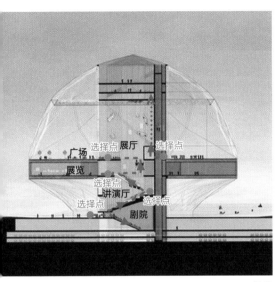

图 44

而 Ibda 事务所因为体量的限制，无法在垂直体块中设置展厅作为核心吸引点，所以无所谓啊，没有吸引点怕什么？有选择点就可以了。

Ibda 事务所聪明地想到了将中间垂直交通作为流线主导，利用三角形分三个方向悬吊体块，不形成平面上的完整流线，每个体块完成参观后都回到中央体块上进行竖向的视线引导，从而在垂直空间上形成选择点（图 45）。

首先，布置封闭体块，底层为黑盒子空间，给博物馆提供大空间的媒体播放室（图 46），随后，再悬吊社区艺术空间。

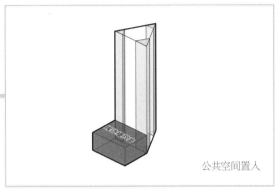

公共空间置入

图 46

由于悬吊体块的功能和面积需求都不相同，为了保证结构安全性，使三角形三面悬吊的体块重量互相平衡，将社区空间体块分层布置，这样悬臂较短，满足了结构的安全需求，同时在中庭空间内部布置分层扶梯空间，给每层提供选择平台（图 47）。

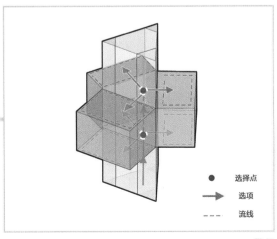

● 选择点
→ 选项
--- 流线

图 45

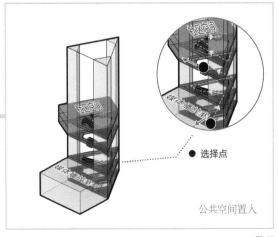

● 选择点

公共空间置入

图 47

然后是专业工作室体块，需要一定的私密性，因此与社区体块分两面布置（图48）。

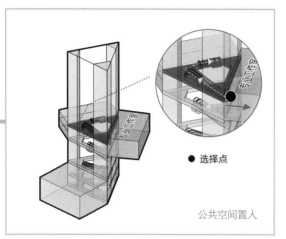

● 选择点

公共空间置入

图48

再往上布置博物馆主要功能展厅，将展厅空间分两面布置，以免体块过大失去平衡（图49）。

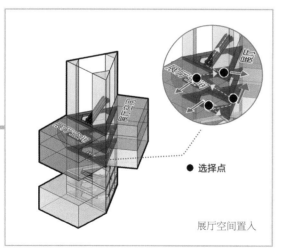

● 选择点

展厅空间置入

图49

最后，把办公空间布置在顶层，在社区体块上方分开悬吊（图50）。

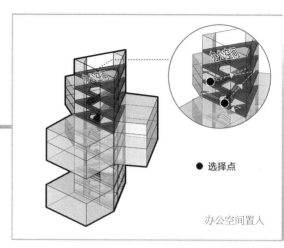

● 选择点

办公空间置入

图50

封闭体块布置完毕，将博物馆的流线分为工作人员流线、游览流线和观景餐饮流线，在三角筒三面布置三组垂直交通，形成独立的出入流线（图51 ～图56）。

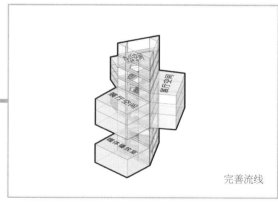

完善流线

图51

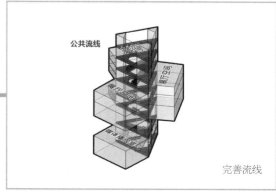

公共流线

完善流线

图52

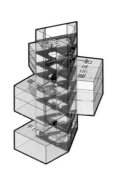

外部环绕空间

图 53

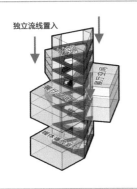

独立流线置入

完善流线

图 54

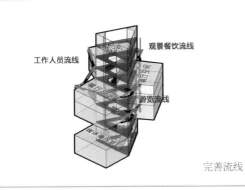

工作人员流线　　　　观景餐饮流线

游览流线

完善流线

图 55

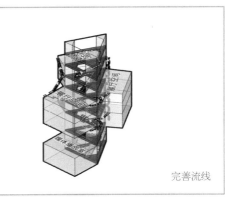

完善流线

图 56

这样一来，封闭体块外部也形成了环绕空间，可以在体块上部布置露天开放展厅及餐厅等休闲平台（图 57）。

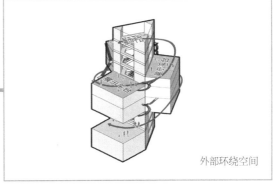

外部环绕空间

图 57

然后，把这根棍插到基地上，媒体黑盒子置入地下一层，门厅位于社区体块下方并包围竖向体块（图 58）。

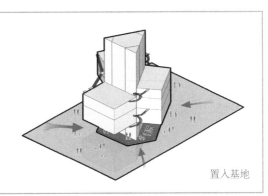

置入基地

图 58

最后，由于黎巴嫩的气候问题，建筑表皮的活动空间仍旧需要遮阳构件，所以将 ETFE 膜设为双层，并在两层之间设铝制鳍片。虽然这颗钻石切割得不太规整，但依然闪耀（图 59 ～图 61）。

这就是 Ibda 事务所设计的贝鲁特艺术博物馆（图 62 ～图 65）。

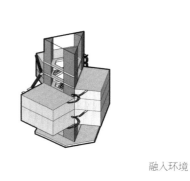

融入环境

图 59

图 62

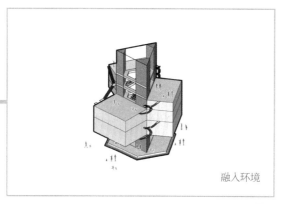

融入环境

图 60

图 63

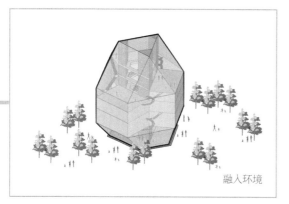

融入环境

图 61

图 64

图 65

这几年有一个流行说法叫升维思考，降维打击，从产业到模式，到产品，就是不断降维。产品敌不过模式，模式必将输给产业趋势。建筑师如果拥有模式创新思维，即使在细节上略显粗糙，也依然不影响宏观上的成功率。在这一点上，其实 OMA 事务所已经算是"乘风破浪"了。正确地做事情还是做正确的事情，这是一个问题，却并不难选择。

图片来源：

图 1、图 39、图 40 来源于 http://www.archdaily.cn/cn/790887/oma-releases-images-of-alternative-design-for-lucas-museum，图 2、图 62 ~ 图 65 来源于 https://architizer.com/projects/beirut-museum-of-art-bema/，图 5 来源于 https://www.gooood.cn/mad-reveals-both-lucas-museum-proposals-for-l-a-and-san-fransisco.htm，其余分析图为作者自绘。

END

我用一个庸俗的方法救了一个庸俗的方案

图1

名　称：Simone 0914 首尔旗舰店（图1）
设计师：TRU 建筑事务所
位　置：韩国·首尔
分　类：商业建筑
标　签：建筑符号
面　积：2388m²

图2

名　称：Chuon Chuon Kim 第一幼儿园（图2）
设计师：KIENTRUC O 事务所
位　置：越南·胡志明市
分　类：教育建筑
标　签：建筑符号
面　积：486m²

都说好看的皮囊千篇一律，有趣的灵魂万里挑一，让人感觉就像好看的皮囊多不值钱一样，到处乱丢，满大街都是。这么不值钱又好看的东西多么适合人穷脸大的建筑师啊，怎么也没见谁在街上捡这么个皮囊呢？谁家里富余能不能救济一下？真实的情况或许是：好看的皮囊要靠修图，有趣的灵魂得会装。满大街站着的除了平庸的皮囊，就是平庸的灵魂。

我们中的大部分人都是平庸的建筑师，能力一般，水平有限，有限到连设计院都改名叫设计有限公司了。我们遇到的甲方也大都平庸，花钱盖房子和花钱买菜的意义一样，不过是出于生活或者工作需要，又不是大力水手，吃了菠菜就可以冲出宇宙。都是凡人，就找点儿凡人能理解的乐子，不好吗？

Simone 是韩国的一家皮革手袋制造公司，但在过去的 30 年里，他们的主要业务就是给奢侈品牌做代工。每个代工厂都有一个独立品牌梦，Simone 也不例外。2017 年，他们推出了自己的第一个品牌，叫"0914"，虽然听着也不像很贵的样子，但人家就是号称要打造韩国高端皮革手袋，还在首尔最著名的富人区——江南区的"烧钱街"上买了块地，打算建一个旗舰店。

基地周围除了许多豪华商店和高档餐厅，还有个环境不错的公园（图3）。

图 3

场地不算大，只有南侧临街，入口自然设置在沿街面（图4）。

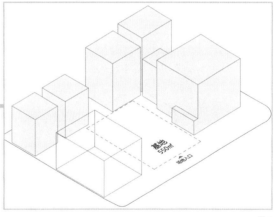

图 4

根据任务书要求，项目大概需要 2400m² 的功能面积，可基地退线之后只剩下 320m² 的基底面积，也就是说至少要做 8 层才够用。然而，场地还限高 20m，只能做成地上 4 层以及地下 4 层（图5）。

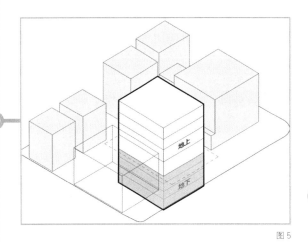

图 5

地上肯定要优先供售卖和展示使用，也就是说只能把餐饮和部分休闲、休息空间放在地下（图6）。

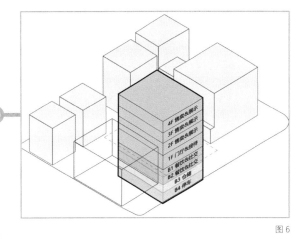

图 6

按照奢侈品旗舰店的一般规律，没有点儿高端的空间造型，怎么能显示出我"贵"？但"0914"估计还不太适应奢侈品界烧钱的生活方式，也或许是代工厂的出身让它底气不足，反正事到临头它反而尿了：这么高端的品牌竟然让建筑师本着省钱、省事儿、不扎眼的原则来设计。然后，建筑师也很实在地布置了一个方盒子（图7）。

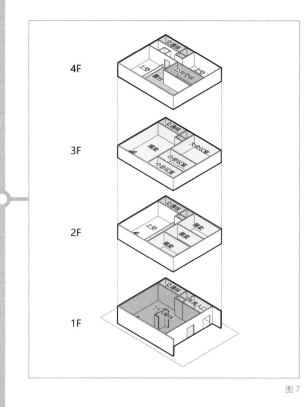

图 7

功能排好后，再套上幕墙立面。如您所愿，一个平平无奇的旗舰店诞生了，请签收（图8）。

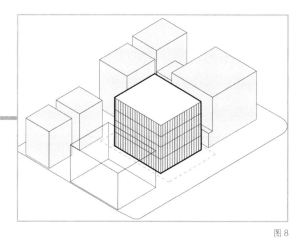

图 8

毫无意外,甲方拒收,理由也很朴实:不够特别、不够显眼、不够贵。有趣的甲方万里挑一,有钱的甲方更是万里挑一,有趣、有钱、有理想、有审美的"四有"甲方,为什么要请我们这种平庸的建筑师?"0914"才是普通甲方的代表:想低调不甘心,想高调没信心,反复纠结抓不到中心,最重要的是没钱、怕麻烦,但又蠢蠢欲动想让建筑师来献爱心。具体到"0914"这里,就是要高端,但不能真的花很多钱;要特别,但不能实施起来太麻烦;要显眼,但不能抢了别的品牌的风头。

受委托的 TRU 建筑事务所心态很好,献出了好用又省钱的一步空间塑造法——通过在空间中插入完整几何体量来增加空间层次(图 9)。

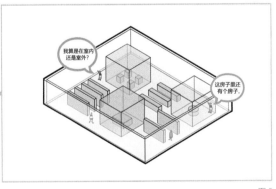

图 9

实话实说,这一招基本上都烂大街了,估计本科生参加竞赛都懒得用了,TRU 建筑事务所也没打算就直接这么用,他们为这个平庸俗气的设计方法加了一点儿更俗气的"作料"——符号。通常,按照建筑师的理解,抽象的肯定比具象的高级,原创的一定比原装的牛,所以,一个约定成俗的符号基本上就等于一个原装的具象元素,使用符号去做设计就是投机取巧。

那么,问题来了:能取巧为什么不取?毕竟符号确实可以很容易地获得引起共鸣的吸引力啊。比如,一件 T 恤上面画上一个"十"字,就马上变得好像可以救死扶伤;一辆卡车刷上迷彩,就马上变成军用卡车(图 10)。

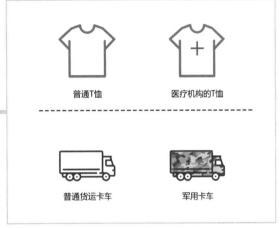

图 10

TRU 建筑事务所选择了一个在建筑中很常用的符号,就是一个在全世界都能被识别的坡屋顶房子符号(图 11)。

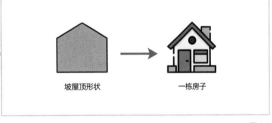

图 11

其实，也就咱们死心眼儿，这个房屋符号已经被大大小小的建筑师反复在大大小小的建筑中运用过大大小小无数次了（图12～图16）。

图15

图12

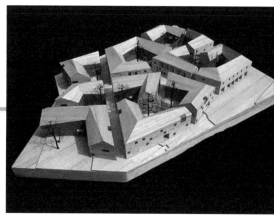

图16

因为真的简单又好用啊，借我一秒钟，还你平庸的方案——一个有趣的皮囊（图17）。

图13

图14

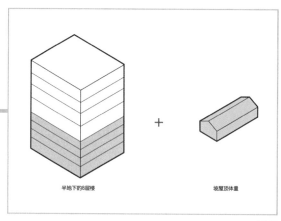

半地下的8层楼　　　　坡屋顶体量

图17

首先，把展卖空间转化为独立的小体量，这样就可以插入尽可能多的体量，获得更丰富的变化。将沿街的3层展卖空间分成宽4.5m的小格子，共9个单元，随后根据楼内的功能布置情况将网格进行削减、调整（图18～图20），然后置入坡屋顶符号体量。

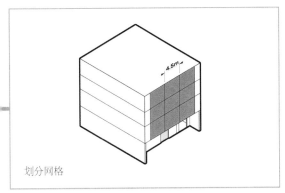

划分网格

图18

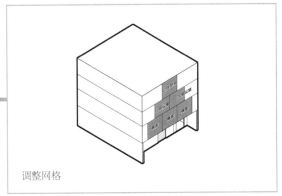

调整网格

图19

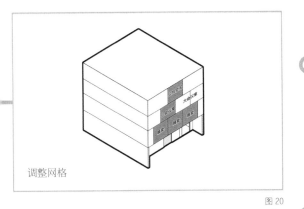

调整网格

图20

这个符号的魅力就在于它不但增加了空间层次，还瞬间模糊了人们对建筑内外的认知，引发人们对"一栋房子"的联想，产生进入"另一栋房子"的错觉，而这种转瞬即逝的迷惑就是空间的兴奋点，也是记忆点（图21）。

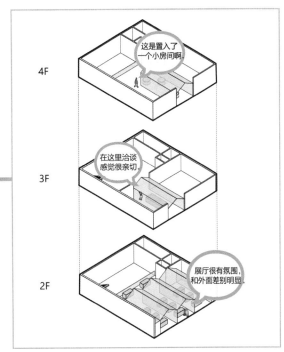

图21

插入坡屋顶体量后，建筑就变成了图22这样。

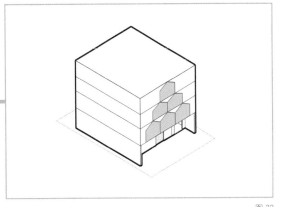

图22

根据各个房间面积需求的不同，将坡屋顶体量进行不同程度的缩进，同时营造出立面上参差不齐的效果（图 23）。

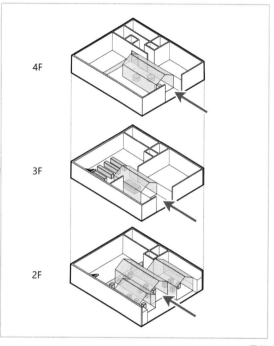

图 23

展卖空间处理好后，首层外墙同样内收，让出广场的同时配合上方的坡屋顶体量增强对广场的围合感，再顺势加入一个下沉庭院来改善地下餐厅的采光环境（图 24 ~ 图 27）。

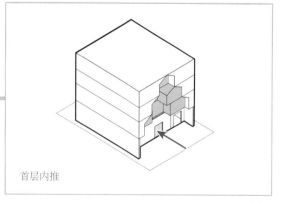

首层内推

图 24

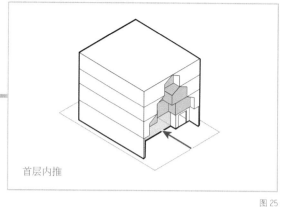

首层内推

图 25

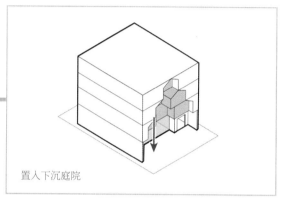

置入下沉庭院

图 26

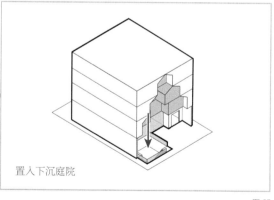

置入下沉庭院

图 27

现在销售展示空间基本已经搞定了，最后在屋顶上再放置一个矮小的坡屋顶体量，并打通楼板，设置屋顶花园（图 28 ~ 图 30）。

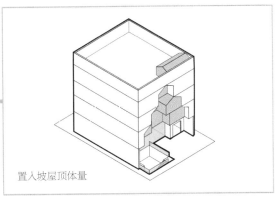

置入坡屋顶体量

图 28

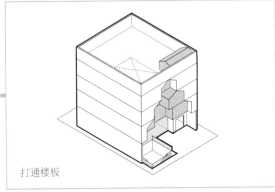

打通楼板

图 29

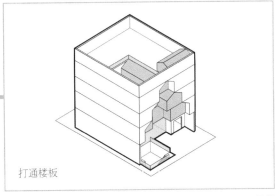

打通楼板

图 30

最后,再在房屋符号上加一些开窗,更加具象化房屋形象的同时也满足正常的采光需求。

收工回家(图 31)。

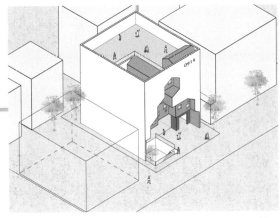

图 31

这就是 TRU 建筑事务所设计的 Simone 0914 首尔旗舰店,方法虽然庸俗又简单,可效果还不错(图 32 ~ 图 34)。

图 32

图 33

图 35

原来的别墅有 3 层，造型就是当地常见的坡屋顶体量加院子模式（图 36）。

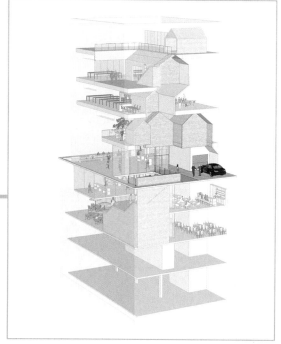

图 34

夸张一点儿说，任何时候你把方盒子换成房子符号都能收获惊喜。庸俗，但有效。2015 年，越南的 KIENTRUC O 事务所同样只用了这一步庸俗的操作就出色地将一个别墅改造成了一个有趣的幼儿园。

基地位于胡志明市的老城区内，临近西贡河畔，周围的建筑都是 3 层左右的民居和商业建筑（图 35）。

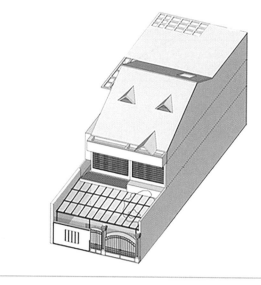

图 36

基地只有北侧临街，用地面积约 270m²，除去院子大概还剩 200m²，甲方要求在此基础上改建出一个建筑面积 500m² 左右、容纳 7 个班的幼儿园。这还不算完，甲方还要求尽量维持原有建筑的体量、高度和风貌，既不能破坏住宅区的感觉，还得能一眼看出来这是个幼儿园（图 37）。

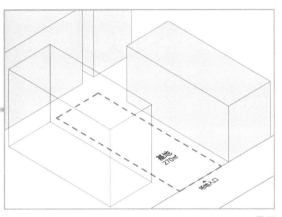

图 37

我们先按照原先别墅的大小和高度拉起一个 3 层的体块（图 38）。

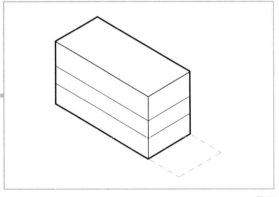

图 38

住宅改幼儿园的难点在于，后者使用人数多，交通流线以及场地设计等方面也复杂得多。幼儿园至少要配备两个出入口（一个供师生出入，一个用来运送物资和垃圾）。场地只有一侧临街，

且沿街面宽度还不到 10m，想把两个入口放在两端根本不可能，只好把建筑前部的面宽再缩窄一些，留出一条通道来放置次入口（图 39）。

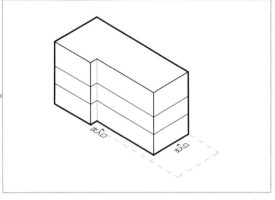

图 39

随后，布置功能区，受场地和预算的限制，采用中部布置楼梯、南北两侧布置使用空间的模式。1 层布置 3 个低年级教室，2 层布置 4 个高年级教室，剩下的艺术教室放在 3 层。入口部分适当缩进，扩大庭院面积（图 40）。

195

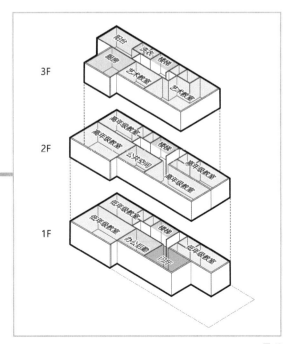

图 40

此时发现 1 层的办公后勤部分将楼梯前的公共空间与门厅割裂开来，显得空间狭小闭塞，于是插入一道斜向墙体，把门厅和公共空间连成一体，提升空间体验（图 41 ～图 43）。

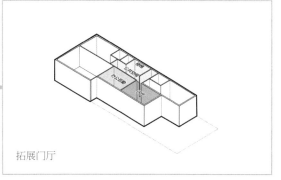

拓展门厅

图 41

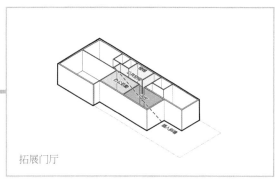

拓展门厅

图 42

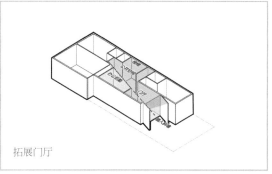

拓展门厅

图 43

至此，这个别墅已经在功能上变成一个幼儿园了，下面就是形象改造了（图 44）。

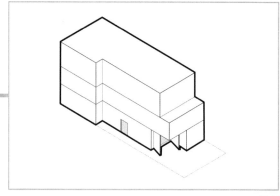

图 44

相信你有 1000 种方法能让这个幼儿园看起来高级又漂亮，但 KIENTRUC O 事务所还是选择了庸俗、简单的"房子符号插入法"。一方面是对原有别墅造型的延续，使得幼儿园能融入周围环境；另一方面能增加空间层次，同时还能照顾儿童的身体和心理尺度，一箭三雕。

这个建筑体量比前面的 Simone0914 首尔旗舰店还小，就不用划分网格了，直接把 1 层、2 层的门厅、单元教室，还有 3 层的艺术教室都变成坡屋顶体量，3 层的屋顶自然是延续之前别墅的大斜坡加天窗造型（图 45）。

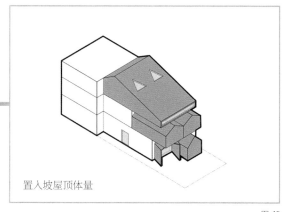

置入坡屋顶体量

图 45

2 层的两个教室的立面目前完全一样，导致立面看起来呆呆的，于是把 2 层东侧的坡屋顶体量进行弱化，将其旋转 90° 并后退，留出一个小露台，另一侧则把坡屋顶体量加宽并向外延伸，增强对比效果（图 46 ~ 图 49）。

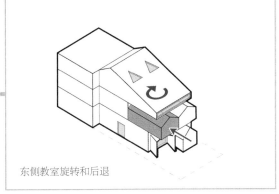

东侧教室旋转和后退

图 46

东侧教室旋转和后退

图 47

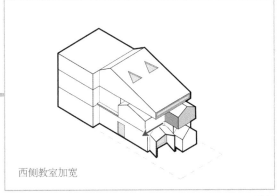

西侧教室加宽

图 48

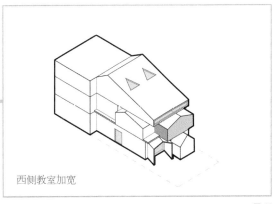

西侧教室加宽

图 49

坡屋顶调整到位后进行立面开窗，再把之前留出的通道空间利用一下，加上一组外挂楼梯来连接各层的平台，也顺便让后勤入口更隐蔽些（图 50）。

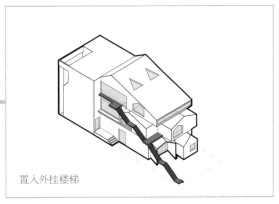

置入外挂楼梯

图 50

最后，再布置一下院子，收工（图 51）！

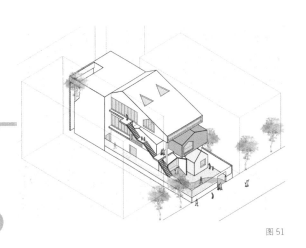

图 51

这就是 KIENTRUC O 事务所设计改造的 Chuon Chuon Kim 第一幼儿园（图 52 ~ 图 56）。

图 52

图 54

图 53

图 55

图 56

建筑师总有一些莫名其妙的设计禁忌，像不喜欢具象符号，不喜欢鲜艳色彩，还有不喜欢没有结构作用的造型构件等，理由很统一：不高级。不管白猫黑猫，能抓住耗子的就是好猫，最不高级的设计就是那些自以为高级的设计。

图片来源：

图 1、图 32 ~ 图 34 来源于 https://www.archdaily.com/944421/0914-flagship-store-tru-architects，图 2、图 36、图 52 ~ 图 56 来源于 https://www.archdaily.com/780213/chuon-chuon-kim-kindergarten-kientruc-o?ad_source=search&ad_medium=search_result_all，其余分析图为作者自绘。

END

摸着良心做的设计，可能不值钱

图1

名　称：Melopee 学校（图1）
设计师：XDGA 事务所
位　置：比利时·根特
分　类：教育建筑
标　签：二合一，低成本
面　积：4630m²

设计的价值不能用金钱来衡量，但设计师的价值能。建筑师慌慌张张，也不过图碎银几两，良禽择木是人之常情，只是很多时候，那些草木不生的贫瘠荒地才更需要鸟兽来栖，建筑师拯救不了世界是事实，却不是逃避的借口。

比利时根特市的东北部原本有一片码头区，是从英吉利海峡驶来的货轮重要的停靠港。久而久之，工厂、仓库、车站等各种相关产业也都慢慢在此聚集，同时自然形成的还有以码头工人及其家属为主要居民的居住区。估计你也能想象到，这里所谓的居住区也就仅仅是能住着而已，生活服务设施和教育医疗设施不能说缺乏，根本就是没有。

港口的繁荣让人觉得海浪卷来的似乎都是白花花的钞票，没有人在意码头工人的孩子到底在不在上学。直到 2015 年，因为另一个新港口的启用，政府停用了这里原有的一个旧码头，才想起来利用闲置出来的空地建设一些民生项目（图 2）。

图2

闲置的空地只有一块，刚需设施却有很多。政府倒是也不含糊，大手一挥，全部都建，但地依然只有这一块。在政府的规划中，这块地被分成两部分：北侧建一个商场，南侧建托儿所、幼儿园、小学以及一个篮球馆（图 3）。

图3

还敢再敷衍一点儿吗？这是在盖给人用的房子，又不是在朋友圈发照片，不够 9 张还带凑数的。更重要的是，项目前期甲方都这么敷衍，就别指望他后期再给你什么支持了，我指的就是钱。

用最少的地和最少的钱解决码头区最多人的生活配套需求，是甲方摆不上台面的小算盘。虽然甲方锱铢必较，吃相不算好看，但比利时 XDGA 事务所还是系上围裙就下厨了。吃相再难看，也还有的吃，如果袖手旁观，那就只能继续饿着了。这不是为了甲方，而是为了码头区成千上万的普通人。

地块中原有一条南北向的步行路将其一分为二，XDGA 事务所看了看，觉得这两块地的长宽比例还挺合适，就打算以这条小路为界将学校和篮球馆分开（图 4）。

图 4

两块地当中东边的宽敞些，有 1300m²；西边的则小一些，只有 1000m²（图 5）。

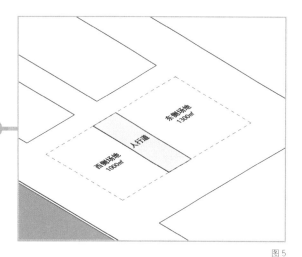

图 5

学校部分要包括一个 12 个班的小学（2000m²）、一个幼儿园（1000m²）以及儿童托管中心（300m²），总面积在 4500m² 左右。理想状态下，三者都需要配备相应的室外活动场地（图 6）。

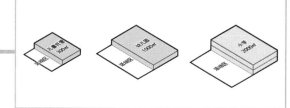

图 6

篮球馆按最简单的无座席训练馆配置，也需要 1200m² 的面积，净空高度不小于 7m（图 7）。

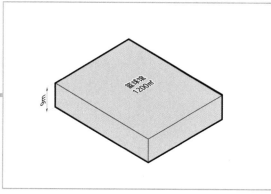

图 7

然后，考验良心的时候到了，因为怎么放好像都不太好用。当然，凑合着用也不是不行，甲方都不在意的事儿，做到什么程度就全凭建筑师良心了。

按照面积来看，学校组团应该放在较大的东侧场地，但无奈西侧场地塞不下篮球馆，于是只好把篮球馆放在东边场地里，学校只能三部分叠放在西边场地。但这样的话，学校室外活动区的面积严重不足，全部布置到屋顶都不够用的那种——即使你可以心大到敢把儿童托管中心的小孩也放到屋顶去玩（图 8、图 9）。

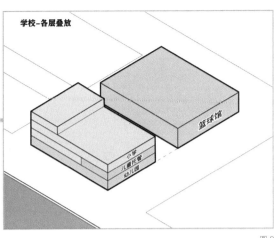

图 8

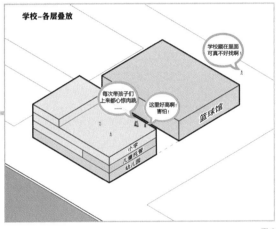

图 9

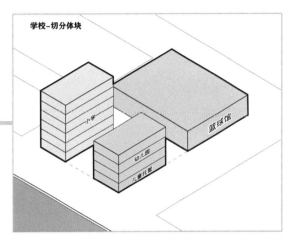

图 10

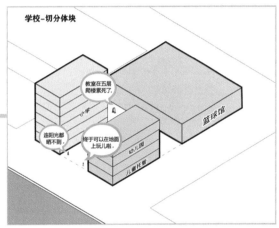

图 11

那么，换个思路，将幼儿园和儿童托管中心组合，与小学形成两个单独的体块，中间留出一块活动场地。这样虽然缓解了活动区的不足，但也带来了新的问题：两个体块中间的距离太近，北侧体块的采光面会受到遮挡，而且体块打碎之后建筑高度必然增加，让幼儿园小孩爬5层楼也是个挑战（图10、图11）。

同理，底层架空、中间层架空或者逐层退台的方法也就可以全部废掉了，至于装电梯这种费钱的事就更是想都不要想了（图12～图14）。

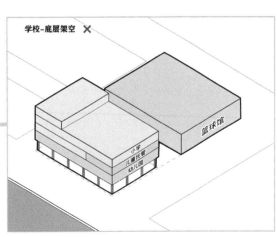

图 12

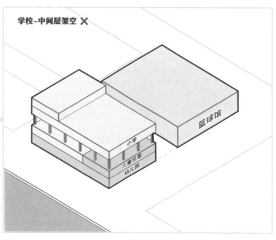

学校-中间层架空 ✗

篮球馆

小学
儿童托管
幼儿园

图 13

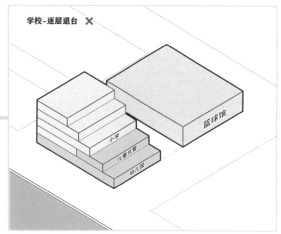

学校-逐层退台 ✗

篮球馆

小学
儿童托管
幼儿园

图 14

至此，方案设计陷入了僵局。当然，你可以强行往下做，反正甲方不管，你儿子也不在这儿念书，但 XDGA 事务所还是想再努力一下。

敲黑板！思维转换！如果你刚毕业，月薪 2000元，怎样才能租到公司旁边平均月租 3500 元的房子？答案很简单——合租啊（图 15）。

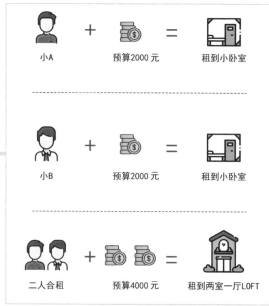

小A + 预算2000元 = 租到小卧室

小B + 预算2000元 = 租到小卧室

二人合租 + 预算4000元 = 租到两室一厅LOFT

图 15

同样，房子可以合租，场地也可以共用啊！两块场地合在一起，也就是将学校和篮球馆都在水平方向上拓展至整个场地，再向上叠加，一切问题就迎刃而解了。活动场地的设计关键并不是在地平面，而是和学校在同一水平面（图 16）。

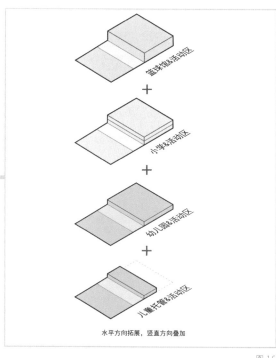

篮球馆活动区

+

小学活动区

+

幼儿园活动区

+

儿童托管活动区

水平方向拓展，竖直方向叠加

图 16

首先，我们需要统一柱网，为后续的叠放操作奠定基础（图17）。

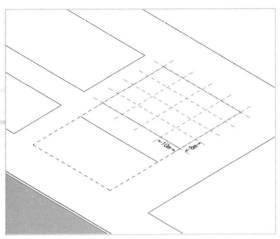

图17

基地变大之后，幼儿园和儿童托管中心可以合并为一层，幼儿园布置在临街一侧，儿童托管中心则靠西侧放置。建筑主入口就设置在北侧临街面，另外，在建筑西侧设置通往活动区的出入口（图18）。

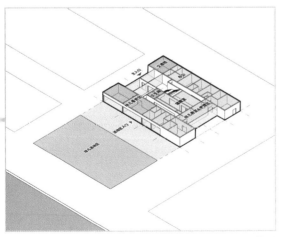

图18

小学的教室靠南、北、东三个方向布置，以避免西晒，西侧设置一个边庭，既充当门厅，又起到改善采光的作用（图19）。

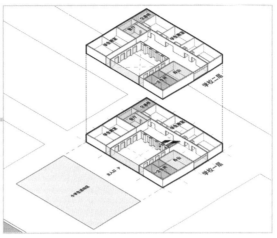

图19

篮球馆室内除标准篮球场之外，只要加上相关配套功能，如更衣室、休息区等即可（图20）。

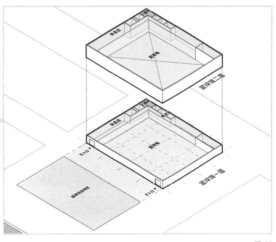

图20

至此，各建筑功能在水平方向处理完毕，然后我们将各个独立的功能区在竖向叠加（图21）。

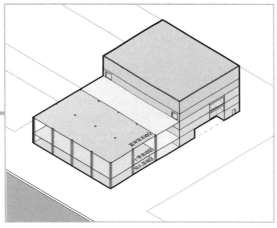

图21

强行叠加之后必然会产生许多问题，尤其是出入口以及疏散通道，下面我们再一一解决。小学的入口如今处于2层，所以设置一个大台阶将入口与地面相连，并让出首层的幼儿活动区入口（图22）。

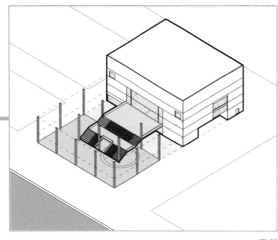

图22

随后将小学的活动平台上移一层，给入口大台阶让出空间（图23、图24）。

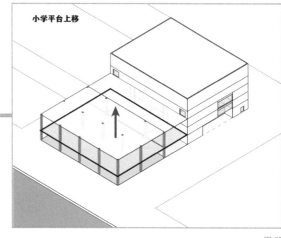

图23

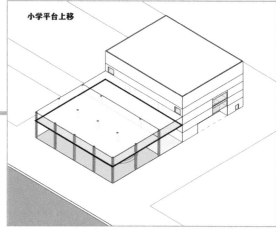

图24

为了保障小学室内边庭的采光效果，对小学和篮球馆的活动平台进行切削，在对应边庭的位置也挖一个边庭出来（图25、图26）。

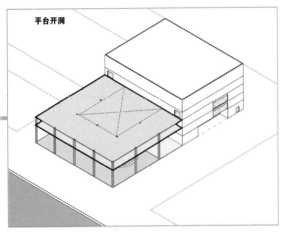

平台开洞

图 25

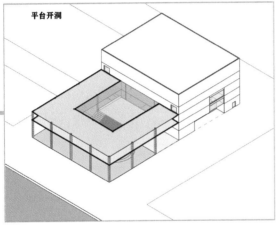

平台开洞

图 26

然后用楼梯将两个平台与地面相连，保障小学和篮球馆疏散通道的畅通（图 27）。

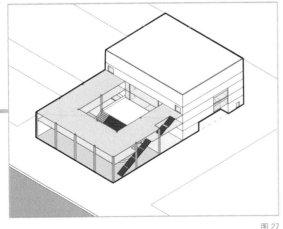

图 27

至于篮球馆，虽然设定是给码头工人运动健身用的，但孩子们看在眼里怎么能不好奇呢？那么，把小学平台倾斜变形，在北端与篮球馆平台合并，直接通向 5 层的篮球馆咖啡厅。这样，小学生就可以直接从学校的活动平台进入篮球馆的二层。然后将剩下的篮球馆平台部分向上移动一层，增加小学平台的高度（图 28、图 29）。

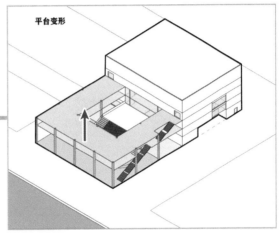

平台变形

图 28

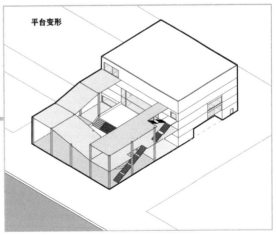

平台变形

图 29

在平台上布置有趣的儿童活动设施（图 30）。

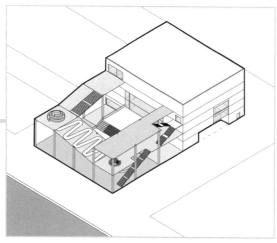

图 30

孩子们看到大人们打篮球，当然会手痒想自己试试，作为良心建筑师，必须满足孩子们的小小愿望：正好 5 层平台还剩下一小段，放上一个儿童篮球场（图 31）。

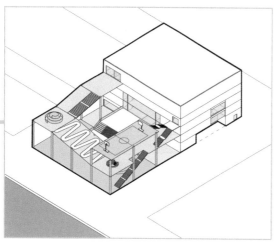

图 31

最后给建筑部分开窗，基本就可以收工啦（图32）。

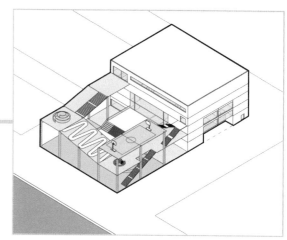

图 32

就这样收工也不是不行，只是有点儿过于朴素了。当地居民表示：这要是其他地区的篮球队来这里比赛训练，看到我们码头区的篮球馆这么寒碜，那岂不是很没面子！成年人的世界，输掉里子也不能丢了面子。良心建筑师决定送佛送到西，努力在不多花钱的前提下给建筑再长长脸。

目前，东侧建筑部分与西侧平台系统的立面语言不统一，导致整个建筑缺乏整体感，篮球馆就像临时凑合凑合一样被举在天上。但这个项目一穷二白，实在没有什么可供撑场子的余粮。XDGA 事务所只能把平台的框架支撑结构扩展，用这种框架系统控制整个建筑的立面，增强整体感，根据之前的柱跨将框架柱的跨度定为 4m 和 5m（图 33）。

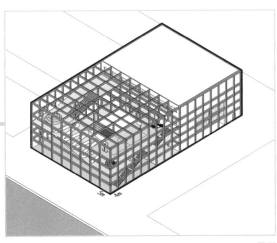

图 33

但是，立面系统要是选用钢筋混凝土框架的话，不光原料贵，现浇混凝土的工期还长，再算上人工费就直接超预算了。甲方不想花钱，建筑师就得花心思。基地位于码头区，旁边有不少工厂和仓库，要是就近购买一批工字钢来制作框架系统的话，那岂不是原料费、运输费、人工费统统折上折吗（图 34 ）？

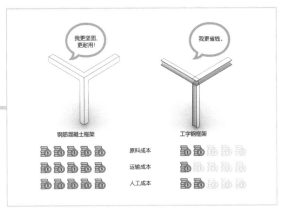

图 34

所以，使用工字钢框架替换掉之前的钢筋混凝土框架（图 35 ）。

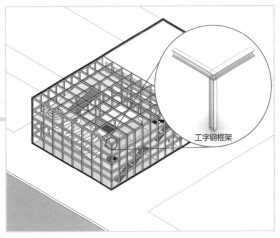

图 35

当然，这个框架结构也不是白送的，结果就是建筑部分的立面也不得不勒紧裤腰带，采用玻璃、铝百叶以及不同透明度的聚碳酸酯营造轻盈的效果，活动区部分则采用铁丝网和斜向拉索进行围合。至此，才算真正收工（图 36 ）。

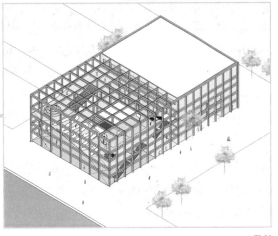

图 36

这就是 XDGA 事务所在比利时根特市新建成的 Melopee 学校，一个不值钱但值得尊重的建筑（图 37 ~ 图 42 ）。

图 37

图 40

图 38

图 41

图 39

图 42

都说锦上添花易，雪中送炭难。然而，锦上添花，

花开富贵无人识；雪中送炭，炭燃星火有赤心。

最好的创意，底色都是善意。

图片来源：

图 1、图 37 ～图 42 来源于 https://www.archdaily.
com/946816/melopee-school-xdga-xaveer-de-geyter-
architects?ad_source=search&ad_medium=search_result_
projects，其余分析图为作者自绘。

END

其实只要你正常，基本就能打败90%的建筑师了

图1

名　称：安特卫普省政府大楼（图1）
设计师：XDGA 事务所
位　置：比利时·安特卫普
分　类：政府建筑
标　签：底层开放，顺应周边
面　积：33 000m²

建筑师的柔情，甲方永远都不懂装懂。相见恨晚、相谈甚欢、相濡以沫都不影响甲方挥一挥衣袖，不带走一页图纸。方案汇报就是大型无实物表演现场，三辈子的事儿都聊完了，下了台还是不认识谁是谁。建筑师找甲方都像在找队友：我出人你出钱，我变异你变现，咱俩手拉手加入神盾局。甲方找建筑师却像在找对象：你出人你出力，你省心省事还省钱，我才考虑去民政局。老实贤惠、勤劳节俭肯定不是建筑师光芒万丈的魅力，却是甲方暗暗地在小本本上加分的动力。

2011 年，比利时安特卫普省政府打算在省会安特卫普市中心新建一座城市公园，这当然是惠民利民的好事儿。好巧不巧，这块打算建公园的地里还有一个矿产公司的废弃办公楼。长官大人们琢磨着：肥水不流外人田，好好的鸟语花香，与其让别人糟蹋，不如亲自糟蹋，干脆给自己建个办公楼（图 2）。

新建城市公园　现存公园

政府大楼用地

图 2

既然都鸟语花香了，那安静的鸟语花香不好吗？虽然有点儿心虚，但甲方还是铁了心要在这里建新的政府大楼。按理说，心虚不心虚的和建筑师也没啥关系，只要木已成舟，咱们就可以好山好水好风光地浪起来，何况，这可是安特卫普啊，一个时尚到过分的城市，一个富有到过分的城市，一个港务局都要请扎哈来设计的城市（图 3）。

图 3

然而，经验丰富的比利时 XDGA 事务所坚信：越是位高权重的甲方，越是迷信娶妻娶贤的民间真理。具体到这个项目里，贤惠的起点就是先弥补长官们心中这点儿顺手牵羊的愧疚。场地中现存的是原先矿产公司的办公楼和展馆，办公楼是个东西向的厢房，展馆就是个中规中矩的长条儿，杵在场地中央（图 4）。

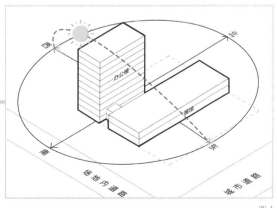

西　北

办公楼

展馆

东

南

场地内道路　城市道路

图 4

估计不会过日子的建筑师也就全部拆了，从头开始，反正不唱《西厢记》，要演也是《包公案》。办公楼朝向不好肯定要拆，小展馆虽然看着无害，但占着重要的位置太碍眼——不全部拆了难道留着过年吗？那你肯定忘了，你妈攒钱的秘诀就是从牙缝里抠出来，能省就省，正所谓破家值万贯。新政府大楼的面积约 33 000m²，其中包括 2 个大报告厅，还有城市展厅、市民业务办理、会议办公、内部接待以及员工餐厅等功能。正常布置的话，展厅、报告厅、业务办理大厅等当然最好放在底层，办公空间放在上层。先不说别的，无柱大空间和上面小空间的衔接就不可避免地要用到结构转换层或者全部做成无柱空间。不管哪个，反正都是俩字——烧钱（图 5）。

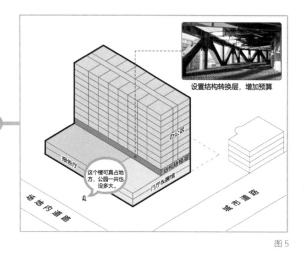

图 5

不省钱就算了，还要烧钱？豪门媳妇小 X 默默掏出了自己精打细算的小账本。办公楼朝向问题太大，只能拆掉（图 6）。

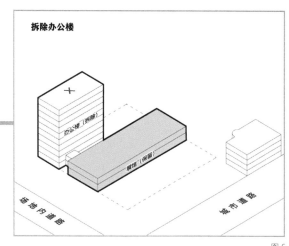

图 6

而强占中心位的小展馆完全可以再抢救一下，政府大楼本就有展厅、报告厅的功能，放到小展馆里不但可以废物利用，还可以顺便解决结构转换的问题（图 7）。什么叫持家有道？这就是！

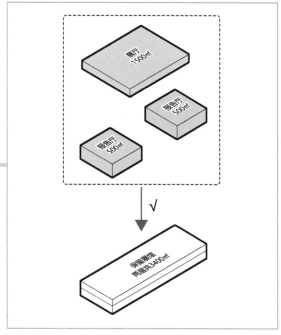

图 7

由于报告厅的层高较高，导致面积有点挤。没关系，报告厅放在首层可以做成半地下的，2层保持原样，还当展厅，屋顶再安排个观景平台，坚决落实不浪费每一个角落的勤俭准则（图8）。

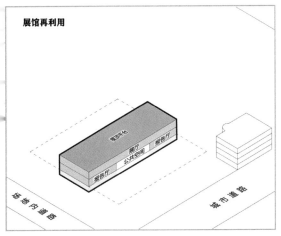

图8

新建办公楼改成采光良好的南北向布置，位置依然选在场地中央，与保留展馆呈十字交叉状（图9），并在交接处开洞贯穿屋顶平台，同时也贯通了景观视野（图9~图11）。

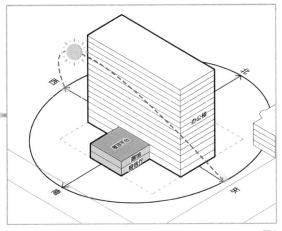

图9

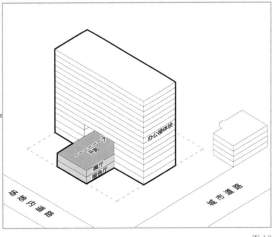

图10

图11

至此，新政府大楼的布局就成型了，下面是不是就可以大展拳脚做设计了？你猜，在公园里建政府大楼为什么不太好？仅仅是因为占了公园的地吗？当然不是，大公园小公园不都是公园吗？最主要是气场不搭。哪个老百姓闲着没事儿会去逛政府大楼玩？你一个政府大楼杵在城市公园里头，不就相当于画了个圈写着"请勿靠近"吗？好好的公园成了后花园，说好的惠民利民呢（图12）？

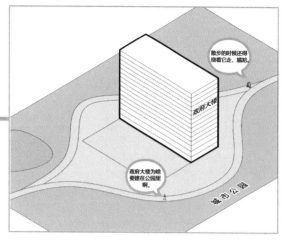

图 12

透过现象看本质。你再猜，政府大楼的"请勿靠近"到底是因为"政府"还是因为"大楼"呢？说白了，只要让大家意识不到这是个政府大楼就万事大吉了（图 13）。

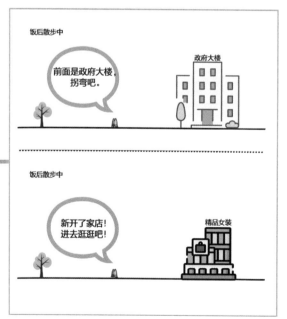

图 13

想要隐藏政府大楼的"政府"属性，至少得从两方面下手：一方面是隐藏政府功能，也就是将公共功能放在底层并向城市开放；另一方面是隐藏政府气质，也就是在形体处理上要弱化建筑的体量感和权威感（图 14）。

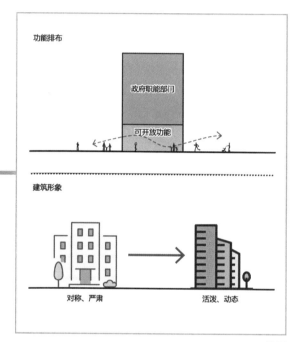

图 14

所以，将政府大楼的各项功能按市民进入的难易程度重新划分：越开放随意的就放得越低，越严肃权威的就放得越高（图 15）。

市民能随意进入	市民有条件进入	市民较难进入
门厅&接待区	业务办理区	领导办公室
展厅&报告厅	开放会议区	内部会议区
餐厅&平台	普通办公区	内部招待所

图 15

根据建筑里保留的展厅和报告厅的位置，将门厅和接待部分布置在东侧临街处，顺便把主入口也设在这里（图 16）。

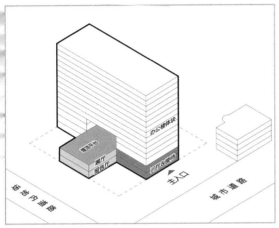

图 16

将餐厅以及后勤部分放到西侧，这个十字部分对于市民来说就是完全开放的，人们可以轻松穿行，展厅和报告厅也转型为城市客厅（图 17 ~ 图 20）。

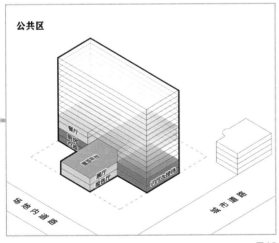

图 17

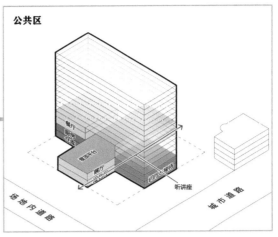

图 18

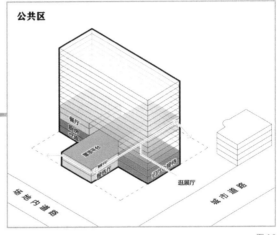

图 19

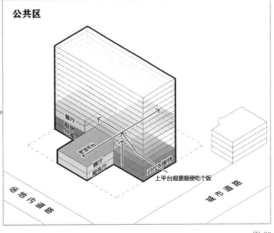

图 20

217

两个报告厅一个是矩形，一个是马蹄形，以适应不同活动的需求。在门厅处用两组楼梯处理高差，分别连接2层的展厅和报告厅入口，中间用一部螺旋楼梯统领整个公共空间。最后为保证疏散，再用一部楼梯使展厅直通室外（图21）。

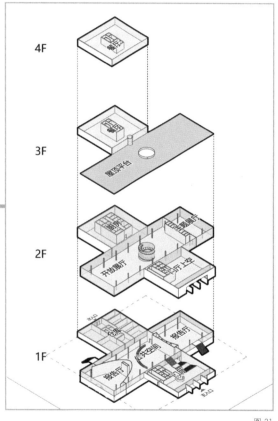

图 21

接下来将市民业务办理区放在门厅上方，人们可以通过门厅直接进入（图22、图23）。

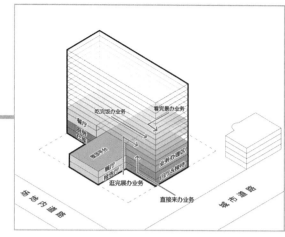

图 22

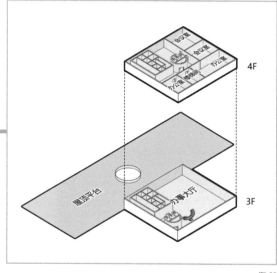

图 23

5～10层是普通办公区，几乎全为开放办公，工作人员或办事人员可从门厅直接乘电梯上楼，后勤人员和物资可从西侧交通核上楼（图24、图25）。

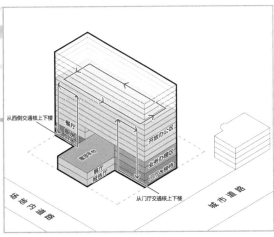

图 24

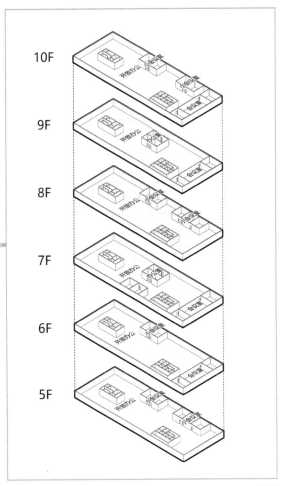

10F

9F

8F

7F

6F

5F

图 25

11 ～ 15 层是内部办公区，领导、相关工作人员以及来访的重要客人可以直接从门厅乘专用电梯上楼（图 26、图 27）。

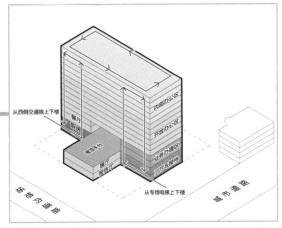

图 26

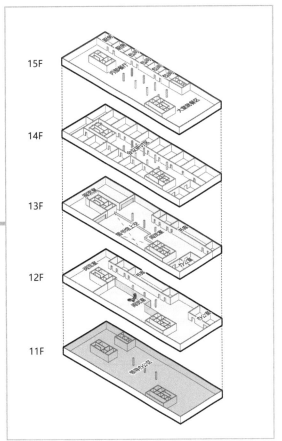

15F

14F

13F

12F

11F

图 27

至此，功能区基本布置完毕，但作为一个"贤惠"的房子，邻里关系也要搞好，比如，旁边的小房子的采光问题，不能给人留下话把儿，说政府仗着楼大欺负人（图28）。

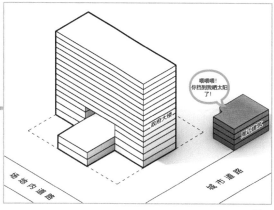

图28

你当然可以选择降低建筑高度来让出阳光，但这样的话就会直接导致屋顶平台变成小黑屋。别紧张，冷静分析一下：被遮挡采光的建筑位于东北方，如果不想改变建筑高度，那就只能把建筑原地不动地向西南方向扭转。这样不但能解决遮挡问题，而且还能继续在视觉上弱化大楼的体量感。经过严密计算，整个建筑要扭转至少17°才能取得明显效果（图29、图30）。

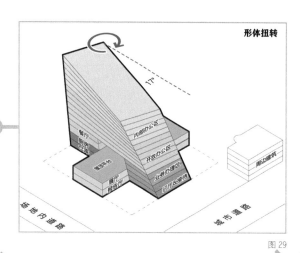

图29

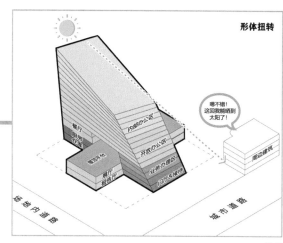

图30

当然，形体扭转也会带来新的问题。首先，这样连续的旋转对室内空间会造成很大影响，尤其是门厅这类大空间（图31）。

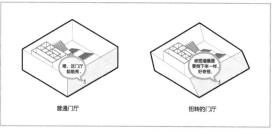

图31

其次，建筑会对南侧场地造成压迫感，减弱场地的吸引力（图32）。

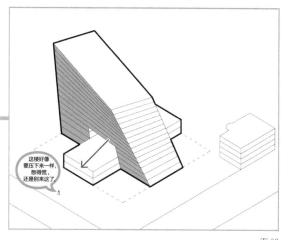

图32

最后，也是最重要的，这样纯粹扭转的形体未免与政府大楼的端庄形象出入太大，尽管我们想要弱化政府大楼的威严感，但也不能一点儿面子都不顾。建筑设计，玩的就是分寸感和平衡感，扭转是必要的，但又不能过度，所以就做个部分扭转，这样既可以解决采光，又打破了方正体量的严肃感，但也没有太过分。

给政府大楼的用户按重要性排个序：最重要的当然是广大人民群众，其次是政府的高层领导，然后是大部分基层普通公务员。换句话说，如果扭转操作一定要影响空间的话，那就只能对不起公务员了，也就是只对中部开放办公区进行扭转（图33）。

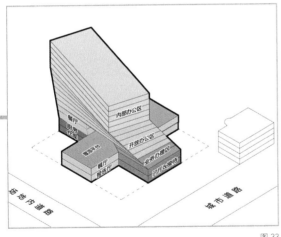

图 33

楼体扭转之后，交通核自然也会跟着变动，否则会导致顶部的办公空间不好用。要知道这里可是政府核心办公区，万万不能马虎。因此，将交通核也扭转17°，与顶部空间平行布置（图34、图35）。

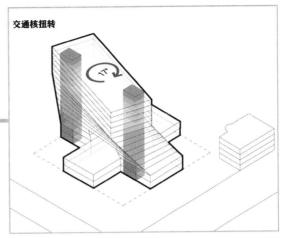

图 34

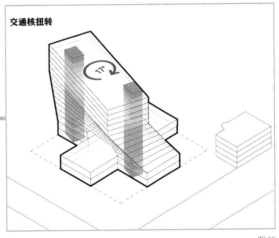

图 35

扭转后的交通核到了首层就变成了斜向，仓库倒是好说，凑合能用，但门厅就必须处理一下了。增加墙体把交通核强行掰正的话，会一下子占去门厅三分之一的面积，导致交通核跟楼梯并排堵在眼前（图36），所以要保留斜向交通核，并增加圆形服务台来引导人流，形成开放活泼的入口空间（图37）。

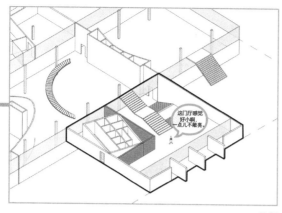

图 36

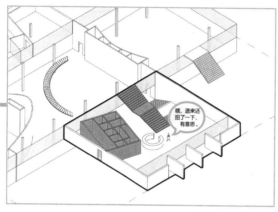

图 37

另外，受结构影响，大楼顶层部分的平面进深需要进行压缩，否则悬挑的部分太多会影响稳定性，因此将核心办公区的进深适当地缩小，开放办公区随之逐层渐变（图 38）。

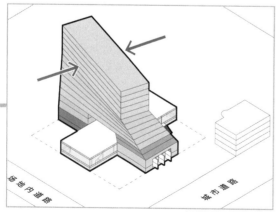

图 38

内部是图 39 这样的。

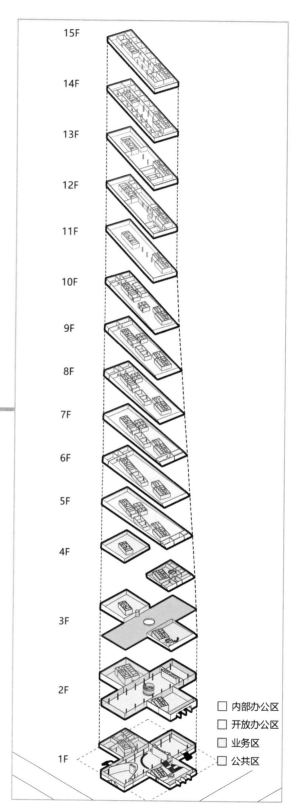

15F

14F

13F

12F

11F

10F

9F

8F

7F

6F

5F

4F

3F

2F

1F

□ 内部办公区
□ 开放办公区
□ 业务区
□ 公共区

图 39

最后来处理立面。为了凸显首层中央的展厅，立面越低调越好，但最简单的匀质矩形肌理与玻璃幕展厅融为一体，反而强调出形体的扭转（图 40）。

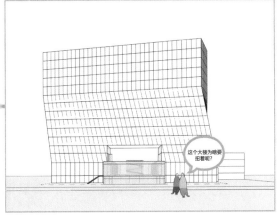

图 40

于是，小 X 选用了比矩形更简单的三角形，在视觉上弱化大楼的动势，同时凸显出中央展厅（图 41）。

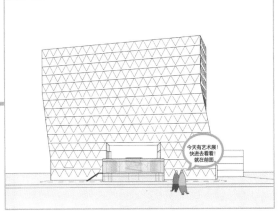

图 41

收工（图 42）。

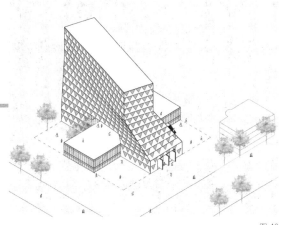

图 42

这就是比利时 XDGA 事务所设计的安特卫普省政府大楼（图 43 ~ 图 49）。

图 43

图 44

图 47

图 45

图 48

图 46

图 49

我们听说过很多道理，却依然过不好这一生。如果饿了就吃，困了就睡，逢山开路，遇水搭桥，一生走来，是不是过得也还不错？画神画鬼难画人，我们学了帝王术、屠龙技，却忘了学做一个普通人。

图片来源：

图 1、图 43 ~ 图 49 来源于 http://xdga.be/#province-headquarters，其余分析图为作者自绘。

END

此时此刻，人间烟火，就是建筑里的终极浪漫

图1

名　称：泰国素林府大象博物馆（图1）

设计师：Bangkok Project 工作室

位　置：泰国·素林

分　类：展览建筑

标　签：人象共生

面　积：约2500m²

没见过的风景最美，别人家的晚饭最香，况且，别人家不只是晚饭香，早饭、中饭、隔夜饭都很香。别人家的小孩是逃不过的童年诅咒，别人家的老公是跨不过的恋爱魔咒。看别人的生活都是一部电影，光影流转，生死恩怨都是满屏的浪漫，再看看自己，就只剩下鬼影，还是鬼影重重，活是不想活了，死又不敢死。得不到的永远在骚动，却忘了，自家后院的那一碗人间烟火，才是刻在骨子里的至味清欢。

泰国素林府新开发了一个旅游景区叫"大象世界"，顾名思义，主要吸引力就是泰国国宝——大象。基地位于距泰国素林府以北 52km 的农村地区，包括大象活动区、大象宿舍、大象医疗区，以及一座主要建筑：大象博物馆（图2）。

图2

所以，这就是泰国建了一个大象版的熊猫基地吗？这么理解倒也没错，只是，泰国人民对大象的感情却没这么简单。在国宝界，熊猫是被全国人民捧在手心里的；袋鼠、考拉基本都是散养；至于白头海雕、高卢鸡这两种动物的主要工作就是当吉祥物，活在各个国家的标志中。但大象不一样，它们被泰国人视为家庭成员，不是野生动物，也不是豢养的家畜，更不是宠物玩具。什么叫家庭成员？是同甘共苦、同舟共济的同气之亲。这种奇妙的人象共生关系在泰国延续了上千年，特别是在建造大象世界的素林府奎伊族部落最为牢固。

但从20世纪五六十年代开始，为了发展地区经济，素林府的森林遭到大肆砍伐。森林被破坏后，奎伊族人和他们的大象一度背井离乡，流浪在各个旅游区或者在马戏团里靠表演糊口，生活得十分艰苦（图3）。

图3

一直到 2015 年，人民才逐渐注意到奎伊族人和大象的艰难处境，于是政府发起了这个"大象世界"的项目，目的就是将素林的奎伊族人和大象带回自己的家园，并确保大象拥有舒适的生活条件，顺便带动当地旅游发展，改善奎伊族人民的生活水平。

大象博物馆几乎是整个园区中唯一服务于人类的建筑，主要功能就是做科普展览，当然也包括图书室、报告厅、餐饮休闲、纪念品售卖等游客服务功能。建筑面积不大，只有 2500m²；但基地给了 12 000m²。啥都缺，就是不缺地（图4）。

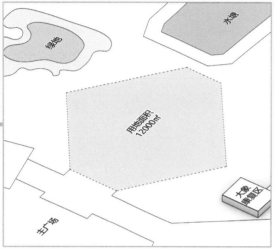

图4

地大、活儿少不是好事儿吗？正常建筑师估计挽起袖子就开始干了，但你问过大象的意见吗？毕竟这里是大象世界，大象在这里的主要工作就是跟着奎伊族人在园区到处溜达，看心情和游客互动一下。这里与马戏团本质上的不同就是一切活动都靠大象自愿，两百多头大象轮班倒，下班之后的生活内容主要就是洗澡、喝水、吃饭、睡觉。这里面洗澡是排在第一位的，因为大象的皮肤接近于裸露状态，非常容易干燥。正所谓饭可以少吃，澡不能不洗（图5）。

图5

也就是说，大象在园区内的流线大致呈环形：从宿舍到主广场溜达互动，下班后去水塘洗澡，洗完澡去绿地休息，吃点东西，然后到自己的活动区继续溜达，顺便给那里的游人看看，最后回宿舍睡觉或者准备轮下一班岗（图6），而博物馆场地就是大象从广场到水塘的必经之路（图7）。

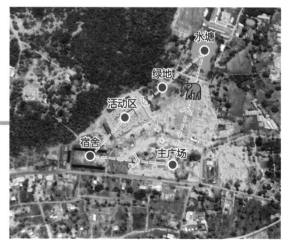

图6

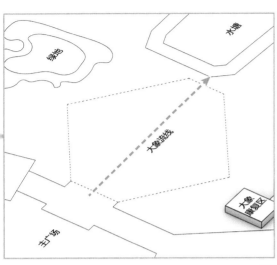

图 7

那么很明显，我们现在就有了两种建筑布局方式：要么把建筑放中间，让大象绕路走（图8）；要么把建筑布置在一侧，给大象让路（图9）。

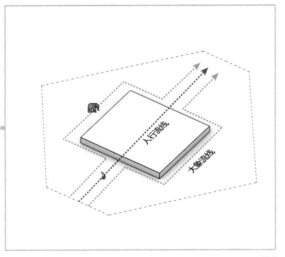

图 8

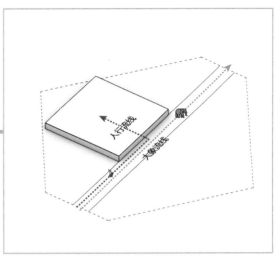

图 9

似乎也没有第三种做法了吧？对我们普通建筑师来说，确实没有了，但对泰国建筑师来说，那就是必须有！因为以上两种都不对。这回接受委托的是曼谷的 Bangkok Project 工作室，他家的主创叫 Boonserm Premthada，我们就叫他 B 叔吧。

前面说了，在泰国人眼里，尤其是在素林府的奎伊族人眼里，大象是家庭成员，一家人就应该生活在同一屋檐下，见面绕路那叫六亲不认。所以 B 叔第一反应就是让大象也进入建筑：该怎么走就怎么走，谁也不用让谁（图10）。

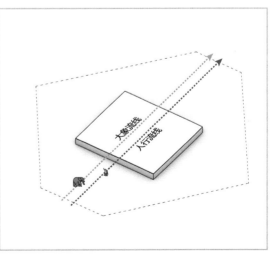

图 10

那么，问题来了：泰国居民几百年来都与大象一同生活，觉得跟大象待在一座建筑里完全没问题，但世界各地的游客可没有跟大象一起生活的经历，肯定会有人觉得不适应，特别是一些相对私密的区域，如洗手间，你肯定不想刚上完厕所就发现门口有头大象在盯着你看吧？所以，对 B 叔来说，真正的设计难题是怎样在大象自由活动的同时，又避免它们进入特定区域冲撞游客。

其实，办法也很简单：利用大象和人类的体形差，在特定区域用较窄的通道让大象主动放弃（图 11）。

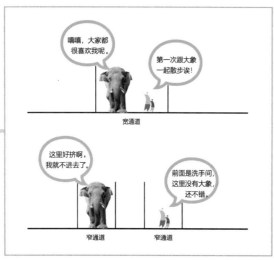

图 11

具体到设计手法上，就是通过引入网格来控制空间尺度。根据对亚洲象通常活动空间的分析，B 叔选定 5m 跨度为一级网格，形成的通道人和象都能顺利通过；宽度减半变成 2.5m 就可以形成二级网格，保证人通过的同时限制大象通过（图 12）。

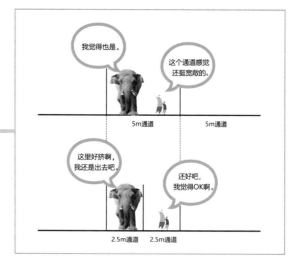

图 12

因此在场地中，以 5m 为跨度生成一级网格，再将跨度减半为 2.5m，生成二级网格（图 13、图 14）。

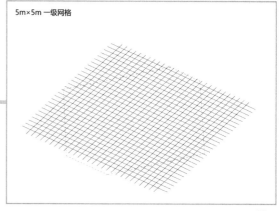

图 13

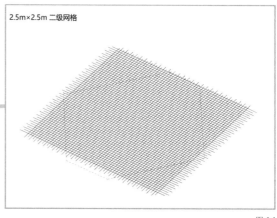

图 14

230

在建筑中间让出一条 5m 宽的路, 让下班的大象可以直达水塘或与游客一同进入建筑 (图 15)。

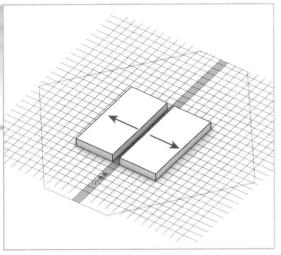

图 15

光有一条南北向的路还不够, 为方便大象在西侧的绿地和东侧的康复区之间往返, 加设一条东西方向的 5m 通道, 并将通道的墙体延长至用地边界, 增强其引导性 (图 16)。

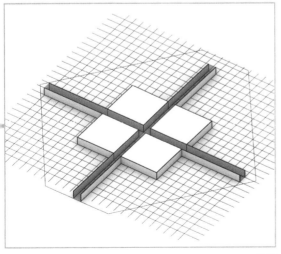

图 16

错动体块, 在建筑中部为游客提供一个休息停顿的空间, 同时用网格控制休息空间的大小, 以保证不对大象的通行空间造成影响 (图 17 ~ 图 21)。

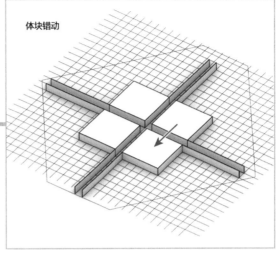

体块错动

图 17

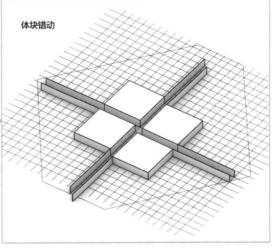

体块错动

图 18

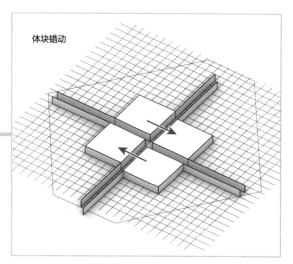

体块错动

图 19

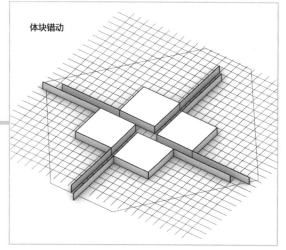

体块错动

图 20

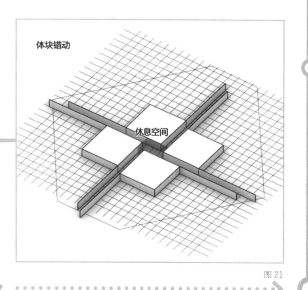

体块错动

休息空间

图 21

至此，供人和大象共同穿行的十字通道已经成型（图 22）。

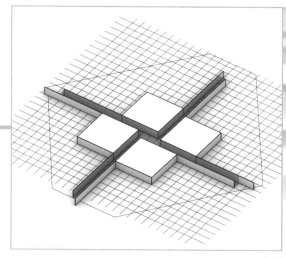

图 22

博物馆本身被分成了 4 个部分，那么观展流线的设计就有了 3 种方式。

1. 四个区域一起形成大回环流线（图 23）。

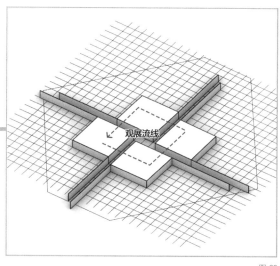

观展流线

图 23

2. 四个区域分组形成小回环流线（图 24）。

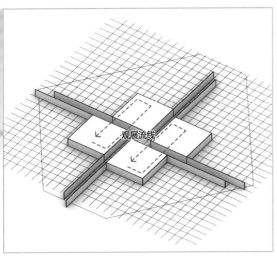

图 24

3. 四个区域各自组织流线（图 25）。

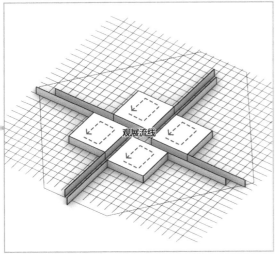

图 25

选哪个？从人的角度看，选哪个都可以，但从大象的角度看，答案就只有一个。B 叔用不同宽度的通道对大象的活动范围进行限定，也就表明了不会用墙这种强制限定来分隔游客和大象。同理，在博物馆内部继续让大象自己"知难而退"，避免进入展厅。在人和象的活动区之间加入过渡空间，把墙体的强限定变成空间的弱限定（图 26）。

图 26

加入过渡空间后，上面 3 种组织流线的方式就只剩下第 3 种可用，另外两种流线都会被加入的过渡空间打断而不能贯通。把展区的外墙向内偏移 5m，内部作为新的展区，外部作为过渡空间，4 个展区各自独立（图 27）。

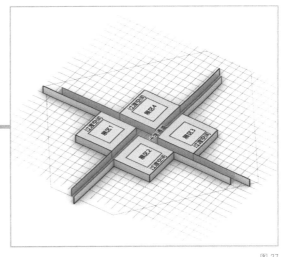

图 27

下面分别布置 4 个展区：展区 1 展示象这个物种的演化过程以及在泰国生活的历史；展区 2 展示泰国大象与人类早期关系的发展史，比如，大象参与古代皇家仪式以及成为人的宠物等；展区 3 展示大象的重要生活习性——喜水；展区 4 展示奎伊族人与大象的伙伴关系。

由于展区 1 靠近园区主广场，因此还要布置报告厅、餐饮和售卖、阅览室等功能区域。首先，尝试把它们跟展厅一起布置在中间区域，但面积拥挤且难以组织交通，因此，将上述辅助空间与外围的过渡空间进行置换，并在东侧墙体上开口，使得大象能够带领游人进入展区（图28 ~ 图30）。

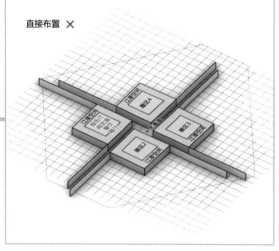

图 28

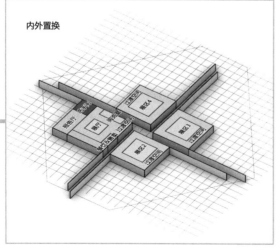

图 29

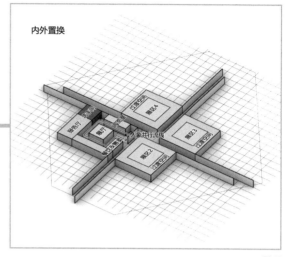

图 30

将报告厅后退一格（5m）形成灰空间，增强对游人的吸引力，但不让出通道，使从西南侧前来的游人只能先进入餐饮和售卖区，再进入展厅，有心机呦。洗手间也相应后退，使后方通道产生一个转折，不过这对大象的行进不会产生负面影响（图31）。

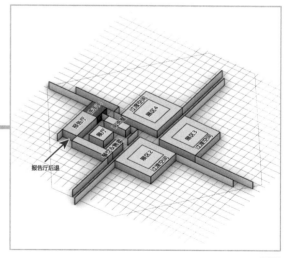

图 31

将阅览室向外拓宽 2.5m，使通道变窄，避免人和象的活动冲突（图32 ~ 图34）。

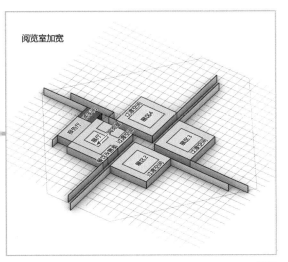

阅览室加宽

图 32

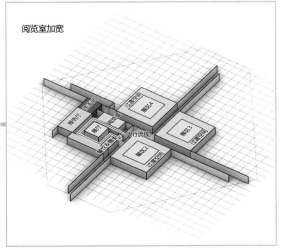

阅览室加宽

图 33

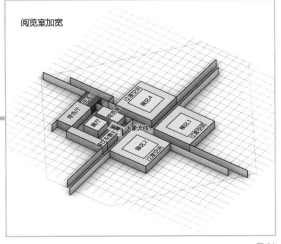

阅览室加宽

图 34

然后布置展区 2。这部分只有一个展区，因此用两个庭院来对过渡空间加以限定，并将外侧的过渡空间与室外活动场地融合（图 35 ～ 图 37 ）。

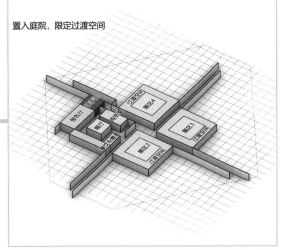

置入庭院，限定过渡空间

图 35

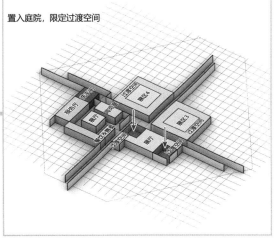

置入庭院，限定过渡空间

图 36

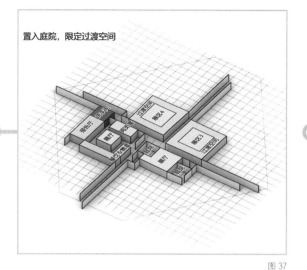

置入庭院，限定过渡空间

图 37

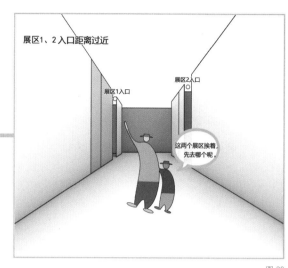

展区1、2入口距离过近

展区1入口

展区2入口

这两个展区挨着，先去哪个呢。

图 39

尽管展区 2 西侧的开口已经与展区 1 错位布置，但二者距离还是太近，游客走到这里会面临二选一的问题，如果选择了直接进入展区 2，那么后面很有可能就会错过展区 1（图 38、图 39）。

B 叔意识到问题出在笔直的通道上，游客站在通道中一眼看到两个展区的入口就会纠结。于是移动通道的墙体，在两个入口南侧设置一个左转弯，引导游客的视线先落在展区 1 的入口上，这样游客参观完展区 1 出来的时候也能一眼看到展区 2 的入口（图 40 ~ 图 42）。

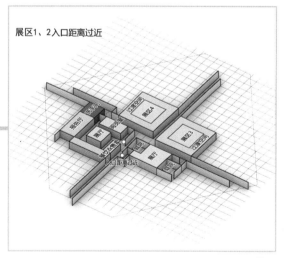

展区1、2入口距离过近

入口距离过近

图 38

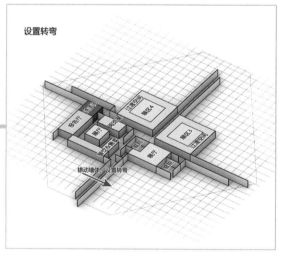

设置转弯

错动墙体，设置转弯

图 40

图 41

图 42

随后，在通道转弯处前加入值班室（图 43）。

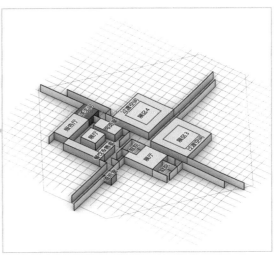

图 43

再下来是展区 3 的布置。由于展区 3 的主题很明确——展示大象亲水的习性，因此将展厅拉长并与水池组合布置。与展区 1 一样，把辅助空间布置在过渡空间外围（图 44 ~ 图 46）。

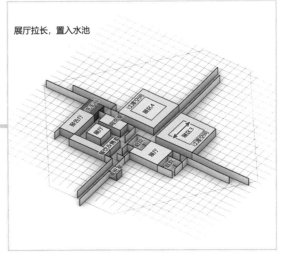

图 44

展厅拉长，置入水池

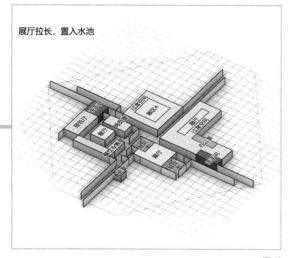

图 45

缩窄通道

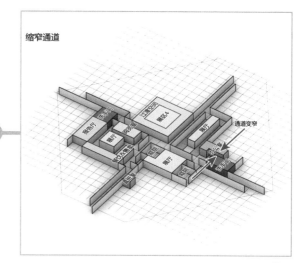

图 47

展厅拉长，置入水池

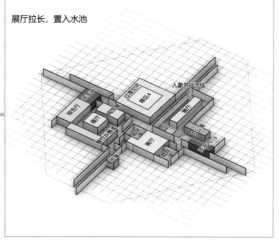

图 46

缩窄通道

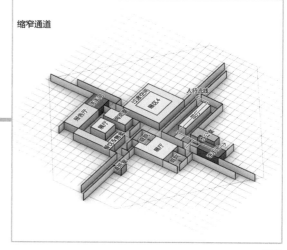

图 48

238

为了不让大象进入办公室和洗手间区域，还是用上面缩窄通道为 2.5m 的办法对体块进行处理，让此处的过渡空间不便于大象通行（图 47 ~ 图 49 ）。

缩窄通道

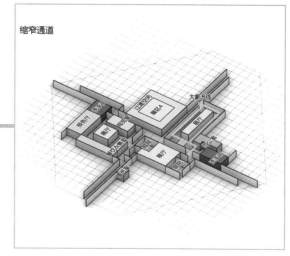

图 49

在水池处增加墙体，进一步限制大象活动的区域，将水池分成一静一动两个区域（图50～图52）。

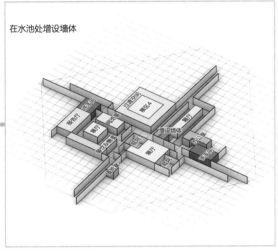

图50

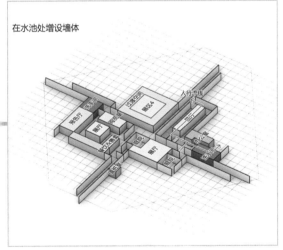

图51

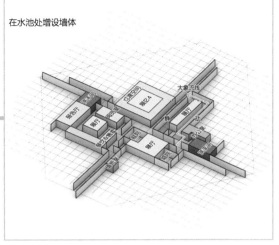

图52

最后是展区4。还是老办法，把办公室以及后勤辅助用房布置在过渡空间外围（图53～图55）。

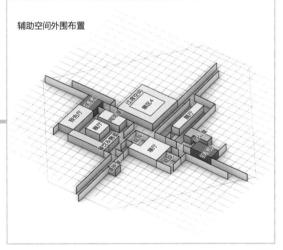

图53

辅助空间外围布置

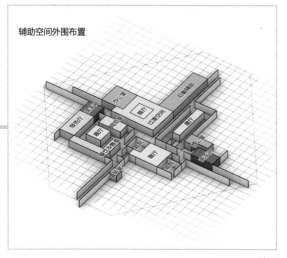

图 54

辅助空间外围布置

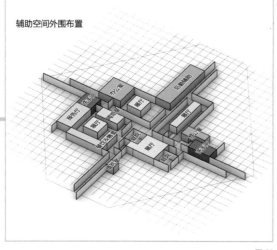

图 55

随后，效仿展区 2 的操作，通过移动通道的墙体增设转弯来避免游客同时看到两个展厅的入口，增加空间的"迷宫"属性，同时让北侧出口正对水塘（图 56、图 57）。

设置转弯

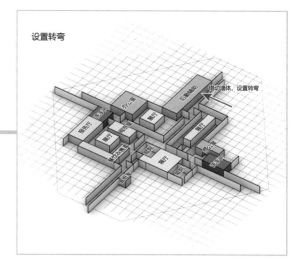

图 56

设置转弯

图 57

在院落内添加墙体，再次限制大象的活动范围，留出一个安静的庭院供人休息或思考（图58～图60）。

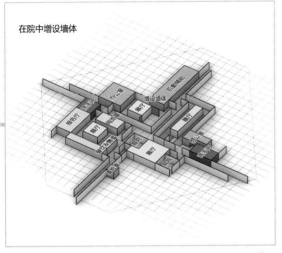

在院中增设墙体

图 58

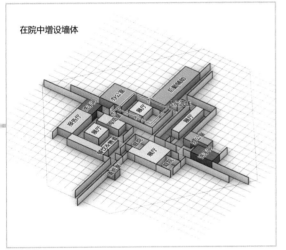

在院中增设墙体

图 59

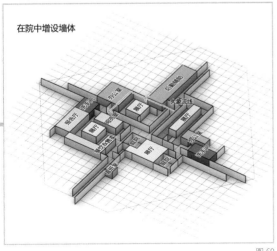

在院中增设墙体

图 60

由于泰国当地气候炎热、日照充足，因此将功能房间的外墙内缩一圈，与"迷宫"的围墙形成双层墙体，改善建筑热环境的同时创造更多灰空间（图 61）。

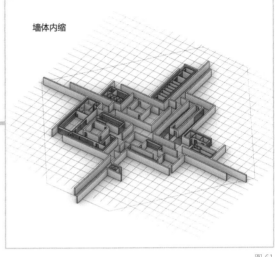

墙体内缩

图 61

最后做一下立面处理。此建筑好像也没什么立面，那就用当地产的红砖来建造迷宫墙体，将之前因为形体错动而超出用地范围的墙体缩进，并进行曲线处理，与场地融为一体。

收工（图 62）。

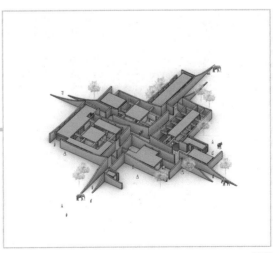

图 62

这就是 Bangkok Project 工作室设计的泰国素林府大象博物馆（图 63 ~ 图 69）。

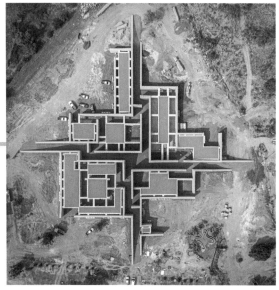

图 63

图 65

图 66

图 64

图 67

图 68

图 69

图片来源：

图 1、图 63 ～图 67 来源于 https://www.archdaily.com/948267/elephant-museum-elephant-world-bangkok-project-studio?ad_source=search&ad_medium=search_result_projects，图 2 来源于 https://stock.adobe.com/sk/images/monk-with-elephant-in-the-forest/124246362，图 5 来源于 https://www.pinterest.com/pin/777152479423672785/?nic_v2=1a6KNDxK8，图 68、图 69 来源于 http://bangkokprojectstudio.co/elephant_playground.html，其余分析图为作者自绘。

END

黑泽明在纪录片《黑泽明的电影人生》中对自己的电影曾有这样一番评价："我不知道人们为什么对我的电影反响热烈，但我认为最吸引外国观众的，是我没想取悦他们。如果你试图强调日本特色来增加感染力，并描写一个西方人认为是在外国发生的故事，他们的反应将非常消极。但作为一个日本人，如果你讲个与让日本人操心的事有关的故事，它会吸引全世界的人。"

我们总说熟悉的地方没有风景，但熟悉的地方有最动人的深情、最撩人的浪漫，以及最迷人的创作土壤。

学建筑不就是图个伤心、图个难过吗

图1

名　称：蒙克博物馆竞赛方案（图1）

设计师：REX 事务所

位　置：挪威·奥斯陆

分　类：博物馆

标　签：功能细化，灵活变化

面　积：16 585m²

很多人当初选择学建筑学，可能只是因为高考分多，不能浪费。进了建筑系之后才发现，虽然分没浪费，但整整5年的美好青春，都在画图。

别人逛优衣库，你逛素材库；别人修旅行图，你修效果图；别人排舞台剧，你排楼间距；别人去音乐节，你去建材节；别人算节假日，你算交图日……别人是花样年华，你是用年华画了个大样。

然而，建筑师这个职业的吊诡之处就在于你费了九牛二虎之力，"浪"出宇宙天际才发现最后竟然是个无奖竞猜的游戏，哪块云彩有雨，全看甲方心情。建筑师们设计了半天，大概只设计了个寂寞。然而，这世界上有寂寞，就有不甘寂寞。不甘寂寞的建筑师想方设法地为了让甲方注意到自己这块云，目标范围已经从设计前线来到设计前期。

我们以前就拆解过好多擅自改任务书、改用地范围、改基地位置的"曲线救国"案例，底牌一般都是给甲方带来了最大化利益——如果没有真金白银的"糖衣炮弹"，你猜建筑师硬改项目用地是图个啥？难不成是图显示自己命硬？

200多年来，奥斯陆的母亲河阿克塞尔瓦不断被工业污染，传说中优美的天鹅和鲜美的鲑鱼都近乎绝迹，数万吨的垃圾埋藏在峡湾的河床上。近年来，挪威人民一直都在努力修复阿克塞尔瓦河的生态环境。奥斯陆水岸规划局以"the Fjord City"（峡湾之城）为名开启了连接城市中心与峡湾水域的改造计划，致力于重现城市优越美好的水岸生活。

其中，比约维卡是峡湾之城计划中最大的区域，是阿克塞尔瓦河的入海口岸，也是挪威首都最重要的交通枢纽之一（图2）。

图2

在对比约维卡区域的规划中，有两个重要的建筑，一个是已经建成并投入使用的挪威国家歌剧院，另一个是面向全球招标的蒙克博物馆，就是那个让全世界都呐喊的蒙克（图3）。

图3

在计划中，蒙克博物馆的位置就在歌剧院的对面，两座建筑隔河相望，一起组成奥斯陆新的文化地标（图4）。

图4

来自纽约的REX事务所自从通过资格预审之后，就开始看这块基地不顺眼了，理由很是任性，就因为人家这块地位于老城区内。所谓你的幸福感来自你的邻居，地在老城区不是问题，让REX事务所感到别扭的是，同为文化地标，凭什么河对面的歌剧院就能在新城区享受更先进、更便利的基础设施？虽然不能说毫无道理，但也实在是有点儿强词夺理，谁让奥斯陆这条穿城而过的河正好明显划分了西侧的新城和东侧的古镇呢（图5）？

图5

显然，甲方不可能因为你的心理不平衡就去调整用地，毕竟，建设用地不多，而建筑师很多。所以，REX事务所首先得给自己擅改用地找个合理合法的理由，然后，还得再找一块空地。博物馆要求有8个独立展厅、2个大型陈列厅以及1个巡回画廊，且每个展厅都是超过4000m^{2}的庞然大物。REX事务所将它们摞起来放在原来的基地中（图6）。

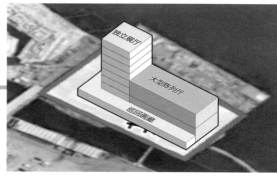

图6

虽然甲方给的基地不大，要求却不低，他们希望展厅极为灵活，可以适应所有类型的艺术品陈列。于是，REX事务所将大小展厅穿插摆放，小的展厅在必要时可以与大展厅合体，从而拥有更多的展览方式（图7、图8）。

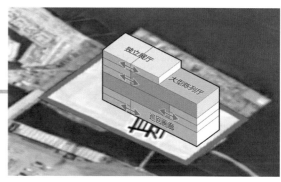

图7

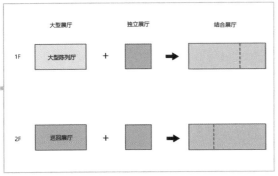

图 8

但是这种组合形式由于场地限制只能两两一层，简单组合，而且无法根据临时展览的数量和大小增加或缩小，更别说满足天光或遮光、渗透或隔音等特殊要求了。当然，有特殊要求的展览毕竟属于少数，从性价比的角度来看，通常博物馆都不会选择为小概率事件付出巨大的建设代价，但就是博物馆这一丝丝的妥协，给了 REX 事务所谈判的筹码：如果只要换个场地就能满足所有要求和形式的陈列展览呢？

REX 事务所的方法是设计 n 个满足不同特殊要求的小展厅，必要时任意个数的小展厅可组合在一起形成大型陈列厅，而这个知识点我们在高中数学课上就接触过，叫作排列组合（图 9）。

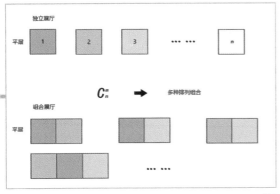

图 9

这种方式的组合极限点就是 n，也就是每一层内可以容纳的展厅个数。换句话说，同层小展厅个数越多，组合方式也就越多。那么重点来了：选择的基地越大，则组合方式就越多。这就是 REX 事务所换基地之旅的自信底牌。

扫一眼规划范围内的用地，REX 事务所很快看中了与歌剧院在同侧，也就是同样位于新城区的一个临水小岛。小岛虽然面积比原基地大不了多少，但方方正正的，比原来长方形基地更适合组合排列，而且这座小岛在规划里只是一个自然景观，没有针对性的建筑功能，估计甲方同意的可能性也比较大（图 10、图 11）。

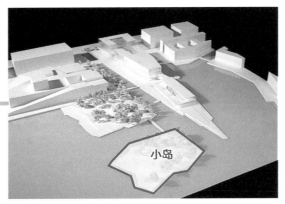

图 10

图 11

自己说服自己换了基地之后，REX事务所终于开始正式"造作"了。蒙克博物馆不光需要灵活的展厅布置，还需要灵活的游览顺序，能够分别或同时举办博物馆自己的收藏品展览、自产展览和巡回展览。

首先，将8个独立展厅和1个前厅按照3m×3m的九宫格置入基地，这样就形成了经典的博物馆循环游行线路，前厅既是参观的开始，也是结束（图12、图13）。

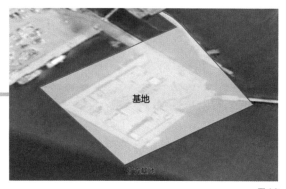

图12

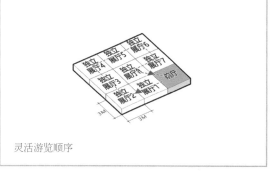

灵活游览顺序

图13

但这种强制性的参观流线要求所有展厅必须同时使用，并且其空间不能细分，这样才能形成畅通的游览线路，也就是说独立展厅并不像它的名字一样具有独立性。因此，为了更好地将博物馆与周边环境结合，同时解决展厅的独立性问题，要将前厅打开，并在独立展厅外围设立公共游览区，使公共游览区与周边城市游览路线结合（图14）。

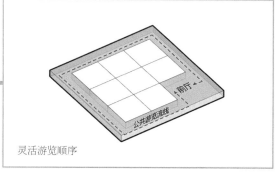

灵活游览顺序

图14

随后，调整独立展厅位置，将主要为布展服务的配置间换到场地中央。这样一来，参观者能够从公共区域随时进入8个独立展厅，同时也能缩短配置间与所有展厅的距离，环形布置使独立展厅真正具有独立性，游览顺序也可以随心而动、自由组合（图15、图16）。

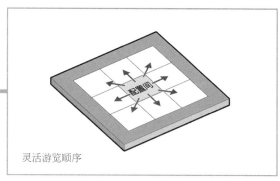

灵活游览顺序

图15

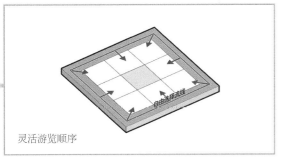

灵活游览顺序

图 16

接下来，将外环扩充，方便后期置入包括商店、咖啡厅、餐厅以及演讲厅、礼堂等无须售票的公共开放空间，与公共游览路线结合（图 17、图 18）。

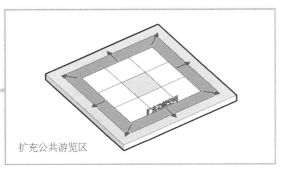

扩充公共游览区

图 17

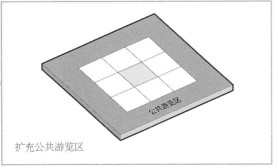

扩充公共游览区

图 18

至此，中央区域成为展厅主要区域，游览顺序灵活，展厅之间没有缝隙，满足了排列组合的需求，但是灵活应对各种展览陈列的需求依然没有被满足。

不知从什么时候开始，博物馆的灵活性通常被认为是通用的空盒子，大家想当然地认为没有任何限制就等于可以在其中构建任何展览形式。然而事实上，随着数字艺术的发展，以及以媒体技术为基础的展览形式的多样化，空盒子根本无法提供稳定的设备支持。作为以理工男为主的团队，REX 事务所并不满足于仅仅将独立展厅排列组合成不同大小的展厅，而是要给每个空盒子赋予自己独特的空间配置，同时结合当代科技操控每个展厅，使其具有针对不同需求的独特属性。因此，REX 事务所将独立展厅分为固定配置展厅和可变配置展厅（图 19）。

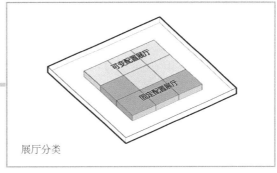

展厅分类

图 19

固定配置展厅，先是将有异形和大空间要求的展厅盒子布置在与可变配置展厅相邻的位置，方便之后的排列组合（图 20、图 21）。

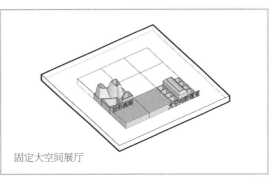

固定大空间展厅

图 20

图 21

再将被划分得规整及不规整的小空间展厅盒子，布置在异形展厅之间（图 22 ）。

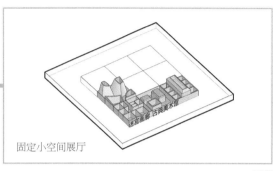

固定小空间展厅

图 22

其中，古典美术馆的布置较为灵活开放，位于固定展厅之间，需要时可以作为蒙克作品特展的入口（图 23 ）。

图 23

下面来到可变配置展厅的部分。可变配置也被分为两类：一类是屋顶可变；另一类是地面可变。首先，把连续可变配置展厅的中间盒子布置成大空间展厅，屋顶开天窗引入光线，便于以后与两边的可变配置展厅结合形成新展厅(图 24 ～图 26)。

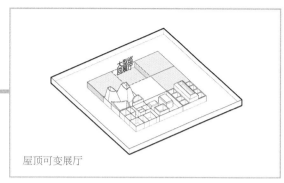

屋顶可变展厅

图 24

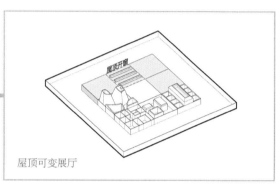

屋顶可变展厅

图 25

图 26

然后，把一端的环球画廊展厅布置成展板空间，展板与屋顶结构产生联系，梁下悬挂可滑动展板，展板位置及数量都可以根据艺术品大小和展览规模灵活改变（图 27 ～图 30 ）。

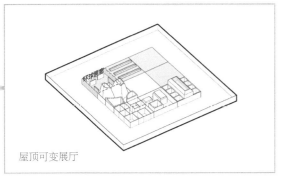

屋顶可变展厅

图 27

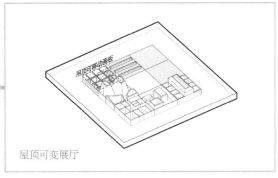

屋顶可变展厅

图 28

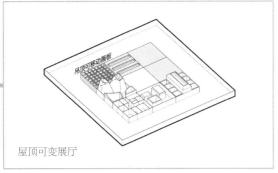

屋顶可变展厅

图 29

图 30

另一端则是手风琴展厅。将展板换成展墙，使
其与地面产生联系，并在地面布置轨道，使展
墙可以根据展览需要退至展厅一侧，形成通用
大空间（图 31 ~ 图 33）。

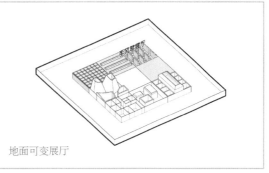

地面可变展厅

图 31

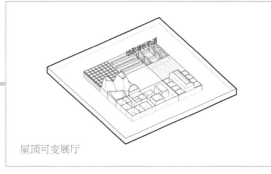

屋顶可变展厅

图 32

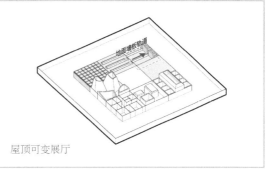

屋顶可变展厅

图 33

手风琴展厅的墙壁可横向移动以创建不同宽度的空间，随意形成封闭空间或开放空间（图34）。

图 34

最后一个展厅则采用旋转展墙的方式与地面结合，通过圆形的地面旋转展台，展墙可以根据需要变换组织方向（图35、图36）。

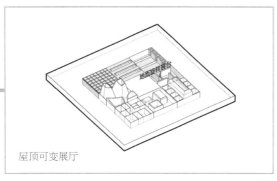

屋顶可变展厅

图 35

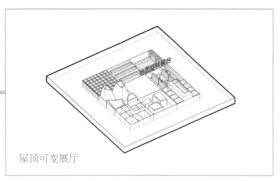

屋顶可变展厅

图 36

4面展墙都能轻松旋转以实现快速重新布展（图37）。

图 37

至此，通过提供不同的内置工具，画廊被分为8种不同类型的阵列，每种类型都有唯一的展示比例、照明方式以及流线形式。同时，可变配置展厅还可以根据展览需要自由结合，形成多种排列组合（图38～图41）。

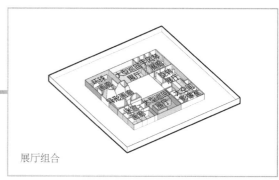

展厅组合

图 38

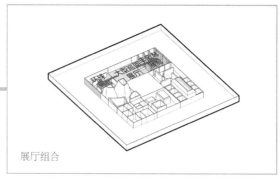

展厅组合

图 39

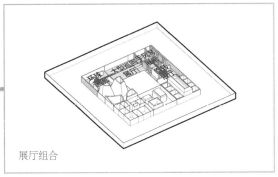

展厅组合

图 40

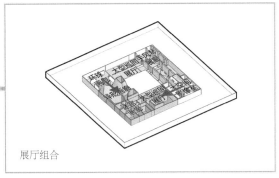

展厅组合

图 41

接下来，处理演讲厅、服务大厅以及办公区等其他功能，将大小两个演讲厅和一个卫生服务空间置入公共游览路线上（图 42）。

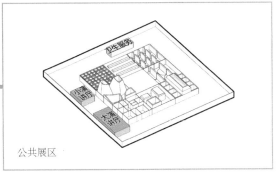

公共展区

图 42

然后，随着外围流线布置休息区、咖啡厅以及贵宾接待区域等开放空间（图 43）。

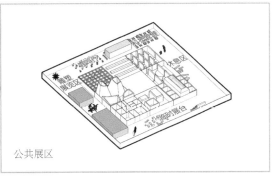

公共展区

图 43

将展厅九宫格抬升至 2 层，使之与首层的公共服务功能自然分隔，并置入垂直交通核（图 44）。

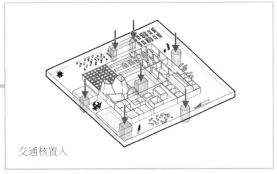

交通核置入

图 44

将演讲厅和服务部分的体块复制功能延续到 1 层（图 45）。

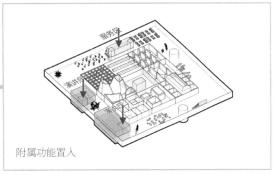

附属功能置入

图 45

餐饮区设置在滨水位置并靠近 1 层入口，库房
区设置在另一侧，有货运通道直达库房及技术
区域。办公区则位于两者之间，由入口处的环
廊组织起来（图 46、图 47）。

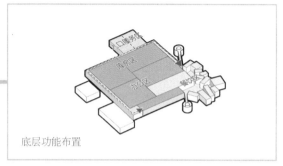

底层功能布置

图 46

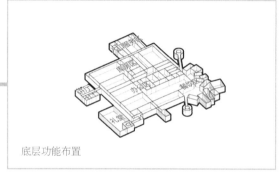

底层功能布置

图 47

功能体块布置完成后将楼板置入，2 层楼板随
周边路径变形，同时设置坡道使游客可以直达
2 层展览区，流线独立（图 48 ~ 图 51）。

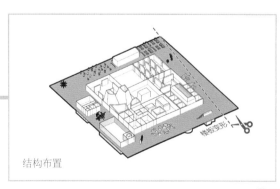

结构布置

图 48

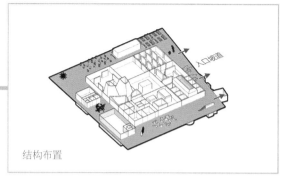

结构布置

图 49

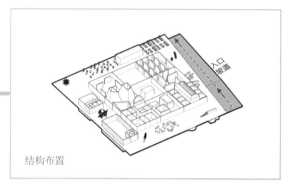

结构布置

图 50

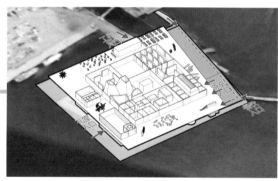

图 51

置入结构柱网，同时覆盖屋顶结构。屋顶适当
开设天窗，将光线引入公共游览区域（图 52、
图 53）。

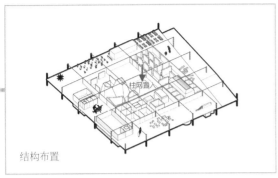

结构布置

图 52

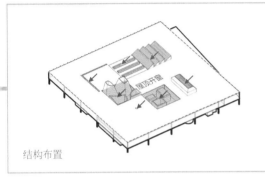

结构布置

图 53

最后，以玻璃幕墙围合，让整个游览区九宫格轻盈地漂浮在滨水小岛之上，塑造科技感满满的当代博物馆形象（图 54）。

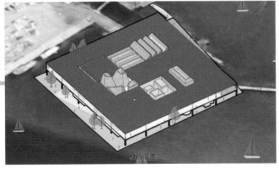

图 54

这就是 REX 事务所设计的蒙克博物馆竞赛方案，一个难得的单纯因为设计理念而强行换建设用地的大胆设计（图 55 ~ 图 57）。

图 55

图 56

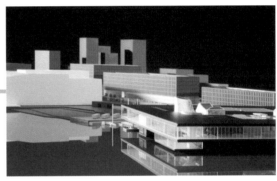

图 57

REX 事务所理念新奇、设想周到又勇气可嘉，奥斯陆甲方十分感动，然后拒绝了他们。但为了表示鼓励，给 REX 事务所评了个第二名——也就是陪跑第一名。

毕竟能做得了甲方主的都是出门就能中彩票的主儿，不但占据天时、地利、人和，而且连风力、风向、湿度、温度都配合，还得有强大诱惑加强大逻辑的完美组合。大多数时间，甲方办竞赛就是图个热热闹闹，而建筑师，不就是图个伤心难过嘛！

图片来源：

图 1、图 54 ~ 图 57 来源于 https://rex-ny.com/project/munch-museum/，其余分析图为作者自绘。

END

请不要为了设计而毁了设计的目的

图1

名　称：圣丹尼斯幼儿园和小学（图1）

设计师：Paul Le Quernec 事务所

位　置：法国·圣丹尼斯

分　类：教育建筑

标　签：视觉分类

面　积：4800m²

在建筑师的简历里，比"已中标"更动听的标签是"已建成"。但建筑师想要的往往不是"已建成"的标签，而是按照他们设计意愿的"已建成"。能表达自己深刻建筑思想与高超建筑技巧的"已建成"才叫作品，否则，就只能叫个"活儿"，一个用来养家糊口、交房租的"活儿"。

作品属于梦想，而"活儿"只属于甲方。当然，在建筑师的小本本上，甲方不但是派活儿发钱的，更是作品破坏王。再独特的创意都敌不过一个字——贵；再高级的技巧也比不过两个字——费事。你觉得甲方用"又贵又费事"来判断设计本身就是亵渎，但设计的本质不就是用简单方法来解决问题吗？

法国圣丹尼斯打算新建一所幼儿园和一所小学，但地方有限，只在铁路边有一块紧邻居住区的用地，给谁都不合适，那干脆就一起用吧（图 2）。

图 2

鉴于两个项目已然合二为一了，那么接下来的必要操作就是在功能上合并同类项了，当然，不合并也放不下（图 3）。

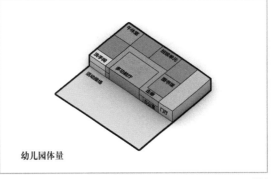

图 3

幼儿园部分包括 8 个 120m² 的班级单元、3 个 100m² 的午休室、1 个 280m² 的多功能厅、1 个 120m² 的图书馆，以及 150m² 的办公室和独立的活动场地（图 4、图 5）。

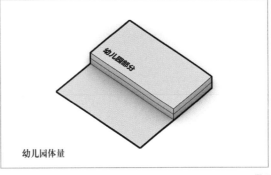

图 4

图 5

小学部分包括 10 个 100m² 的班级单元、1 个 280m² 的多功能厅，以及差不多也是 150m² 的办公室。当然，也必须有独立的活动场地（图6、图7）。

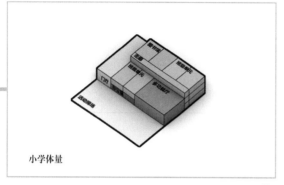

小学体量

图 6

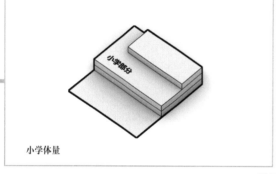

小学体量

图 7

混合使用部分其实只有厨房可以共用，幼儿园和小学各需要一个独立的 300m² 的餐厅以及若干独立的活动室，包括幼儿园活动室 2 个，每个 100m²，小学活动室 4 个，每个 70m²（图8、图9）。

混合使用部分体量

图 8

混合使用部分体量

图 9

总的来说，就这么 3 个部分，不复杂，如果再加上法国气候的增益加成，就更不复杂了。法国纬度偏高，太阳高度角很低，因此在夏季，无论哪个朝向都可以获得充足的日照，而在冬季，无论哪个朝向都无法获得充足的日照，换句话说，就是不用考虑朝向问题啦。那就是怎么好用怎么排呗。

最简单的是 3 个部分并列排布，分别给幼儿园和小学一个独立出入口，混合部分放在中间，两边都很方便（图 10、图 11）。

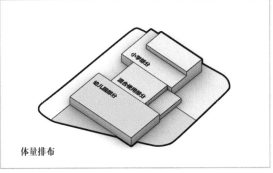

体量排布

图 10

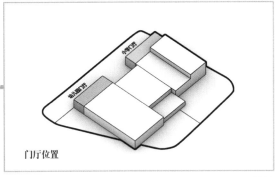

门厅位置

图 11

只有一点不好，就是黑房间会比较多，是不用考虑朝向，不是不用考虑采光的。还有就是幼儿园和小学的活动场地相连，不能从物理上杜绝孩子们到处乱跑的可能性。所以要错动体块，将幼儿园和小学部分向北移动，混合部分向南移动，保证足够采光的同时也自然分隔开两个活动场地（图 12、图 13）。

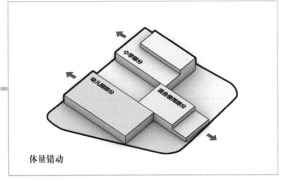

体量错动

图 12

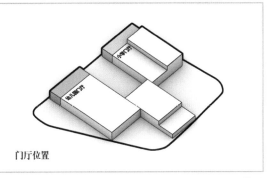

门厅位置

图 13

这样基本就没什么问题了。然而，黑夜给了建筑师黑色的眼圈，除了用来发现问题，还可以用来发现机会。在这个项目里，用地有限，预算更有限。不用怀疑，这就是个"活儿"，还是个不怎么挣钱的"活儿"。虽然甲方不能让你挣钱，但你可以让甲方挣钱啊。

既然这个混合使用部分都快独立出来了，不如直接设计成一个独立的活动中心：平时服务学校，周末服务社区，说不定还能挣点儿小钱（图14）。

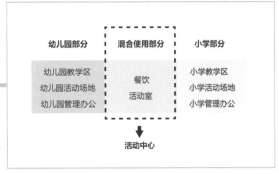

图 14

独立就要有个独立的标志，这个标志就是拥有属于活动中心自己的门厅和入口。将幼儿园和小学部分向两边旋转，形成三足鼎立的布局。在向心处分别布置 3 个功能的独立门厅，活动中心的另一边布置厨房后勤及独立出入口（图 15）。

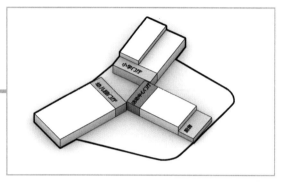

图 15

但这样布局的后遗症是场地有点儿不够用了，幼儿园和小学的尾巴都被甩在场地外了呢。关键是真的只是"有点儿"不够用。换句话说，能不加层数就别加了，毕竟预算有限。

不能往上加，那就只能往旁边挤了：挤活动场地还是挤入口广场，这不是个问题，果断地将三个门厅凑在一起，合并成一个公共门厅（图 16、图 17）。

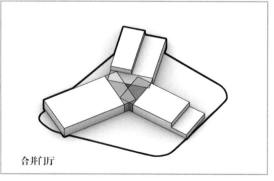

图 16

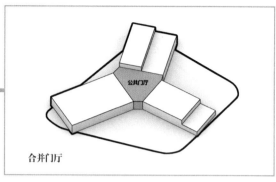

图 17

同时，围绕场地设置内部路，为办公和后勤人员提供独立流线（图 18）。

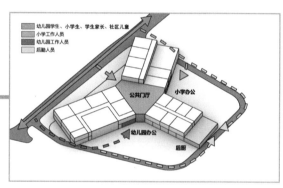

图 18

至此，这个建筑的设计基本就算完成了，但还有一个高级烦恼，就是三个功能合用门厅后会使入口空间有点儿混乱，三类使用人群会在此处交叉聚集，如何让他们快速分流奔向自己的目标空间是个问题。估计很多建筑师都非常愿意解决这种问题，因为有很多高级的方法可以在解决问题的同时搞出一个高级的复杂空间，像什么立体交通啦，空间嵌套啦，体积规划啦……虽然自己也不一定很明白，但把建筑搞复杂了肯定没错！

260

先别说花不花钱、麻不麻烦，别忘了这是个什么地方——幼儿园和小学！6 岁以下占一半，10 岁以下占一大半！你确定你的复杂空间是为了让小朋友认路，而不是迷路的？况且甲方也是真的没钱。后面的设计不高能，也不高级，但设计要在意料之外，又在情理之中。

幼儿园小班的小朋友肯定能看懂又理解的东西是什么？除了颜色就是形状了，所以，首先就是颜色区分。用绿色代表小学空间，橙色代表幼儿园空间（图 19）。

图 19

其次就是图形区分，幼儿区用圆形，小学区用方形。圆形没有边角，不会让小朋友磕磕碰碰，方形与圆形区别最大，也最适合用来布置教室，一目了然又方便使用（图 20、图 21）。

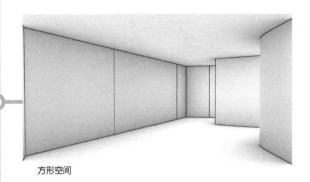

方形空间

图 20

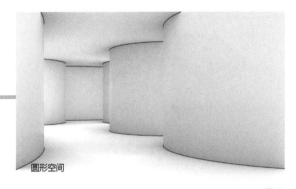

圆形空间

图 21

说白了，都是肉眼可见的明示，不高级，但高效。颜色区分直接刷颜色就好了，但图形区分还需要我们对房间进行变形，幼儿园房间变为圆形，小学房间变为方形。

先是幼儿园部分，根据场地调整幼儿园的房间布局（图22～图25）。

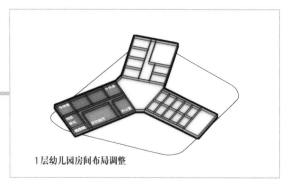

1层幼儿园房间布局调整

图22

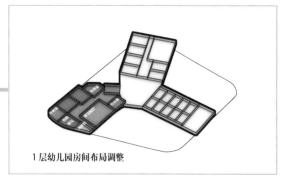

1层幼儿园房间布局调整

图23

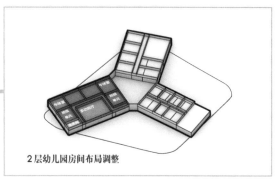

2层幼儿园房间布局调整

图24

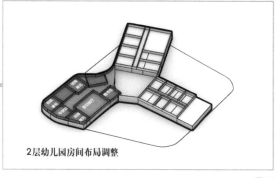

2层幼儿园房间布局调整

图25

午休室、多功能厅可以直接消化为一个完整圆形，但是班级单元内部有更详细的空间划分，需要用几个圆形共同组合来诠释（图26）。

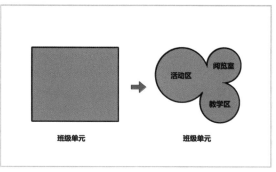

图26

组合圆形空间会生成很多边缘的轮廓空间，这种轮廓正是孩子们识别图形的关键，但对于不在儿童视野内的轮廓缝隙空间就可以继续加以利用了（图27、图28）。

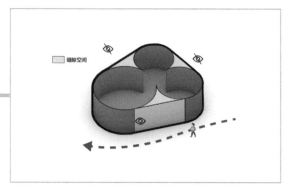

图27

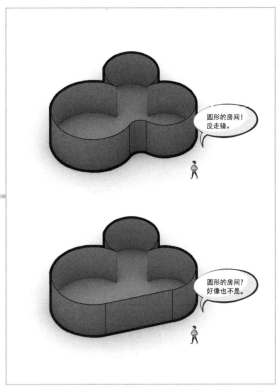

图 28

教室内部的轮廓空间可以简化成家具，做成内部的小储物柜或者小书架（图 29、图 30）。

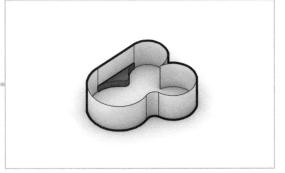

图 29

图 30

教室与教室之间的缝隙轮廓可以设计成共用的故事角或者储存室（图 31）。

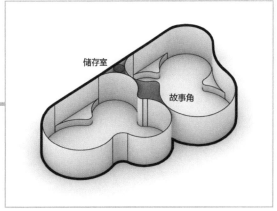

图 31

用圆形的空间布置幼儿教学区的同时，根据圆形教室调整办公空间（图 32 ~ 图 36）。

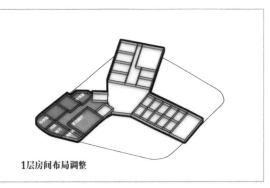

图 32

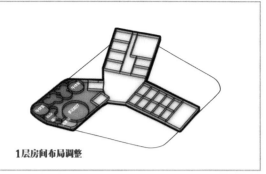

1层房间布局调整

图 33

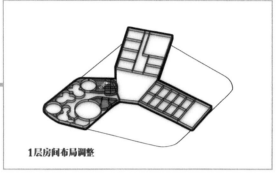

1层房间布局调整

图 34

2层房间布局调整

图 35

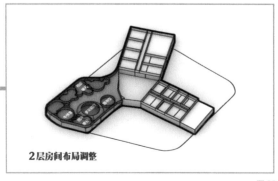

2层房间布局调整

图 36

然后是小学部分。首先，根据场地边界调整建筑轮廓与内部空间布局（图 37 ~ 图 40 ）。

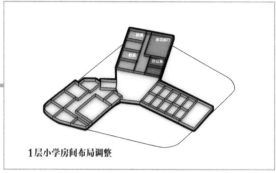

1层小学房间布局调整

图 37

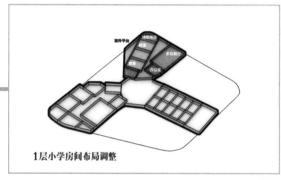

1层小学房间布局调整

图 38

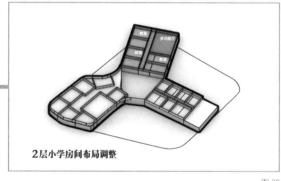

2层小学房间布局调整

图 39

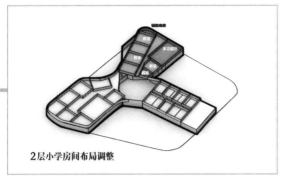

2层小学房间布局调整

图 40

局部 3 层的体量调整到建筑中间位置，使整体
形态更加平衡（图 41、图 42）。

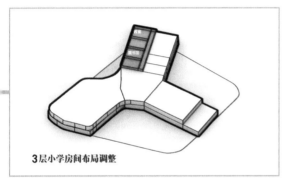

3层小学房间布局调整

图 41

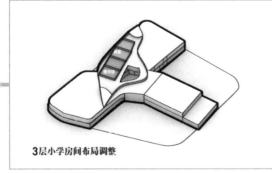

3层小学房间布局调整

图 42

将各个房间调整为正方形，并增设辅助用房（图
43 ~ 图 50）。

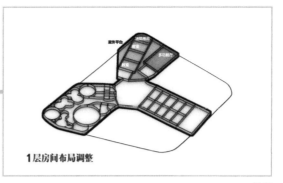

1层房间布局调整

图 43

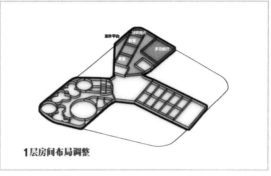

1层房间布局调整

图 44

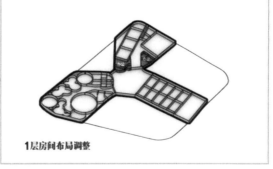

1层房间布局调整

图 45

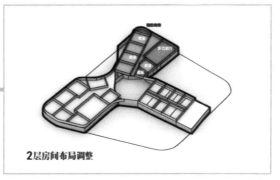

2层房间布局调整

图 46

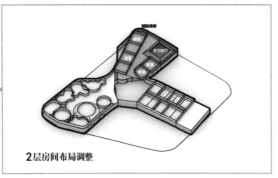

2层房间布局调整

图 47

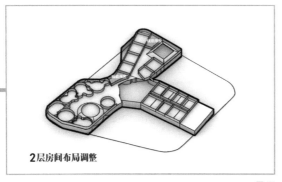

2层房间布局调整

图 48

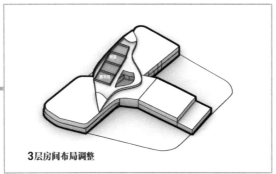

3层房间布局调整

图 49

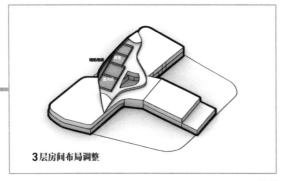

3层房间布局调整

图 50

活动中心部分同样先根据场地轮廓调整建筑轮廓（图 51 ～图 54）。

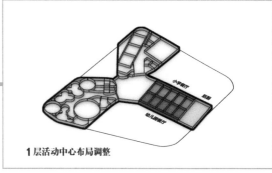

1层活动中心布局调整

图 51

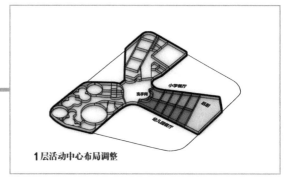

1层活动中心布局调整

图 52

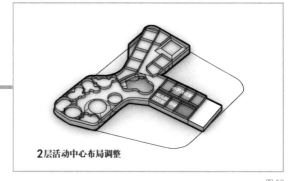

2层活动中心布局调整

图 53

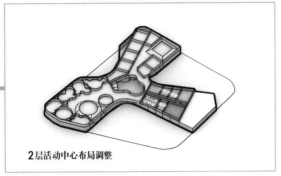

2 层活动中心布局调整

图 54

餐厅做成半墙分隔的半限定区域：幼儿就餐区用圆形的曲面墙划分空间，而小学就餐区用斜向的直墙划分（图 55、图 56）。

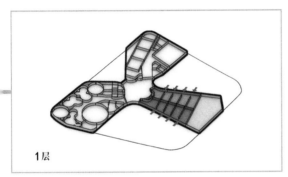

1 层

图 55

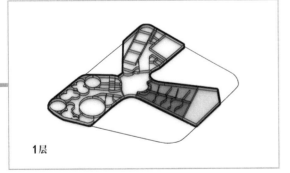

1 层

图 56

在门厅处设置通道，使幼儿教学区与就餐区、小学教学区与就餐区分别直接相连（图 57）。

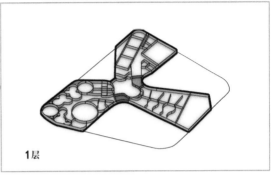

1 层

图 57

2 层的活动室采用和教学区相似的方式，分别用圆形和方形的房间布置（图 58、图 59）。

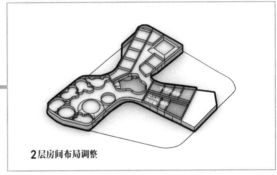

2 层房间布局调整

图 58

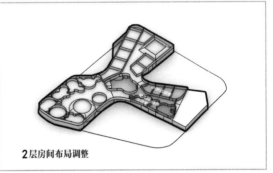

2 层房间布局调整

图 59

设置坡道，使孩子们可以从 2 层活动室直达操
场（图 60）。

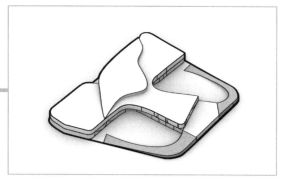

图 60

最后，在建筑中布置楼梯，联系上下层（图
61）。

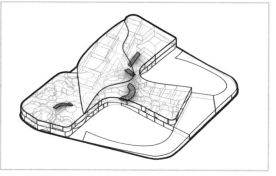

图 61

至此，整个建筑基本就完成了。哦，还有立面没
有设计。应该说立面没什么好设计的，反正也没
什么钱，又是学校，中规中矩地开开窗，差不多
就得了。话是这么说没错，但没钱不代表不能有
一个炫酷、流动、有变化的立面。方法很简单，
说白了就是在立面上挂木质壁板，然后一面刷橙
色，一面刷绿色。随着视角的不断移动，立面颜
色就会在橙色和绿色之间切换，简单但有效。据
说，这种效果还是对视错觉的一种启蒙，非常有
助于小朋友的大脑发育（图 62 ～图 64）。

图 62

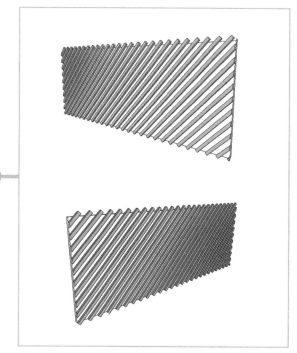

图 63

图 64

收工（图 65）。

图 65

这就是 Paul Le Quernec 设计的圣丹尼斯幼儿园和小学（图 66 ~ 图 70）。

图 66

图 67

图 68

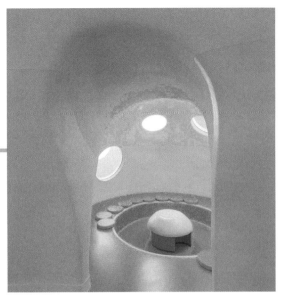

图 69

图 70

人类是喜欢配对的物种。天对地，雨对风，大陆对长空；龙配凤，鸳配鸯，织女配牛郎。所以，复杂的问题要有一个复杂的答案，高级的建筑师就要使用高级的手法。只是，设计的终极目的是解决问题，而解决问题的最高境界就是一剑封喉、一枪致命。甲方可能真的看不懂设计，但你猜，他们看不看得懂什么叫杀伤性武器？

图片来源：

图 1、图 19、图 30、图 62、图 64、图 66 ~ 图 70 来源于 https://www.archdaily.com/774288/nursery-and-primary-school-in-saint-denis-paul-le-quernec，其余分析图为作者自绘。

END

要是甲方不瞎折腾，
我都不知道自己还有躺着赢的命

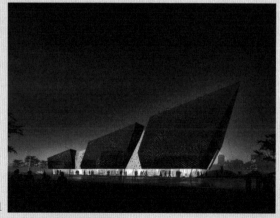

图1

名　称：Walltopia Collider 活动中心竞赛方案（图1）
设计师：MARS 建筑事务所
位　置：保加利亚·索菲亚
分　类：公共建筑
标　签：转换设计重点
面　积：约 10 000m²

俗话说得好：跟着甲方混，三天饿九顿。其实，饿九顿都算好的，说明至少半夜画图的时候还能吃上顿泡面。通常情况下，我们管甲方叫爸爸：只要能给生活费，要打要骂无所谓。也有人说，其实甲方是孙子，因为只有爷爷才会无条件满足孙子的任何要求。但有时候吧，甲、乙双方更像婆媳——都说为了孩子（项目）好，就是谁也不服谁。还有一点很重要：你的甲方婆婆虽然百般嫌弃你，却也真有可能帮你把孩子拉扯大。

Walltopia 是保加利亚的一家专门从事攀岩设备设计制造的公司，开业十几年来效益相当不错，2013 年的时候他们计划给自己盖一个新的全球总部大楼。资金已到位，就是地不太好找。几经周折，终于搞到了位于保加利亚首都索菲亚市八环以外的一块荒地（图 2），但好处就是面积够大，有将近 20 000m² （图 3）。

图 2

图 3

而 Walltopia 公司满打满算也就需要 10 000m² 的办公面积，可这么大的地方也不能浪费了，甲方开启头脑风暴后决定让新总部伙同周围搞一个攀岩主题公园，对外号称是服务周边社区，对内讲就是改善工作环境，事实上就等于给自己立了个巨大的广告牌。一箭好几雕，要不说人家能挣到钱呢！既然甲方都这么明确说了，那建筑师就得正儿八经地去设计场地景观，对不对？那也不一定。

来自荷兰的 MARS 建筑事务所就是这个不一定。我们有理由怀疑他家主创设计师 Neville Mars（我们叫他火星哥吧）根本就是个眼里只有攀岩的狂热运动男。

先来分析场地。场地西侧的道路靠近城区，是人流的主要来向，而北侧的道路刚规划完成，两边基本还属于未开发阶段（图4）。

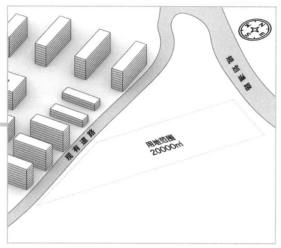

图4

所以，根据任务书要求在西侧道路旁先拉起一个 10 000m² 的 3 层体块。当然，指望这个小不点儿去控制整个场地肯定是没戏了，也就是说，剩余的大片场地都要做成公园（图5）。

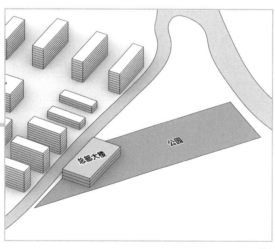

图5

接下来是不是就应该考虑一下建筑和公园的关系了？至少，也得先把总部功能给安排明白了吧？不！我们说了，火星哥眼里只有攀岩。他老人家就只考虑了怎么攀岩才能更开心（图6）。

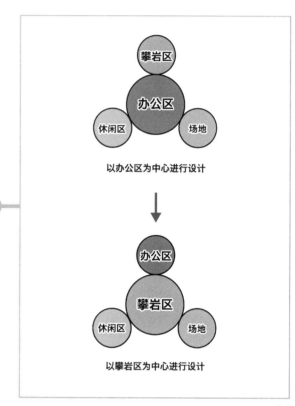

图6

就算以攀岩区为中心来设计建筑，也有好多种排布方式。比如，可以把攀岩区放中间，办公区分置两边；也可以用攀岩区包住办公区；还可以让二者相互咬合。这三种摆法都能满足要求（图7～图9）。

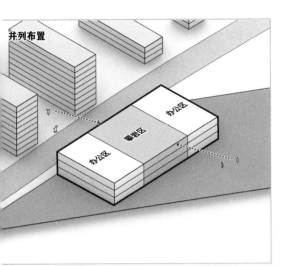

并列布置

图 7

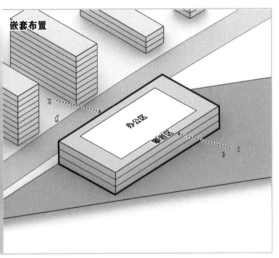

嵌套布置

图 8

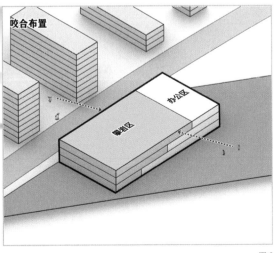

咬合布置

图 9

但上述组合都有一个问题，就是攀岩区总会对办公区的使用产生影响：要么流线交叉，要么流线被打断。而且，说好的总部呢？怎么就变成攀岩俱乐部了（图 10 ~ 图 12）？

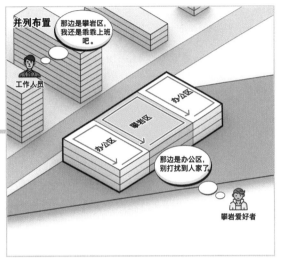

并列布置

那边是攀岩区，我还是乖乖上班吧。

工作人员

那边是办公区，别打扰到人家了。

攀岩爱好者

图 10

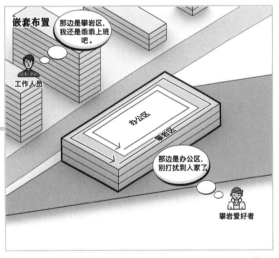

嵌套布置

那边是攀岩区，我还是乖乖上班吧。

工作人员

那边是办公区，别打扰到人家了。

攀岩爱好者

图 11

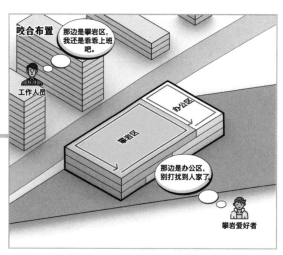

图 12

火星哥明显考虑得更多，当然，他主要考虑这样的攀岩俱乐部不怎么好用。攀岩攀岩，最主要是岩，不管一个空间多大，也就只有四面墙，怎么够爬？所以，为了让攀岩区有更多岩，也为了让 Walltopia 公司总部的办公区连续完整，火星哥决定将攀岩区分组镶嵌到建筑外部，并拓展到地下一层相互联系，剩下的工字形空间则作为办公区（图 13、图 14）。

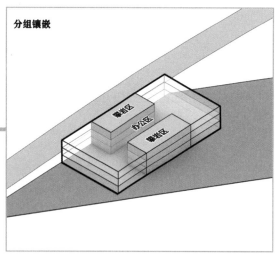

图 13

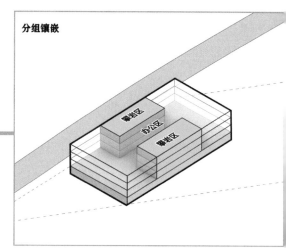

图 14

然后，将攀岩区调整为更符合真实山体环境的三角形，办公区顺势变为 S 形（图 15）。

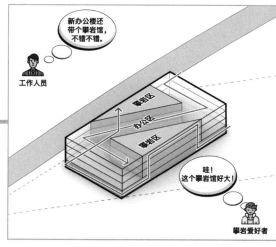

图 15

对于攀岩，火星哥不但是认真的，还是专业的。攀岩区对室内净空高度的需求是根据难度变化的，初学者所需岩壁的高度只要四五米，而高阶选手则可挑战二三十米高的岩壁。一般的攀岩馆会根据不同的难度做出至少三个分区——入门区、进阶区和高手区，便于教学管理的同时也能促进同水平攀岩爱好者之间的交流。否则，这边初学者刚穿戴好装备，旁边高阶选手都已经爬到顶了，那还爬什么（图 16）？

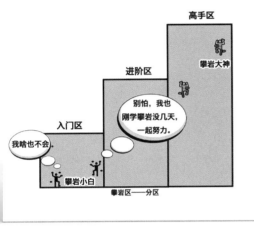

图16

于是，火星哥再次对攀岩区进行细分，按照难易程度分成了三大块，同时S形办公区也就又多拐了一个弯（图17）。

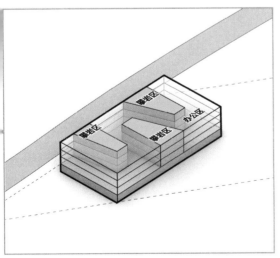

图17

然后，根据难易程度，攀岩高度发生变化，屋顶也随之倾斜。配合采光分析将北侧屋顶降低，南侧屋顶拉高，并将南侧外墙倾斜设置来找回损失的面积，这样建筑在适应攀岩区空间需求的同时减少了对后方公园采光的遮挡（图18）。

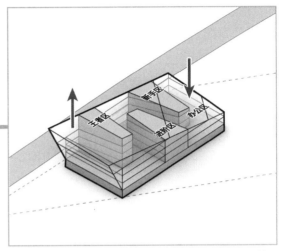

图18

然后，火星哥又随手将这个拐了三个弯的S形放到了公园中，公园这不就有了吗（图19）？

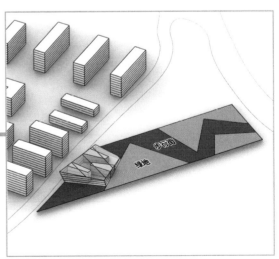

图19

对建筑东侧的地面进行下压处理，让出直通地下一层的攀岩区入口，并在临街面设置主入口，在公园中布置景观及活动场地（图20～图22）。

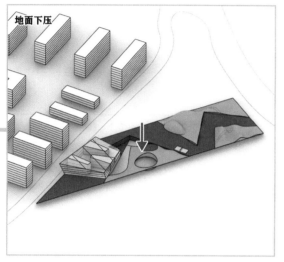

图20

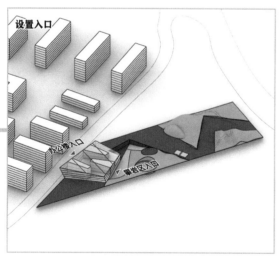

图21

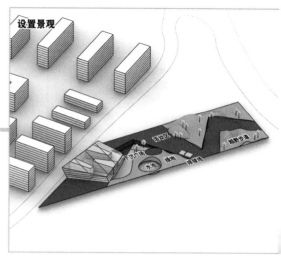

图22

攀岩有了，公园也有了，可算轮到正主儿——总部办公楼了。布置办公楼内的各个功能区，这个过程也伴随着对攀岩空间的微调。办公楼主要分成三个部分：餐厅区、办公和会议区以及休闲娱乐区。将餐厅区布置在北侧，面向公园游客开放；将办公和会议区布置在中间，正对主入口；休闲娱乐区以及部分后勤功能则布置在南侧，靠近停车场；剩下的大部分辅助后勤功能则塞到地下（图23～图26）。

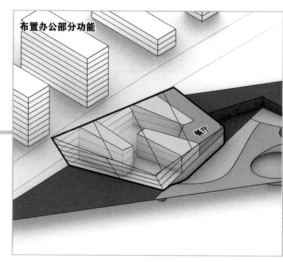

图23

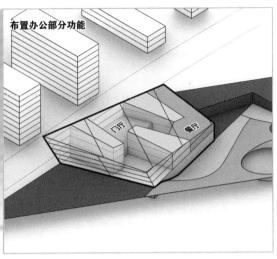

布置办公部分功能

门厅

餐厅

图 24

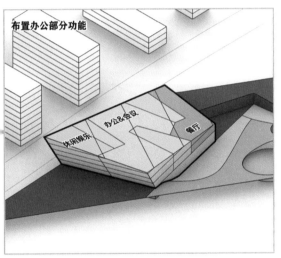

布置办公部分功能

休闲娱乐

办公&会议

餐厅

图 25

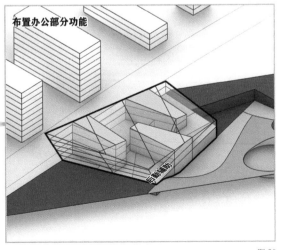

布置办公部分功能

图 26

此时，要适当调整通高攀岩空间的位置，并减小宽度以满足办公空间的面积需求，随后把王者攀岩区延伸至南侧外墙，为变窄后的王者攀岩区带来更多自然采光，并在首层设置连接门厅和休闲区的廊桥，使攀岩者们不必从办公区绕行（图 27 ~ 图 30）。

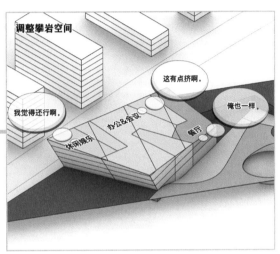

调整攀岩空间

休闲娱乐

办公&会议

餐厅

我觉得还行啊。

这有点挤啊。

俺也一样。

图 27

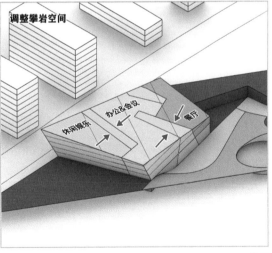

调整攀岩空间

休闲娱乐

办公&会议

餐厅

图 28

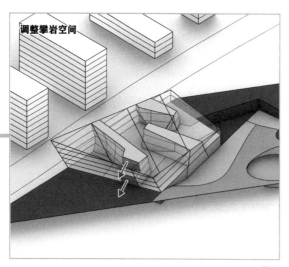

调整攀岩空间

图 29

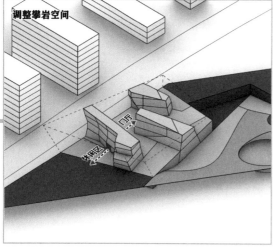

调整攀岩空间

图 30

在建筑中部插入两个交通核来组织竖向交通：
南侧交通核用来组织办公和会议区与休闲娱乐
区的竖向交通，北侧交通核则连接地下的攀岩
区大厅与首层门厅（图 31 ～图 35）。

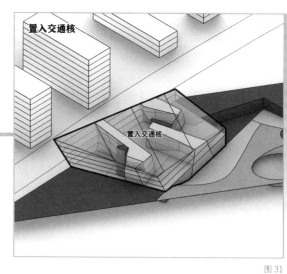

置入交通核

置入交通核

图 31

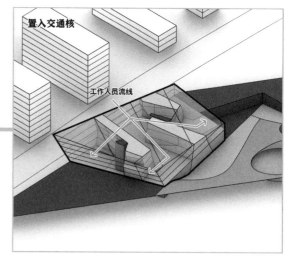

置入交通核

工作人员流线

图 32

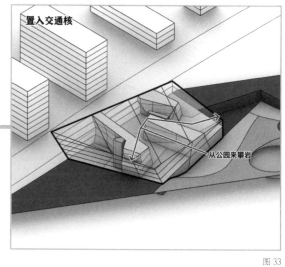

置入交通核

从公园来攀岩

图 33

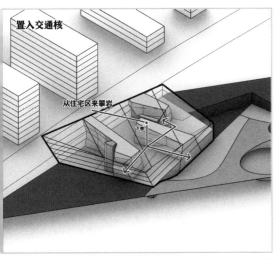

图 34

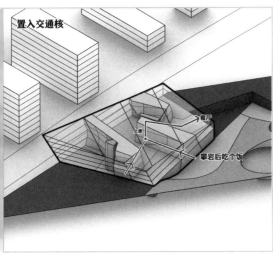

图 35

至此，建筑内部办公区和攀岩区这两组连续又变化的空间就已经设计完成啦（图 36）。

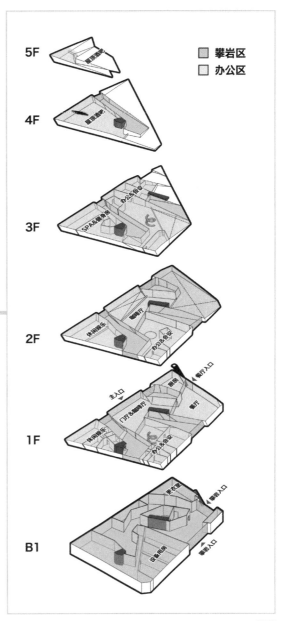

图 36

再把屋顶做成平台，在屋顶北侧设置一组连接地面的楼梯，可以从室外公园直达屋顶酒吧（图37）。

这就是 MARS 建筑事务所设计的 Walltopia Collider 活动中心竞赛方案（图 39 ～图 42 ）。

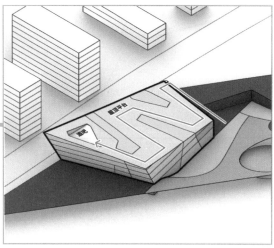

图 37

图 39

最后，进行立面处理，给办公部分的立面套上一层穿孔板表皮，攀岩部分采用透明玻璃幕向外开放展示。收工（图 38 ）！

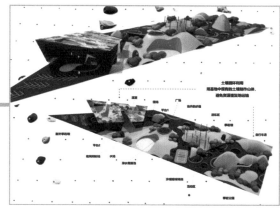

图 40

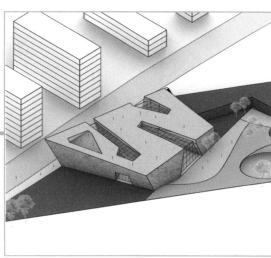

图 38

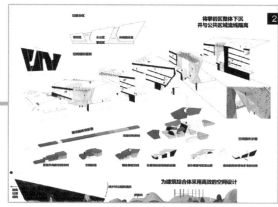

图 41

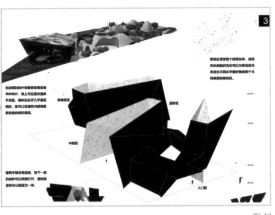

图 42

可能火星哥对攀岩的热爱打动了甲方，他最终成功入围决赛圈，和他一起入围的还有另外 4 个方案。既然能入围，人家的方案当然也是各有千秋，它们分别是来自保加利亚的 1A Studio 事务所的"小方块"（图 43）、来自西班牙 Fissure Team 事务所的"小裂缝"（图 44）、来自保加利亚 I/O Architects 事务所的"小省钱"（这应该是 5 个方案里面最省钱的了）（图 45），以及来自克罗地亚 Radionica Arhitekture 事务所的"小橙红"（图 46）。

图 44

图 45

图 46

图 43

按照正常流程，这 5 家事务所应该还要再竞争几轮——5 进 3，3 进 2，2 选 1，不然都对不起观众。可是，诡异的事情发生了。Walltopia 公司不知道拜对了哪路神仙，政府一高兴又给了他们一块位置更好的基地。新基地位于索菲亚市的一处科技园区内，距离市中心才 5km。这是八环变五环，直接进城了啊，而且这回用地也不是长条形了，变成了还算规整的方形（图 47）。

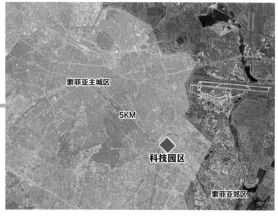

图 47

用地西北侧是一座展馆，通过天桥与路西侧的居民区相连，用地北侧和东侧是科技园的会议中心以及公共绿地（图 48）。

图 48

Walltopia 公司很激动，决定马上开工，赶紧占住坑，生怕政府哪天不开心再反悔了。再然后，火星哥就躺着赢了。为什么？因为只有火星哥的方案可以立马开工，说白了，不用改方案，直接与新场地配对成功。老基地面积很大，呈长条形，建筑只占一小部分，公园占一大部分，而新场地面积只有几千平方米，刚刚够盖个房子。换句话说，二者最大的区别就是原先的公园没了（图 49）。

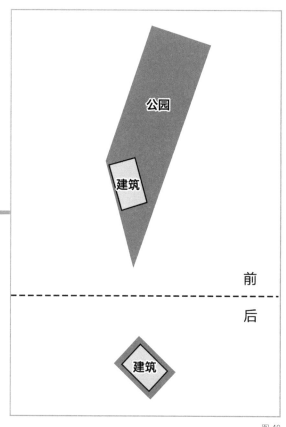

图 49

这对火星哥的方案来讲没什么影响，因为人家本来就是一门心思搞攀岩，顺手用建筑的拐弯去做的公园。但对"小方块"和"小裂缝"来说就尴尬了，这俩方案的基本思路都是建筑景观一体化，然后景观被没收了，建筑就等于瘸了腿。"小方块"的模块化思想需要公园的网格状规划去衬托，去掉公园基本也就等于去掉了模块的核心（图50）。

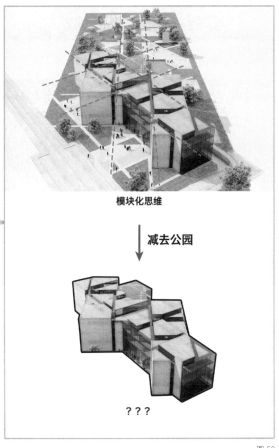

模块化思维

↓ 减去公园

？？？

图 50

"小裂缝"的"攀岩峡谷"也是与公园流线连为一体的，如果公园没了，那就是消极空间（图51）。

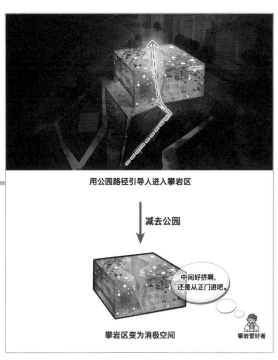

用公园路径引导人进入攀岩区

↓ 减去公园

中间好挤啊，还是从正门进吧。

攀岩区变为消极空间

攀岩爱好者

图 51

其次，是场地周边环境的不同。老基地位于城市郊区，周边除了少数住宅楼外几乎未开发，而新基地可是正经进城了，周围可都是高端的时髦房子。"小省钱"和"小橙红"估计当时考虑了老基地周围的环境比较荒芜，所以选择了比较简单经济的方形体块，谁也没想到绕了一大圈，甲方最后又进了城。这上哪儿说理去？而火星哥采用的这种S形非标准几何体给人的视觉冲击力以及建筑本身的存在感明显比其他4个更强（图52～图54）。

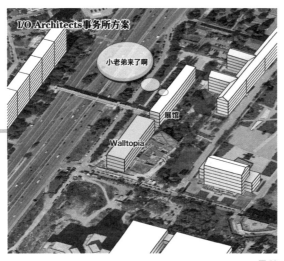

I/O Architects事务所方案

小老弟来了啊

展馆

Walltopia

图 52

Radionica Arhitekture事务所方案

这个新来的长得跟大家都差不多嘛

Walltopia

会议中心

图 53

中标方案

我才是整个街区最靓的仔

Walltopia

图 54

就这样，火星哥稀里糊涂就赢了，真是运气来了挡都挡不住。方案现在已经建成使用了，除了换了个表皮，基本没怎么改（图 55～图 58）。

图 55

图 56

图 57

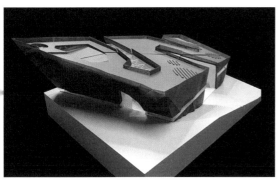

图 58

别怕甲方"作妖",搞不好哪天"作妖"就变作法,送你直上青云了呢。

图片来源:

图 1、图 39 ~图 42 来源于 https://aasarchitecture.com/2013/05/collider-activity-center-by-mars-architects-intoarch.html/,图 43 来源于 https://1astudio.eu/project/collider-activity-center,图 44 来源于 https://www.archdaily.com/352702/collider-activity-center-competition-entry-ignacio-gias-jes-s-lorenzo-garv-n-ana-vida,图 45 来源于 https://www.youtube.com/watch?v=Dmot88L1JBs&list=PLRvkzcygOPaQP5MkwoOWLjQjdvQXkE1ld&index=5,图 46 来源于 https://www.archdaily.com/358646/collider-activity-center-competition-entry-radionica-arhitekture?ad_medium=widget&ad_name=recommendation,图 55 来源于 https://www.collider.eu/design/,图 56 ~图 58 来源于 https://www.evolo.us/marss-efficient-hybrid-wins-walltopia-competition-in-sofia-bulgaria/,其余分析图为作者自绘。

END

家门口消失的小卖铺里藏着
社交时代最直白的建筑秘密

图1

名　称：桃园市美术馆（图1）
设计师：山本理显设计工场，石昭永建筑师事务所
位　置：中国·桃园
分　类：美术馆
标　签：阈空间
面　积：约 40 000m²

每年的"双十一",我都感觉要过好久,真心希望各位甲方也能与时俱进,下次要图的时候可以先交"定图",20天后再交"尾图",凑够5张图减免1张,半夜0点到1点抢着交的还能在总图数量上打个8折。

有人说,一夜之间建筑师变成了"建筑リ"——硬币都没了。这里面一定有什么误会,通常情况下,建筑师是不可能有钱的,有也只有工作,还是竹篮打水一场空的工作。小时候,我梦想有钱了就清空家门口的所有小卖铺。没想到长大后,有钱人都去清空购物车了,只有我,做了建筑师,每天都在画小卖铺。

中国台湾桃园决定要建一座美术馆,这是当地第一座美术馆,大家的心情都很激动,激动到专门成立了一个典藏委员会,先去全世界四处搜罗藏品。没有展品也要建的美术馆,绝对是真爱了,真爱到政府直接给批了个公园当基地(图2),公园里的美术馆,听着就那么仙气飘飘。

图2

理想就像"双十一"预付的定金,仿佛轻松就可以买下全世界,但现实不仅仅是咬牙补尾款,而是付了尾款才发现退款入口已关闭。

甲方觉得公园里的美术馆很美,桃园人民却觉得这纯属想得美!脑子得进多少水才会放着美丽又可爱的公园不要,要一个美术馆?还是一个连藏品都没着落的美术馆!不过也无所谓,反正这个"锅"肯定要建筑师来背。这不就是在尽量不侵占公园的前提下建一个美术馆吗?比如,你可以做个地景,埋起来一了百了,还能呼应自然地形(图3)。

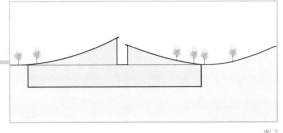

图3

你还可以采用立体绿化把草种到天上去,假装大家都看不见你(图4)。

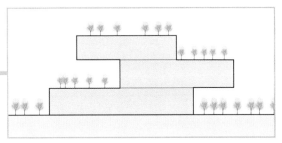

图4

实在不行还可以给它架起来，厚着脸皮说：反正我没占你的地儿（图5）。

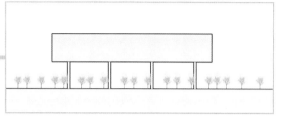

图5

从保留公园的角度来说，以上方法或多或少都算解决了问题，只是，你们考虑过美术馆的感受吗？好歹也是桃园的第一座美术馆，就这么被嫌弃真的好吗？而且以我们对同类的了解来看，逛公园的人肯定比逛美术馆的多，这还是在假定美术馆免费的情况下，如果不小心再卖个票什么的……反正谁冷清谁尴尬呗（图6）。

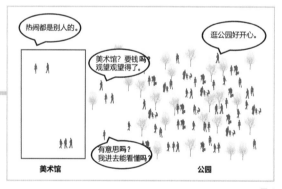

图6

所以，为什么要建美术馆？

来自日本的山本理显先生很明显是个社交达人，碰到明星大佬当然要主动搭讪，但是，搭讪也不能直接冲上去硬搭，总得找个话题或者有个介绍人什么的才算自然而然，除非你是想找警察叔叔聊天。而山本先生绝对从小就是个胡同王子，因为他为美术馆找的这个搭讪大公园的"介绍人"就是家门口的小卖铺。

在很久很久以前，人们基本没什么娱乐活动，也没什么钱，平常除了出门干活就是回家待着，实在闲了，就去街上瞎溜达（图7）。

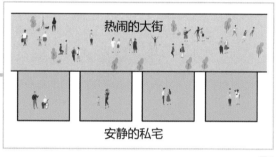

图7

后来，通过辛勤的劳动，日子越过越好，家里除了吃饱饭，还能有点儿闲钱了。有了闲钱就得消费，有些脑子转得比较快的小伙伴就开始在家门口摆摊儿卖东西。大家一看，这事儿好啊，不但方便了邻里，而且能赚钱，于是，你摆我也摆，家家都来摆，就形成了商业街。这在城市规划史上叫街巷制取代了里坊制，发生在北宋，同时应运而生的还有前店后宅的居住模式（图8、图9）。

图 8

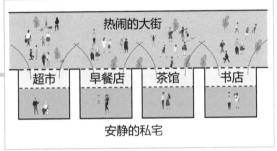

图 9

而在山本先生生活的日本，这种前店后宅的居住模式到了 21 世纪依然广泛存在，如我们熟悉的大雄的好朋友胖虎，就在家前面开杂货铺，还有柯南的小五郎叔叔也是在自家前面开侦探社，楼下还租给了波本打工的咖啡店。山本先生想必是很熟悉，也很喜欢这种模式和氛围，所以将住宅前面的小卖铺单独提出来，起了个名字叫"阈空间"，并引入建筑中。

引入阈空间后，公共空间将部分被阈空间细分，人的活动随之被细分。阈空间变成外部完全公共空间与内部完全私密空间的连接（图 10）。

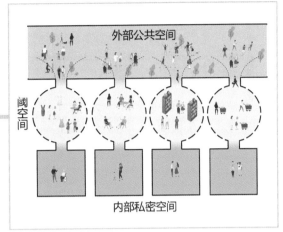

图 10

而阈空间之所以能起到连接作用，主要是因为两点。一是阈空间本身具备功能性与较强的目的性。以店铺为例，店里主要是卖东西，路人要来店里买东西，一买一卖自然就产生了内外交流（图 11）。

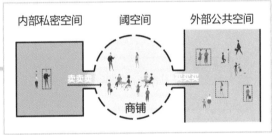

图 11

二是阈空间自成体系，也就是商业街，所以其本身自成流线，只不过大多数时候会与城市道路合并。从住宅角度看，如果你要去厕所也必须得经过家里的小卖铺（阈空间），那就不是连接，而是乱套了（图 12）。

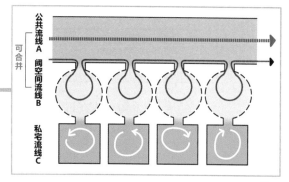

图 12

当然，山本先生搞阈空间研究可不是为了盖小卖铺，阈空间理论作为开放空间与封闭空间的连接，已经可以拓展为两个特点不同的公共空间的细分与连接。没错，我就是想说公园和美术馆。

画重点：我们的美术馆是一个公共空间，户外公园也是一个公共空间，通过阈空间对两部分公共空间进行连接，从而通过重组并细分行为活动将美术馆活动与公园活动联系起来（图 13）。

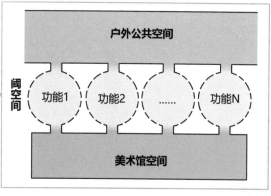

图 13

换句话说，山本先生将设计内容划分成三大部分：户外公园、阈空间、美术馆。那么，问题来了：如何将这三者组织在基地中呢？山本先生其实已经告诉我们了，那就是三明治法——将阈空间夹在其中（图 14）。

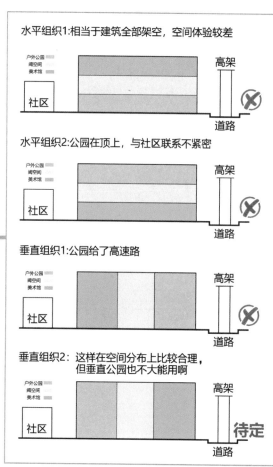

图 14

综上，最后一种组织较为合理，但还是需要改一改，人家是公园，又不是攀岩俱乐部，所以稍微倾斜一下，将垂直公园变成坡面公园（图 15）。

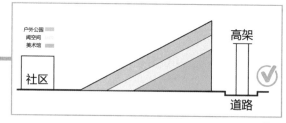

图 15

三角形的美术馆空间不太实用，所以改为退台式，并根据要求分层。阈空间也相应转化成了阶梯式。公园则继续保持坡面，保证景观空间连贯（图 16）。

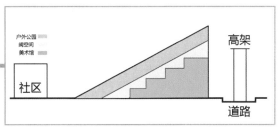

图 16

基本空间组织敲定了，再来梳理一下功能。美术馆的主要功能空间包括各种展厅、辅助办公空间、教育空间、文创商店、休闲餐饮空间、青年艺术家工坊等，而公园的主要元素包括露天表演、观景平台、室外餐饮、漫游步道、景观绿化等（图 17）。

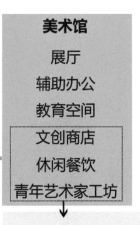

图 17

山本先生说过，阈空间需要具备一定功能，于是把公共性较强、利于人群聚集交流的功能提取出来填充阈空间，如文创商店、休闲餐饮、青年艺术家工坊、露天表演、观景平台、室外餐饮等（图 18）。

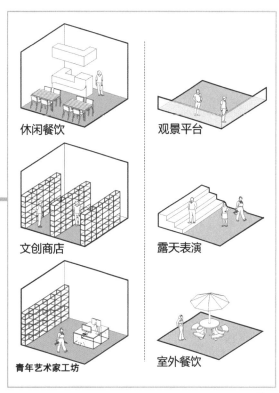

图 18

功能确定后对三部分进行联动设计。首先，美术馆呈退台式设置，主要为封闭的展厅功能。首层为大厅及大型国际企划特展空间，局部 2 层为研究典藏空间，3 层为常设展厅、图书阅览以及儿童教育，两个大型的跨域展演厅由于高度要求以及大跨度的结构限制，被放置在 4 层（图 19 ~ 图 21）。

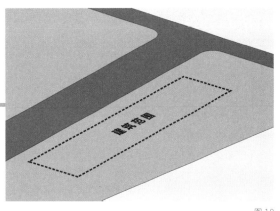

图 19

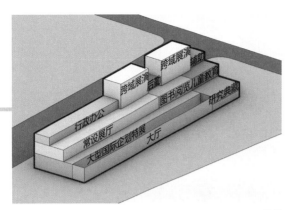

图 20

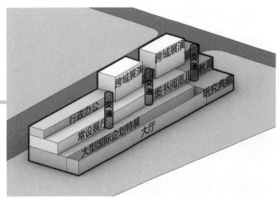

图 21

户外公园一侧架起坡面，设置为坡面公园，另一侧成为艺术广场，可举办露天展览及艺术节等相关活动（图 22）。

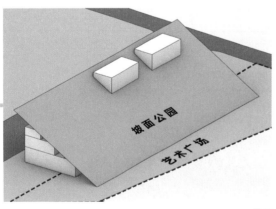

图 22

市民公园设置直达路径，贯穿坡面以便到达各个高度。由于整体坡度较大，因此直达路径设置为台阶，旁边架设坡面电梯（图 23）。

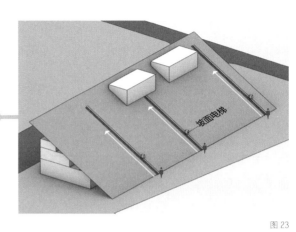

图 23

同时，通过架起平缓坡道来设置慢行折线路径（图 24）。

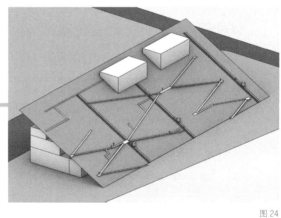

图 24

慢行坡道上设置凉亭等休闲空间作为停留节点（图 25 ~ 图 28）。

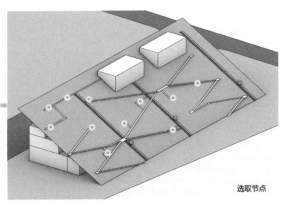

选取节点

图 25

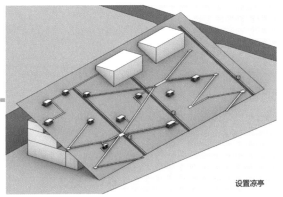

设置凉亭

图 26

图 27

图 28

最后是阈空间。阈空间作为以上两者的连接，处于室内美术馆与室外公园之间，为了方便操作，我们先用做好的坡面公园隐藏一下阈空间。一、二层阈空间合并后用于售卖周边文创产品，通过不同品类的商店实现对人群的细分（图 29）。

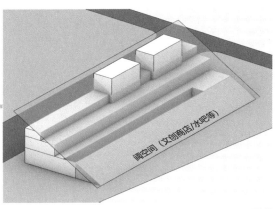

阈空间（文创商店/水吧等）

图 29

一侧留出内部商业街，形成阈空间的单独流线（图 30）。

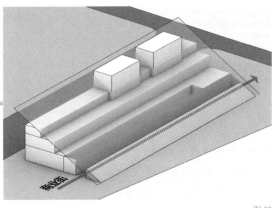

商业街

图 30

商铺局部断开，打破街道过长产生的枯燥感，并在坡面开洞，加强空间渗透（图 31）。

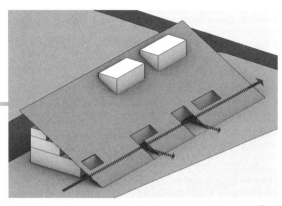

图 31

店铺局部变为盒子形态并突出坡面，对内外两侧同时开放（图 32、图 33）。

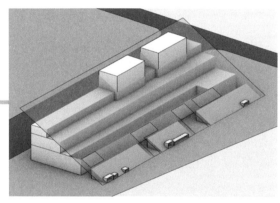

图 32

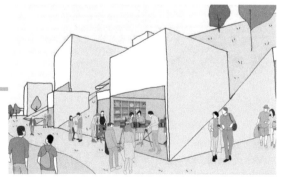

图 33

坡面局部设置阶梯便于观看艺术广场演出等（图 34）。

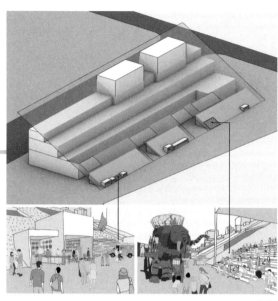

图 34

剩下的 3 层同理，都是以串联起的"糖葫芦式"阈空间来对公共空间进行细分（图 35），并以盒子的形式突出于坡面之外（图 36）。

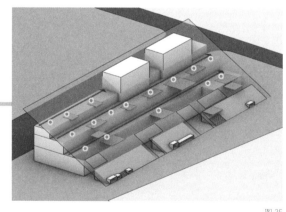

图 35

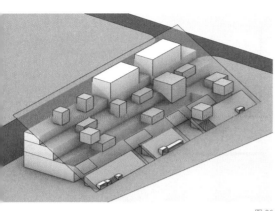

图 36

盒子的功能空间包括青年艺术家工坊、展卖空间等。其余非盒子部分也可设置开放观演、休闲餐饮等（图 37）。

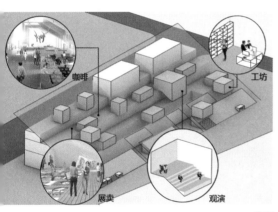

咖啡

工坊

展卖

观演

图 37

同时，部分盒子转化为虚盒子，成为室外平台，作为室外表演、露天咖啡等功能的承载空间（图 38）。

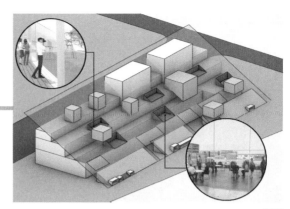

图 38

设螺旋楼梯连通阈空间，除此之外，建筑一侧设置贯穿楼梯，进一步加强阈空间的联系。至此，完整的阈空间系统就形成了（图 39）。

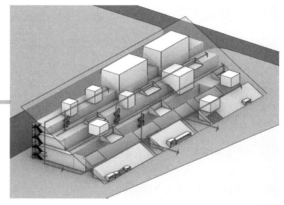

图 39

根据现状调整坡面公园，使路径与露台相连，也就是将阈空间与户外公园直接连通（图 40）。

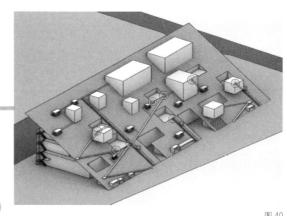

图 40

部分盒子也与公园相通（图 41）。

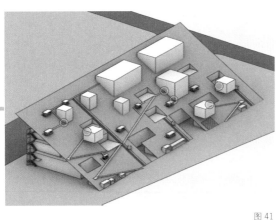

图 41

这样，美术馆内外的人都可以在阈空间内相遇。看画展的文艺青年可以在室外平台跟公园里的滑板少年一起看风景、喝咖啡、看表演，遛弯少女可以在文创商店和艺术女生一起愉快地买买买，两拨人在阈空间中交织为一拨人（图42）。

图 42

至此，整个建筑空间基本完成。斜面屋顶使用中空楼板，大跨度展览空间使用桁架结构，打造无柱化的展示空间。高强度的斜面屋顶连接各层楼板，形成强有力的斜撑（图 43）。

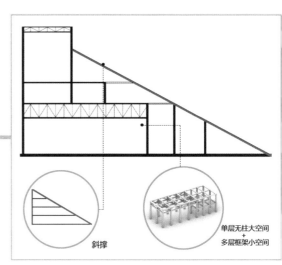

图 43

采用玻璃作为主要围护结构，外面附加铝制穿孔板进行遮阳。收工（图 44）。

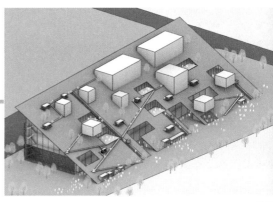

图 44

这就是山本理显设计的，已经中标在建的中国台湾桃园美术馆（图 45 ~ 图 47）。

图 45

图 46

图 47

这是一个社交的时代，却不再是一个人情的社会，我们每天在朋友圈说早安，却不愿和对门的邻居打个招呼。半个多世纪以前，费孝通就在《乡土中国》里写道："都市生活中，一天到晚接触着陌生面孔的人才需要在袋里藏着本姓名录、通信簿。在乡土社会中，粘着相片的身份证是毫无意义的。在一个村子里可以有一打以上的'王大哥'，绝不会因之认错了人。"①

或许，75 岁的山本理显怀念的也是那份满街都是老熟人，张嘴全然不见外的人情味。我们以为自己纵览世界风云，其实，你只是看了会儿手机。

① 费孝通，《乡土中国》[M]，上海：上海人民出版社，2006。

图片来源：

图 1、图 43 ～图 47 来源于 https://www.archdaily.cn/cn/891028/tao-yuan-mei-zhu-guan-jing-sai-jie-guo-gong-bu-shan-ben-li-xian-shi-wu-suo-tong-guo-xie-po-wu-ding-da-zao-tai-wan-shan-qiu/5aafd10df197cc7cb4000820-riken-yamamotos-hill-wins-competition-for-taiwan-art-museum-image，图 27、图 28、图 33 来源于 https://www.joeshih.com/，其余分析图为作者自绘。

END

建筑师出圈指北：人狠胆儿大路子野

图1

名　称：韩国光州亚洲文化中心竞赛方案（图1）
设计师：UnSangDong 事务所，Kim Woo Il事务所
位　置：韩国·光州
分　类：文化中心
标　签：图底，肌理，广场
面　积：145 000m²

路是走出来的，走着走着就野了；胆儿是练出来的，练着练着就肥了。当然，胆儿大路子野不算什么坏事，毕竟贝尔（英国男主持人、探险家，代表作品《荒野求生》）已郑重声明：这叫荒野求生技能。只是，"鸡肉味的嘎嘣脆"容易上头——上了就下不来的那种。

大起来的胆子就像长起来的肉，胖了容易，再想瘦就很难了。为什么有些建筑师满脑子想的都是搞事情？正正经经做个方案不行吗？当然不行！满脑子都是火锅烧烤小龙虾、奶茶蛋糕冰激凌，水煮白菜怎么能香？不吃饱了又怎么减肥？

2004年，韩国政府决定在光州启动亚洲文化中心建设项目，并发起了一场国际竞赛。基地选在了全罗南道原光州市政府所在地，面积将近120 000㎡。场地里包含了韩国历史上著名的"光州事件"遗址，也就是"光州事件"当日游行群众集会演讲的喷泉水池。

反正就是这个重要的纪念喷泉是必须保留的，同时需要保留的是原全罗南道道厅主楼，主楼将改造成民主和平纪念馆使用。除此之外，基地上的所有建筑均可拆除（图2）。

图2

那么，问题来了：这个占地120 000㎡，计划建150 000㎡，连历史遗址都能覆盖，名字吓死人的亚洲文化中心到底是个什么东西呢？

别问，问我也不知道。按照任务书的说法，这个亚洲文化中心主要包括以下内容。

1. 亚洲文化交流中心（4000㎡），利用保留的主楼，主要是文化交流中心、民主纪念馆、游客服务中心。

2. 亚洲文化院（33 000㎡），主要设施包括亚洲文化研究所、亚洲文化学院和亚洲文化资源中心等。

3. 亚洲艺术中心（12 540㎡），为各类文化表演活动提供场地（1120个席位）。

4. 儿童文化院（18 000㎡），包括儿童体验馆、儿童教育空间和儿童图书馆。

5. 文化创意院（33 000㎡），主要是以人文、艺术、科学技术为基础的文化创意内容创作与制作空间及各类展览空间。

6. 配套设施（12 000㎡），艺术店、电影院、亚洲文化书咖、美食广场等。

总结一下，就是很牛，随便拿出来一部分都是标准地标配置，所以一堆地标凑在一起是要打麻将吗？要不要打麻将，不是一个时间问题，而是一个策略问题。换句话说，这么一大堆地标，又有这么大一块地，你是打算坐庄做一个大建筑呢，还是先做一个小规划？

基地面积很大，内部现在已有的道路甲方说可拆可不拆。那么，是拆还是不拆呢（图3、图4）？

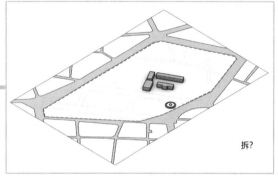

图3

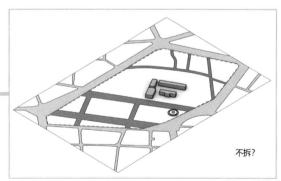

图4

正经的建筑师大概会选择不拆已有道路，本本分分做个小规划，胆儿大的建筑师可能会拆了所有道路直接做一个巨无霸大房子。而对于某些狠话多的建筑师来说，路不能拆，还得越走越野；胆儿也要大，巨无霸必须有。说白了，就是在保留原有道路的前提下做一个比巨无霸还大的大房子（图5）！

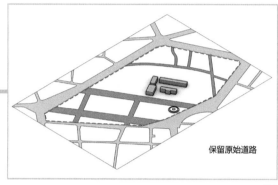

图5

将各个功能体块置入场地，就会发现保留的喷泉和市政厅瞬间被挡了信号——体量根本就不在一个吨位上（图6、图7）。

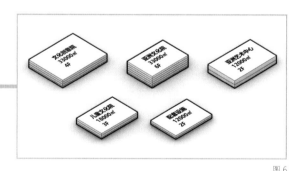

图6

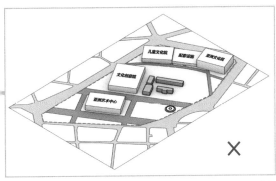

图 7

建筑师二话不说，直接把所有新建筑放到了地下！所有！不是怕影响保留的建筑吗？一个天上，一个地下，这回想影响都影响不了（图8、图9）。

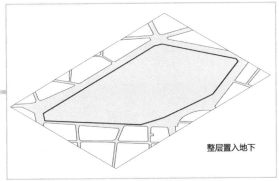

整层置入地下

图 8

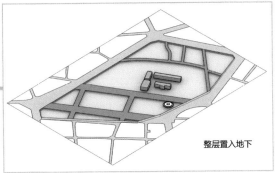

整层置入地下

图 9

甲方内心复杂，说好的亚洲地标呢？难道就当是一场梦，醒来还是很感动吗（图10）？

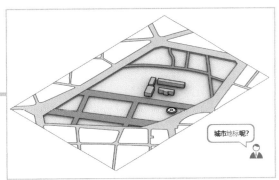

城市地标呢？

图 10

建筑师觉得甲方的这个认识很肤浅，光要地标有什么用？没有人气就是个地址，关键的关键还是要能吸引人来。

按照甲方的设想，亚洲文化中心的人流大概可以分为三类：一是周围的市民，建筑作为城市公共活动中心；二是全世界的游客，建筑作为亚洲文化的复合体促进交流；三是参加"光州时间"纪念活动的人群，每年都会在遗址地举办纪念活动（图11）。

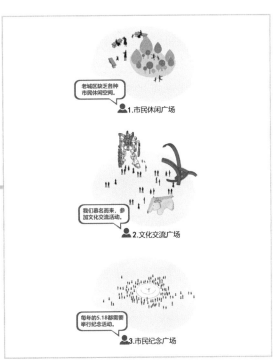

老城区缺乏各种市民休闲空间。

1.市民休闲广场

我们慕名而来，参加文化交流活动。

2.文化交流广场

每年的5.18都需要举行纪念活动。

3.市民纪念广场

图 11

以上三种人群功能目标不同，行为轨迹不同，使用时间也不同，但他们有一点是相同的，就是他们都会需要同一种空间形式——广场！所以，建筑师决定做广场。反正现在建筑都放置在地下，整个地面层都可以用来做广场。不同人群的行为活动决定了广场会兼具多种功能，不同数量的人群活动又决定了需要多种不同尺度的广场（图12）。

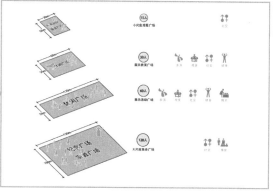

图 12

而现有道路划分的地块尺度仍旧过大，无法满足小尺度广场需求，所以建筑师在原有道路基础上对广场进行细分。划分原则就是顺应原有道路的方向进行细分，细分以后调整局部形状，使之更加适应城市传统肌理（图13～图17）。

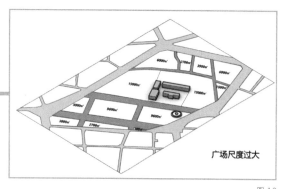

广场尺度过大

图 13

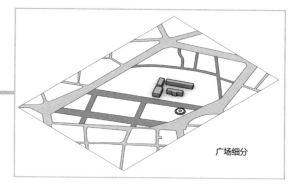

广场细分

图 14

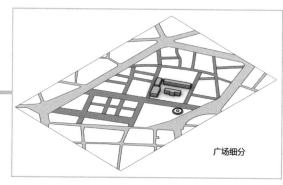

广场细分

图 15

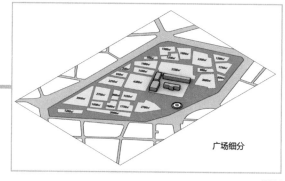

广场细分

图 16

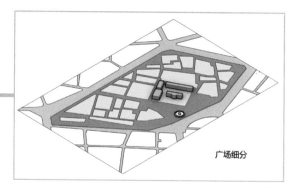

广场细分

图 17

一番刀工操作后，基地被切分成 n 个大大小小的广场。但是新的问题又出现了，就是容易迷路。在 120 000m^2 的土地上，有几十个大大小小的广场，所以，我在哪儿？我是谁？我要干什么（图 18）？

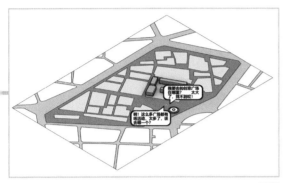

图 18

而且不出意外的话，能在广场上进行的活动都会很吵闹，一堆吵吵闹闹的广场在一起无异于大型露天蹦迪现场——交流基本靠吼，取暖基本靠抖（图 19）。

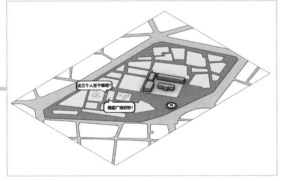

图 19

稳住别慌，先冷静下来思考一下：开放又私密，露天还隔音的广场空间存在吗？必须存在。野路子来啦！

<u>画重点：把广场变成院落。</u>院落空间通过围合产生，开放的同时具有一定的私密性，而且当围合程度不同时，开放程度也会不同，具有更强的适应性（图 20）。

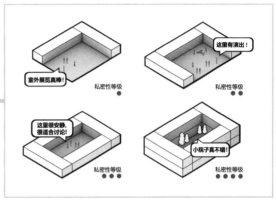

图 20

将广场变成院落意味着需要有实体空间对广场进行围合，最简单的办法就是保留广场的位置不变，将其余部分（也就是道路）整体抬升一层。但这样抬升以后，之前费尽心思消解的大体量又出现了，保留的喷泉池和市政厅就又被彻底淹没了（图 21）。

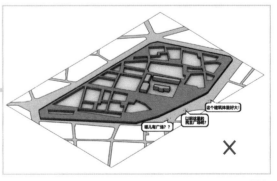

图 21

所以，再次画重点：广场变院落是一个渐变的过程，我们需要的是在纯广场和纯院落之间的各种过渡露天空间（图22）。

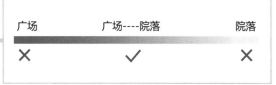

图22

基地位于光州市东区的中心位置，是城市主要道路的汇聚中心点，所以沿着基地中轴线进行操作：采用中间低、两边高的抬升做法。这样既不会淹没保留的喷泉和建筑，也没有打断城市视线，而且还自然而然地形成两个方向的入口（图23～图25）。

图23

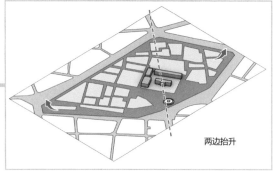

图24

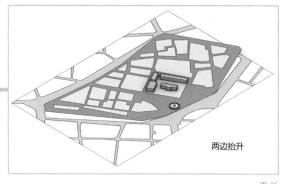

图25

通过抬升两边，站在场地中心的人可以很立体地看到各个广场的位置，目标更明确（图26）。

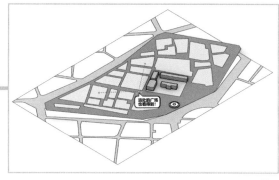

图26

将变成立体道路的系统与一层地面的广场连接形成实体院落空间。经过这样一番操作后，广场系统形成了两个互不干扰的空间层次：交通空间和院落空间（图27）。

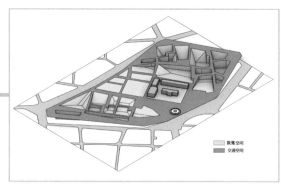

图27

此外，因为院落广场下凹的深浅程度不同，开放性也不尽相同（下凹越深，则开放性越弱），而且因为深浅不同而形成的缓坡陡坡又可以适应不同的广场功能（图28）。

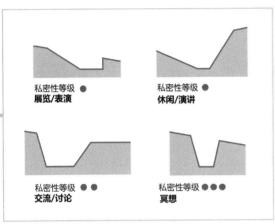

图 28

但现在的广场标高都还在地面层，和地下功能空间的关系是完全脱离的，所以建筑师将广场的下凹深浅与建筑的功能设计统一考虑，形成上下两种关系，使二者互相依存，互为图底（图29～图31）。

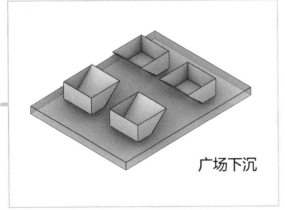

图 29

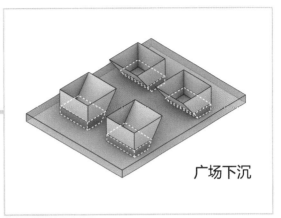

图 30

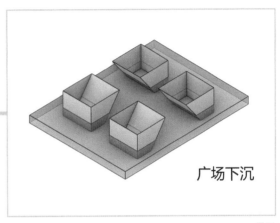

图 31

建筑功能面积要求 150 000m²，基地总占地 120 000m²，也就是说功能排进去将是一层不够、两层不满的状态。熟悉套路的你应该能猜到了，下面要进行功能重组了。

在开放度上：剧院、文化交流中心、儿童博物馆、展览空间、休闲空间都较开放，而亚洲文化研究所、亚洲文化资源中心和亚洲文化学院，以及儿童教育空间等开放性较低。

在空间高度需求上：剧院、文化交流中心、儿童博物馆、展览等空间都需要特殊层高；而亚洲文化研究所、亚洲文化资源中心和亚洲文化学院，以及儿童教育空间等基本都符合标准层高（图 32）。

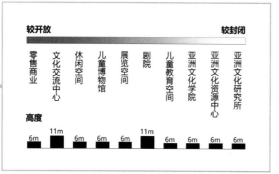

图 32

将相同层高、开放度较低的功能重组为一层（标准高度层）；层高不相同且开放度较高的重组为一层（不标准高度层）（图 33）。

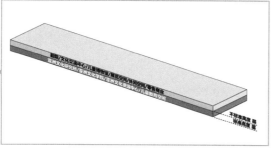

图 33

开放度较高的不标准层最好放在距离入口最近的地下一层（图 34、图 35）。

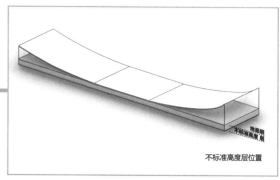

图 34

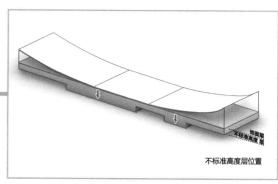

图 35

而标准高度层如果放置在不标准层下方，不标准层地下标高不同会导致标准高度层的空间也坑坑洼洼不好用。那标准高度层该放在哪里呢？建筑师想到了屋顶。

屋顶向上抬升后最高处近 30m，屋顶下面的空间还没有利用起来，所以将屋顶向下偏移 6m 形成标准高度层，并通过地上的广场空间进行分隔（图 36 ~ 图 39）。

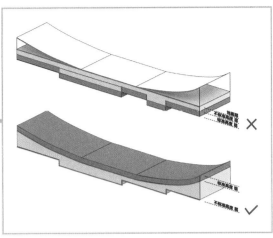

图 36

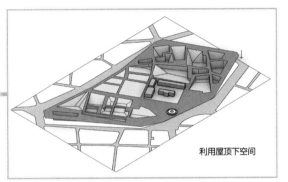

利用屋顶下空间

图 37

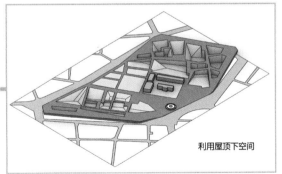

利用屋顶下空间

图 38

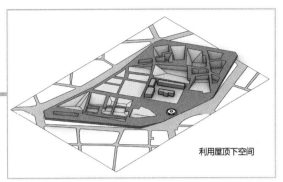

利用屋顶下空间

图 39

确定了整体关系后来具体摆放功能。由于建筑占地过大，所以对场地进行分区规划：按照左中右分为 3 个区，我们分别称之为 A 区、B 区、C 区（图 40、图 41）。

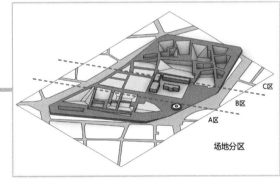

C区
B区
A区

场地分区

图 40

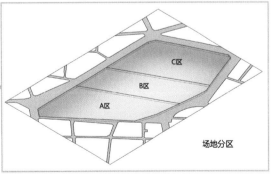

C区
B区
A区

场地分区

图 41

上部是保留建筑的 B 区。基地中心的保留建筑兼具游客服务中心的功能，也是地下建筑的主入口，所以在保留建筑的底部设置文化交流中心，并在其北侧设剧院，南侧设休闲空间（图42、图43）。

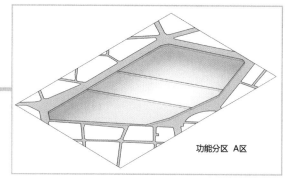

图 44

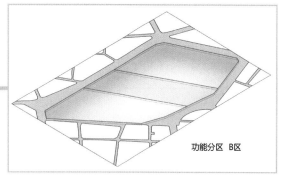

功能分区 B区

图 42

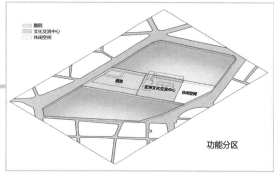

功能分区

图 43

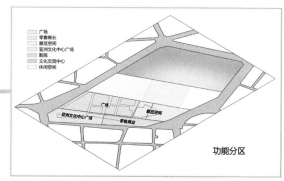

功能分区

图 45

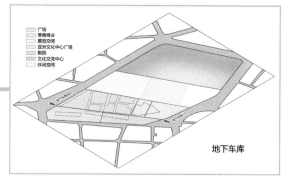

地下车库

图 46

A 区部分广场将会下沉，与建筑发生关系，所以首先预留出广场的位置。A 区最北侧人流量较大，所以将北侧起翘最高处的地面层设为亚洲文化中心广场，成为场地的另一个主入口，剩余沿街一侧设置零售商业，在靠近 B 区文化交流中心的部分布置儿童博物馆以及大型展览空间。同时，将地下车库布置在北侧，与上方立体街道位置对应（图 44 ~ 图 46）。

C 区依旧是预留广场的位置，剩余部分沿街面布置零售商业，在内部设休闲空间（图 47、图48）。

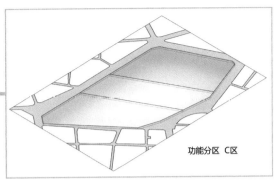

功能分区 C区

图 47

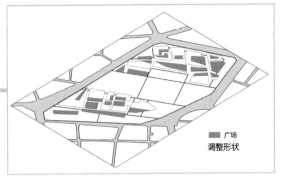

再根据广场位置调整建筑各功能区形状（图50～图52）。

■ 广场
调整形状

图 50

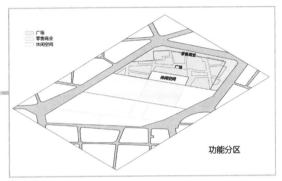

零售商业
广场
休闲空间

功能分区

图 48

至此，形成最终的功能布局（图49）。

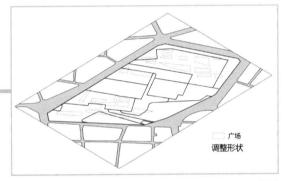

□ 广场
调整形状

图 51

309

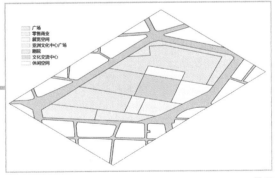

广场
零售商业
展览空间
亚洲文化中心广场
圈院
文化交流中心
休闲空间

图 49

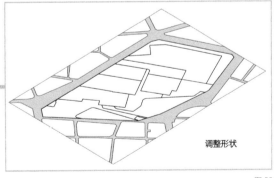

调整形状

图 52

根据不同功能高度要求对各功能空间进行下
沉，B区部分因为屋顶下的附属标准层已经下
降6m，在此基础上继续进行下沉（图53）。

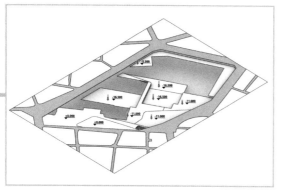

图 53

现在院落广场的活动平台都在地面层，需要继
续向下延伸与建筑产生关系，这些院落旁边的
空间多为走道或公共休闲空间。边缘位置的广
场不再下沉，部分形成天窗；部分广场平台向
上抬升，避免空间过深，无法使用（图54）。

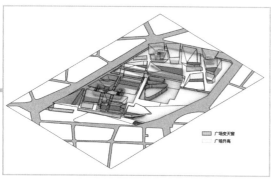

图 54

加入楼梯台阶及自然形态梯段连接各功能空
间，并加入廊道连接不同空间，增强通达性，
形成完整的使用流线（图55～图58）。

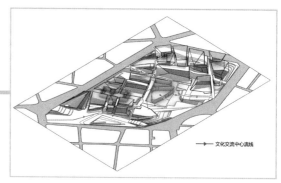

图 55

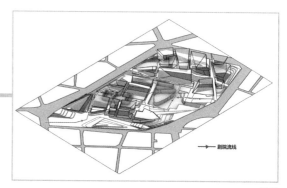

图 56

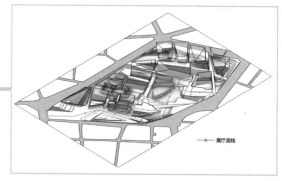

图 57

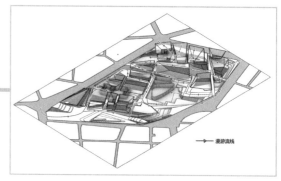

图 58

盖上原本的屋顶，在南侧下沉大台阶处开设天窗（图59）。

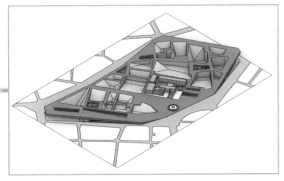

图59

再来看屋顶底下的附属标准高度空间。此时，院落广场的最终形态已形成，所以只能在附属层见缝插针地布置各功能。

还是分片区考虑。B区空间在地下一层，在中间部分设置儿童教育空间、文化交流的附属空间等与下面功能联系紧密的空间；A区、C区设置办公空间、创意工作室、研究院、配套展示等功能（图60）。

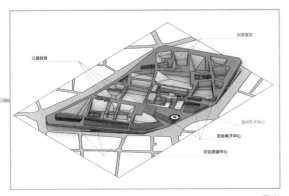

图60

最后，加入一点儿细节，加入垂直交通核（图61）。

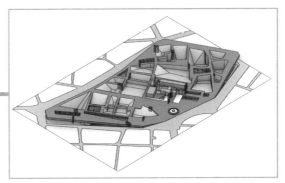

图61

建筑主体使用桁架结构来支撑，剩余的大空间位置加入密柱，在保留建筑外部罩一个玻璃外壳，内部用桁架结构支撑（图62、图63）。

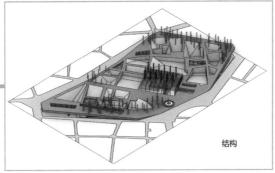

图62

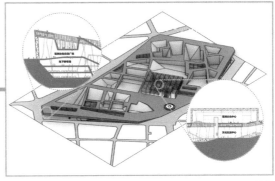

图63

沿街面加入玻璃立面（图64）。

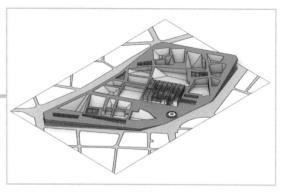

图64

最后，结合建筑功能，对各个广场进行使用细化，如亚洲文化广场、儿童广场、城市边缘广场、媒体广场、帆布广场等（图65）。

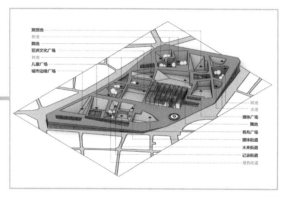

图65

赋予木质表皮，收工（图66）。

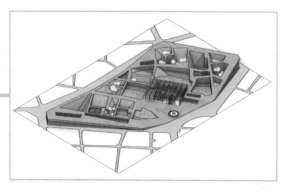

图66

这就是UnSangDong事务所和Kim Woo Il事务所设计的韩国光州亚洲文化中心竞赛方案（图67~图71）。

图67

图68

图69

图70

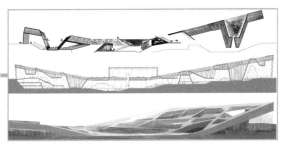

图 71

这世上本没有路,走出的第一条路都是野路子,
重要的是能通往目的地,而不是有路没路,人
多人少。我们唯一需要惧怕的就是恐惧本身。
条条大路通罗马,但你不一定想去罗马。

图片来源:

图 1、图 67 ~ 图 71 来源于 https://www.archdaily.com/198772/
asian-culture-complex-unsangdong-architects-kim-woo-
il?ad_medium=gallery,图 2 来源于 http://www.cct.go.kr/
index.do,其余分析图为作者自绘。

END

当甲方拥抱流量，建筑师只能临阵磨枪

图1

名　称：Meama 咖啡生产厂（图1）
设计师：Khmaladze 建筑事务所
位　置：格鲁吉亚·第比利斯
分　类：办公建筑
标　签：流量，视线
面　积：9300m²

社交营销的年代，流量比黄金还贵，但估计建筑师一时半会儿还是会果断选择硬通货。毕竟，建筑项目成为网红打卡地这事儿可遇不可求，而成为网红打卡地后追加奖励设计费这事儿更是连遇也不可遇。更何况，红的是建筑，又不是建筑师，不用跟着瞎激动。

天津的网红图书馆滨海之眼据说已经接待了超过300万游客，你猜这300万人里有多少能准确说出设计者的名字？设计靠熬，流量靠命，流量设计师靠脸。虽然流量不是乙方的关键绩效指标，却是很多甲方的成功之道，如果甲方信奉得流量者得天下，那建筑师也就只能被逼上梁山了。

Meama是格鲁吉亚本土的一家胶囊咖啡生产商，最近发展得不错，已经成功地从十八线小城突围进大城市，打算在首都第比利斯建设一个新工厂。

在首都，工厂就不是能在五环以内存在的物种。毫无意外，Meama工厂得到了位于高速路边上的一块17 000m²的场地（图2），临近第比利斯国际机场。

图2

作为社交营销时代的新咖啡生产商，Meama品牌清楚地认识到，对消费者忠心，不如让消费者"种草"。这年头儿，与其活在大超市的打折促销中，不如活在某些App的"打卡攻略"上。否则，为什么要千里迢迢跑到寸土寸金的首都……的郊区建工厂？要是盖普通厂房的话，明明人少、地大、房价低的地方才是首选嘛。

于是，Meama工厂很明确地告诉建筑师他的雄心壮志——我要成为一个网红工厂！网红工厂也是工厂，还是要先帮甲方安家落户，再做那些红的绿的。

Meama工厂的总体量不大，但五脏俱全。整个工厂的生产区只有2000m²，却包括了1500m²的生产厂房、120m²的咖啡物料储藏间、180m²的咖啡生产设备储藏间、6个20m²的耗材储藏间（存放吸管、纸巾、外提袋及其他各类杂物）以及180m²的水系统类储藏间。另外，还有2000m²的办公区，包括了销售部、企划部、广告部、研发部、人力部、公关部、运营部和市场部等所有杂七杂八的部门，以及只有100m²的新品研发实验室。

总结一下就是，形式大于内容。本来嘛，也没打算靠着首都工厂增加产量，最主要的还是全方位、立体化地打广告。首先，确定园区中建筑的基地范围，保护园区现有小树林，选择临街较为平缓的区域作为建设用地（图3）。

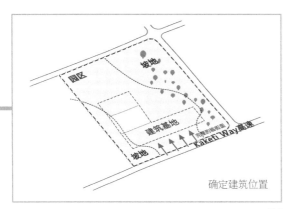

确定建筑位置

图 3

根据咖啡生产设备确定厂房柱网为12m×12m，高度定为9m（图4）。

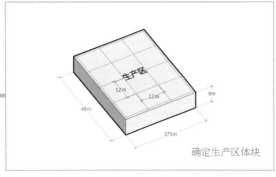

确定生产区体块

图 4

设备及各类储藏空间打包整合，布置在厂房端部，方便货运进出。同时规划场地，临街设置主入口以及绿化广场（图5）。

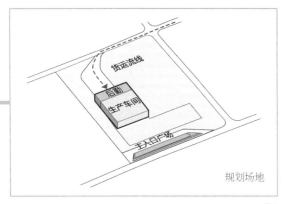

规划场地

图 5

然后，根据功能面积在基地临街处分别置入两层的办公体块和研发体块（图6）。

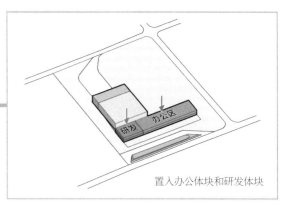

置入办公体块和研发体块

图 6

为了使办公、研发区和生产区的联系更加密切，使办公、研发体块与生产体块平齐，同时将体块升高，使三个区连为一个整体（图7、图8）。

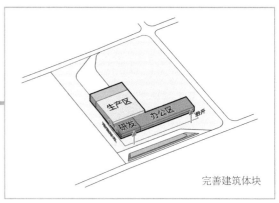

完善建筑体块

图 7

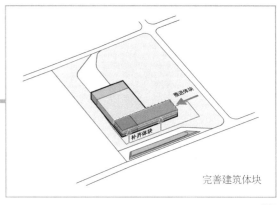

完善建筑体块

图 8

接下来，根据使用要求，将市场部置入 1 层；销售、公关、人力和广告部置入 2 层；领导办公及会议室置入 3 层（图 9 ~ 图 11 ）。

完成基本的功能分布后，细化功能空间。将每个部门的开放办公区放在靠近门厅公共空间的位置，私密办公区设在远离门厅的建筑两端（图 12 ~ 图 14 ）。

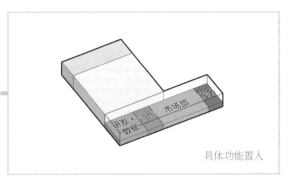

具体功能置入

图 9

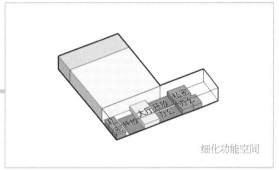

细化功能空间

图 12

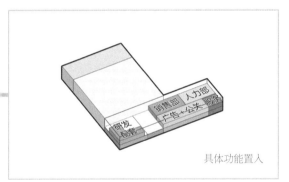

具体功能置入

图 10

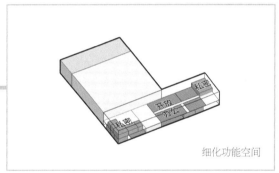

细化功能空间

图 13

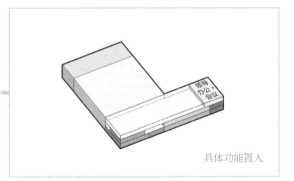

具体功能置入

图 11

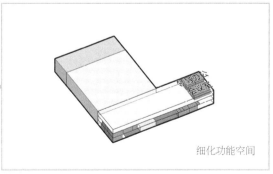

细化功能空间

图 14

至此，一个普通咖啡生产厂设计完成。下面开始进行网红化设计。作为一个建筑，想成为网红，说白了就得让广大围观群众能拍照，拍了能发朋友圈。来自灵魂的拷问：拍什么呢？估计你的第一反应肯定是拍建筑。但问题是，你的甲方 Meama 工厂想推广的是建筑吗？不！人家心心念念要卖的只有咖啡！胶囊咖啡！

所以，建筑师的任务不是做一个抢镜头的房子，而是做一个能帮助 Meama 品牌咖啡抢镜头的空间。用建筑学的话说，要开始考虑参观空间的置入。

敲黑板：参观空间要从围观群众的角度来设计，要是从品牌厂商的角度设计，那搞个荣誉陈列室就完事儿了。

那么，问题来了：围观群众的参观角度是个什么角度？说白了，就是上帝角度：360° 无死角地窥视生产秘密。要想 360° 无死角，最简单的就是 360° 环绕式参观。将展览空间自门厅开始环绕在三个部门外围，影响内部采光什么的就不说了，最重要的就是，一个咖啡工厂值得让大家跟参观故宫似的走断腿去看吗（图 15）？

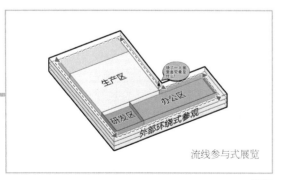

流线参与式展览

图 15

还有一种方法是微服私访式参观，将展览流线插入功能内部。这个方法除了让咖啡厂不能再好好工作了以外，倒是没什么不好（图 16）。

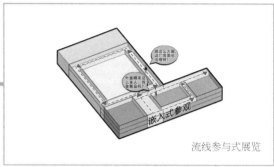

流线参与式展览

图 16

思维转换！既然是上帝角度，那就是俯瞰世界，没听说过上帝闲着没事儿到处溜达的。换句话说，走不走得到无所谓，能看得到就行了。

画重点：用视线可达替代路线可达。将参观空间置于生产区、办公区与研发区三者交会处，转转头就可以看遍整个工厂，掌控感十足（图17）！

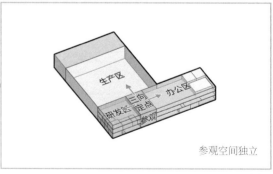

参观空间独立

图 17

然而，尽管中心位置在理论上允许游客看到所有角落，但事实上，上帝们可能什么也看不见，因为，人间有种东西叫墙（或者楼板）（图18、图 19）。

水平视线受阻

图 18

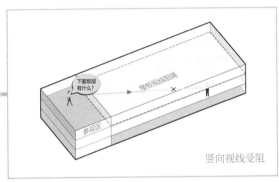

竖向视线受阻

图 19

既然严格水平分层的楼板影响了游客的视线，那就想办法把"碍眼"的楼板给去掉，将各个办公空间当成独立的楼板来处理，只留下必需的楼板（图 20 ~ 图 22）。

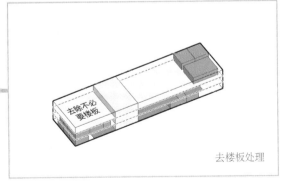

去楼板处理

图 20

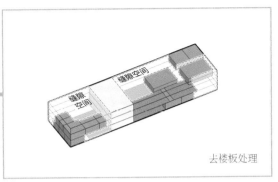

去楼板处理

图 21

图 22

去掉楼板后形成的缝隙空间依然较小，游客视线受到的遮挡依然相对严重，因此将建筑体块拉大，以容纳更多的通高空间，形成视线渗透，以生产区柱网尺寸限定办公体块（图 23 ~ 图 27）。

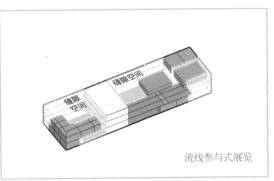

流线参与式展览

图 23

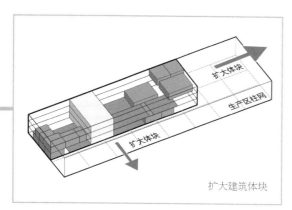

扩大建筑体块

图 24

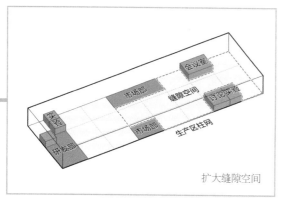

扩大缝隙空间

图 25

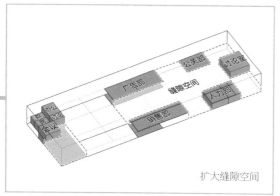

扩大缝隙空间

图 26

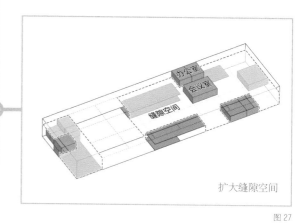

扩大缝隙空间

图 27

错动办公楼板，使游客除了可以观察到开放办公空间外，同样可以观察到会议室、讨论室的情况（图 28 ~ 图 31）。

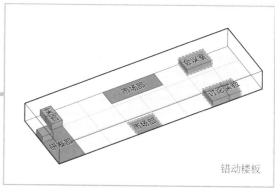

错动楼板

图 28

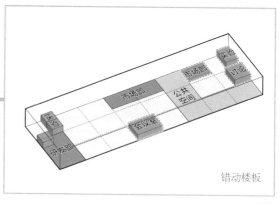

错动楼板

图 29

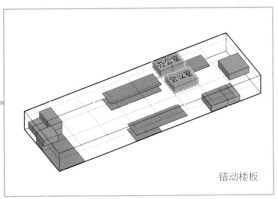

错动楼板

图 30

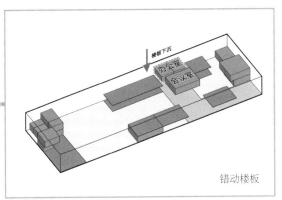

错动楼板

图 31

在参观区内置入不同高度的参观楼板，首层结合入口大厅设计（图 32）。

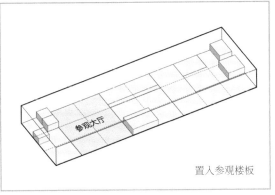

置入参观楼板

图 32

2 层楼板临近生产厂房，游客可形成鸟瞰视角（图 33）。

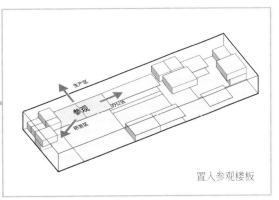

置入参观楼板

图 33

3 层楼板位于临近办公区的中心位置，可对办公空间进行更加全面的观察（图 34）。

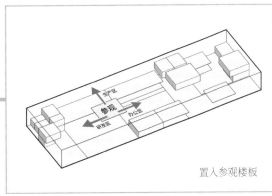

置入参观楼板

图 34

参观楼板置入完成后，再加入服务空间、竖向交通空间及楼板的联系交通空间（图 35 ～ 图 40）。

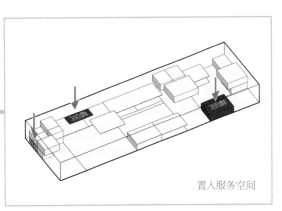

置入服务空间

图 35

321

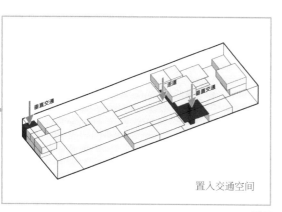

置入交通空间

图 36

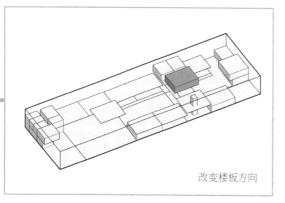

改变楼板方向

图 37

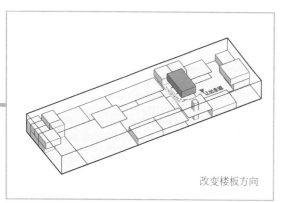

改变楼板方向

图 38

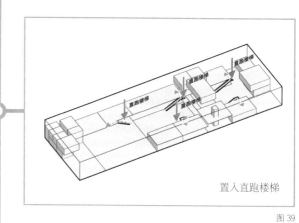

置入直跑楼梯

图 39

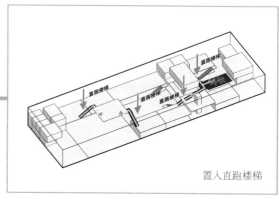

置入直跑楼梯

图 40

调整直跑楼梯位置，与楼板保持平齐（图 41）。

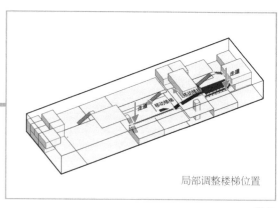

局部调整楼梯位置

图 41

增加 3 层活动平台，为办公区及参观区提供休闲空间，以及流线交会的可能（图 42）。

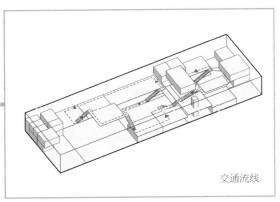

交通流线

图 42

置入中庭空间，优化办公空间环境并丰富游客
视线（图 43）。

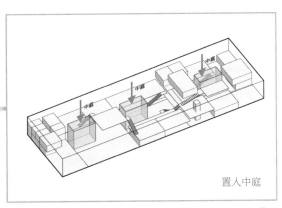

置入中庭

图 43

置入结构柱（图 44）。

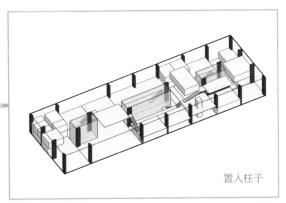

置入柱子

图 44

调整柱子位置以扩大公共活动空间（图 45）。

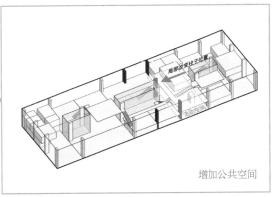

增加公共空间

图 45

至此，整个空间骨架基本完成，接下来细化参
观空间。

建筑师将游客对整个生产空间的参观游览与一
杯咖啡从原材料到成品的制作过程紧密结合
起来，提供展示、品尝、参观生产制作过程的
一条龙服务，有吃有喝总比干瞪眼看有趣（图
46）。

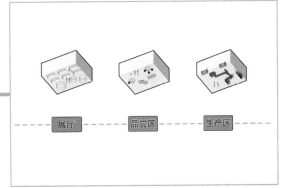

图 46

门厅设置趣味大楼梯解决入口到品尝区的高差，楼梯平台充当陈列空间展示胶囊咖啡、咖啡机、咖啡粉、咖啡豆等产品，游客看完展品进入咖啡品尝区，透过玻璃可以看到生产车间的工作状态（图 47 ~ 图 49）。

看完展品、喝完咖啡，游客还可以直接进入生产车间，亲自参与咖啡从原材料到成品的制作过程。将入口楼梯细分，分别直接通向研发区、办公区及品尝区（图 50）。

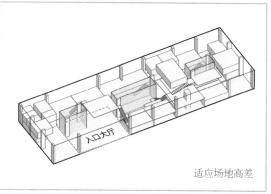

适应场地高差

图 47

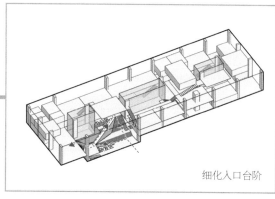

细化入口台阶

图 50

斜向分隔功能区，扩大参观空间与研发及办公的接触面积（图 51）。

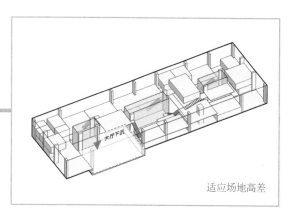

适应场地高差

图 48

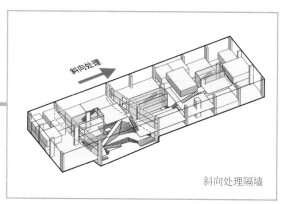

斜向处理隔墙

图 51

局部调整楼板形状及楼梯方向，以形成更好的视觉观感（图 52、图 53）。

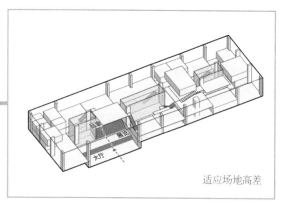

适应场地高差

图 49

324

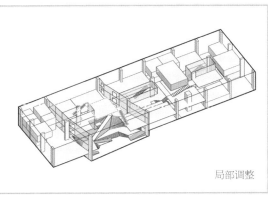

局部调整

图 52

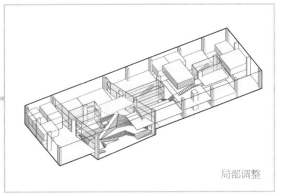

局部调整

图 53

最后，建筑师还是对外观造型贼心不死，以折叠的混凝土来炫技，呼应场地内的高差以及建筑内部空间体块悬浮的状态。屋顶同样对应内部空间的高度，在厂房位置形成更高的起伏（图54）。

图 54

这就是格鲁吉亚本土事务所 Khmaladze 建筑事务所设计的 Meama 咖啡生产厂。说实话，长成这样的厂房想不红都难。该建筑最终不辱使命，获得 Architizer A+ 奖的三项提名（室内设计、低层工作区、建筑与混凝土），成为大众投票"建筑与混凝土"类别中最受欢迎的项目，并在年度 Archidaily & Strelka 建筑奖中获奖，以表彰当代城市新兴建筑师的变革思想（图55～图62）。

图 55

图 56

图 57

图 60

图 58

图 61

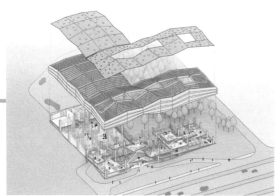

图 59

图 62

时代总是裹着你往前走，无论你多么喜欢写信，总会用上微信；无论你多么喜欢烧饭，总会叫上外卖。不是流量为王，而是时代为王，你可以拒绝流量，拒绝甲方，却拒绝不了时代，而时代在抛弃你时，连招呼都不会打。

图片来源：

图 1、图 55 ~图 62 来源于 http://giorgikhmaladze.com/
pages/swiper.php?id=31，其余分析图及动图均为作者自绘。

END

开局一个建筑师，满城都是我马甲

图1

名　称：伊朗萨德拉市民中心（图1）
设计师：Next 工作室
位　置：伊朗·萨德拉
分　类：社区综合体
标　签：模块化
面　积：27 000m²

甲方虽然不擅长做方案，但非常擅长改方案，一遍又一遍，一稿又一稿，不厌其烦、不辞劳苦、不容置喙，像极了高三班主任对你的恨铁不成钢。不同的是，你的班主任至少还觉得你算块铁，而在甲方心里，你就只会打铁。

"都过去 20 分钟了，怎么还没改好？"

"再改不好你就别改了，我找别人改！"

那些年，甲方从天而降的要求，犹如空虚寂寞的夜晚，突然被随机推荐的一首歌触动心灵，控制不住地开启播放器，在脑海中循环播放。幸福的甲方都是一样的，不幸的乙方各有各的不幸，有人害怕甲方中途换人一拍两散，有人却巴不得甲方换个人去薅羊毛。

还记得伊朗建筑师阿里雷扎·塔加波尼(Alireza Taghaboni) 吗？没错，就是那位致力于用自己刚及格的结构知识解决所有设计问题的小哥，我们叫他小 A 哥吧（图 2、图 3 ）。

图 2

私人住宅

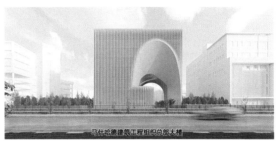

马什哈德建筑工程组织总部大楼

图 3

小 A 哥最近就被甲方盯上了。在德黑兰大学教授哈利勒·哈吉贝尔（Khalil Hajipour）为伊朗什拉兹进行城市规划后，靠近什拉兹市区的萨德拉就逐渐发展成为一个新城镇，基本就等于搞了个开发区或者卫星城（图 4 ）。

萨德拉

什拉兹市中心

图 4

这位教授很贴心地为萨德拉新城规划了一个近 27 000m² 的新市民中心，基地就位于城市主街道旁，背靠小山丘，周围已建成学术园区和医院等公共设施。跟所有伊朗的内陆城市一样，纯粹的沙漠气候、起伏的山脉和不连续的小平原就勾画出了场地的全部风景（图5）。

图5

但是，这依然是一个声势浩大的建设项目。什拉兹市政府也很积极地开启了声势浩大的设计竞赛。总之，一切看起来都像极了伊朗的黄金矿，就等各路建筑师来挖掘开采了，小A哥也扛起小铁锹兴高采烈地参赛了。

为了新城区的扩张，建设委员会要求新的市民中心拥有住宅、文化综合体、商业综合体等，同时还要具有无限扩张的可能性，等等。甲方，你确定这些是一个"正常"市民中心的配置吗？市民中心里需要有文化、商业综合体吗？无限？还扩张？小A哥忽然明白了，这项目压根儿就不是个矿，而是个矿坑！

看看这要求，住宅、文化加商业，还无限扩张，这是要建市民中心吗？这明明就是个市中心啊！但你还是低估甲方了，人家要的也不是一个市中心，而是一个完完整整的城市！换句话说，这个市民中心的项目本质上就是一个样板间，甲方打算以后就靠复制粘贴建设整个萨德拉新城（图6～图10）。

图6

图7

图8

图9

图10

正是开局一个建筑师，满城都是我马甲，一份设计费换一整座城市的房子，狐狸都没这么精。而作为职业建筑师，小A哥的第一反应是，整个新城区的建筑都长一个样，岂不是很恐怖（图11）？

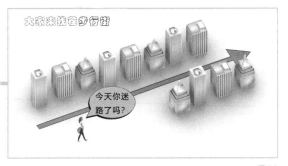

图11

确实很恐怖。所以现在的问题就很直白了：怎么让甲方可以通过简单复制的方法粘贴出一座千姿百态的新城市？虽然听起来很离谱，但也不一定完全不靠谱，只要换一下主语就可以。比如：怎么让三岁小朋友通过简单复制的方法粘贴出一座千姿百态的新城市？答案很简单，给他一套积木！

自己选的竞赛，跪着也要比完。小A哥决定给甲方小朋友设计一套新积木，也就是将小的模块化单体组合形成大的建筑群体，其模块变体和组合方式的不同，使城镇的扩张具有多重的可能性（图12）。

图12

理想比乐高的城堡还美好，但现实是你根本买不起。别的先不说，住宅、商业、文化三种不同类型的建筑，从功能体量到使用空间哪儿哪儿都不一样，怎么用模块统一就是个问题。沉迷于结构不可自拔的小A哥这次仍旧决定用结构解决问题。

画重点：通过创造无尺度结构模块解决建筑群的形象问题。当然，以小 A 哥的功力，找一个无尺度模块并不难，难的是如何让不具备专业设计技能的甲方小朋友自己拼凑玩耍，搭起一座新城。为什么乐高卖得贵？创造原型零件才是核心技术。

首先，小 A 哥对功能体量进行了模块切分。在住宅、商业、文化三个功能中，住宅是尺度最小的。根据住宅功能的需求，将其分为单人间、双人间和多人间三种类型，基本单元以单人模块和双人模块为基础（图 13）。

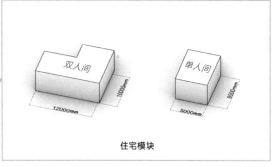

住宅模块

图 13

理论上，用 1 和 2 可以组成除 0 外的任何自然数，也就是可以拼成任意人数的居住需求（图 14）。

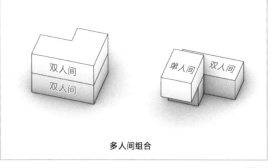

多人间组合

图 14

然后，是中尺度的商业模块。根据商业区功能，可以将基本模块分为入口、服务和辅助间这样的小模块，以及广场和售卖空间这样的大模块（图 15）。

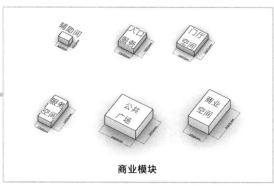

商业模块

图 15

同样，小模块和大模块混合组合就可以生成中等尺度的任意形态（图 16）。

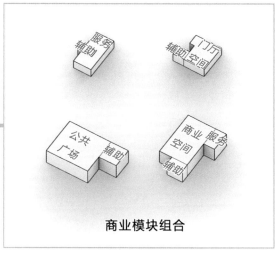

商业模块组合

图 16

接下来是最大尺度的文化模块。对于文化区来说，基本模块包括相对小型的基础运动场（篮球场、排球场等）模块、报告厅模块以及大型的体育场和剧院模块（图 17）。

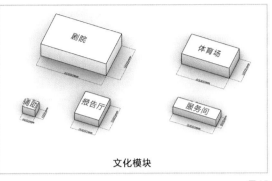

图 17

辅助空间模块与大小文化模块分别组合，就可以形成异形的大尺度空间（图 18）。

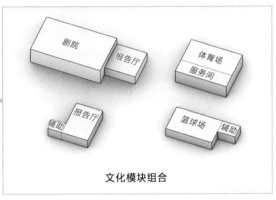

图 18

至此，不同尺度的功能模块确定完成，但这样拼凑起来的建筑基本就是一堆火柴盒，离千姿百态还差了十八个千奇百怪。因此，小 A 哥还需要继续对功能模块进行形象设计。同样，形象设计依然要满足甲方小朋友自己拼搭时的简易不动脑需求。

小 A 哥拿出了自己珍藏多年的拱结构，不仅能够满足中东的干热气候，还可以通过其构建的厚度和个体变形使其塑造的建筑从稳重到轻盈随时变换（图 19）。

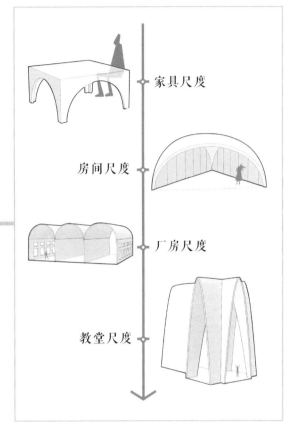

图 19

先拿出单向拱和穹顶两种形式（图 20）。

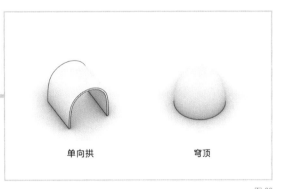

单向拱　　　　穹顶

图 20

虽然拱券可以根据跨度和高度改变空间大小，但由于住宅尺度过小，无论穹顶还是单向拱都难以满足单层的空间利用率和双层的形象美感要求（图 21 ）。

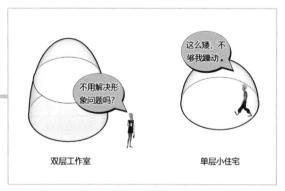

图 21

敲黑板！小 A 哥转念一想：既然整体的拱形单体结构形式不可取，那么可以局部应用啊。不管是多向曲面的拱券还是单向拱，其对微气候和形象的影响实际上都主要在顶部，干热的环境可以通过拱顶弧线得到改善（图 22 ）。

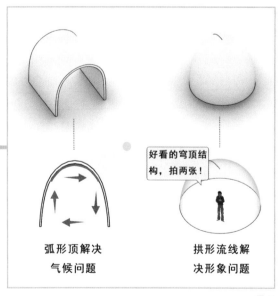

图 22

因此，局部应用很自然地选择在屋顶。使用单向拱对单体屋顶进行覆盖，多层建筑的夹层楼板和单层建筑的屋顶楼板与外墙体之间的边缘进行留缝处理，这样室内空气仍旧可以通过竖向流通来完成拱形屋顶对微气候的改善（图 23 ）。

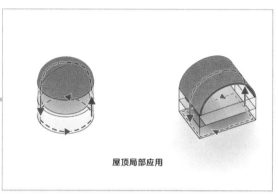

图 23

然后，将单向拱从中间切开，每边 1/2 的拱顶就可以安装在任意尺度的屋顶上（图 24 ）。

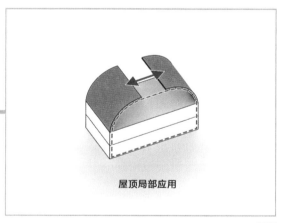

图 24

调整拱顶形象，使其与屋顶及外墙面完美结合，多个单体组合也更具有流线性（图 25 ～图 28 ）。

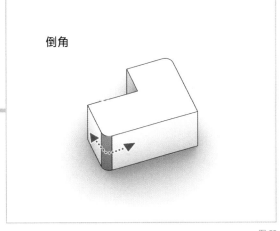

倒角

图 25

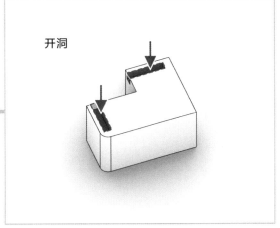

开洞

图 26

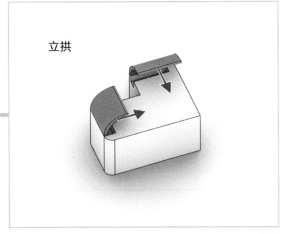

立拱

图 27

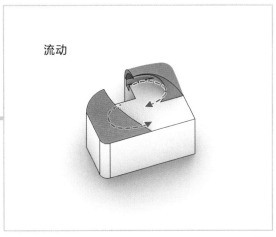

流动

图 28

另外，将不同模块连接位置的立面转角进行倒角处理，增强模块组合的整体性（图 29）。

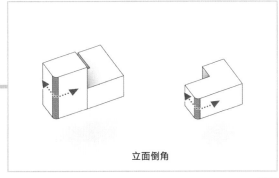

立面倒角

图 29

至此，通过屋顶拱形模块与倒圆角处理两个小操作，小 A 哥就基本解决了形象问题。

既然积木已经设计得差不多了，小 A 哥就开始在基地给甲方进行"样板间"游戏示范了。首先，由于基地范围内坡地过多，根据现状进行土方处理，形成两片平缓区域，西北角土地回填，在基地内部形成小山丘的景观（图 30、图 31）。

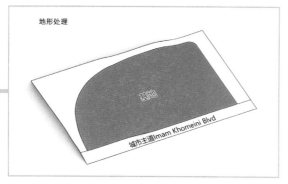

图 30

图 31

然后，根据任务书进行功能分区：住宅区 8700m²、商业区 7200m²、文化区 11 000m²。因为商业区建筑体量中等，所以设置在两区之间起到过渡作用（图 32）。

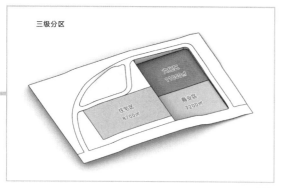

图 32

再根据住宅、商业和文化功能单体空间的尺度，进行三级轴网划分，以便于新结构单体的选择（图 33）。

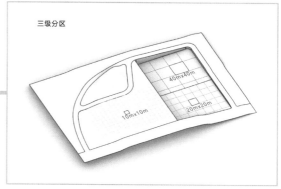

图 33

下面进行三级模块置入。先根据住宅功能需求，分别置入单人间、双人间和多人间三种类型（图 34 ~ 图 36）。

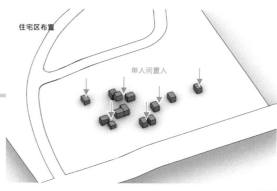

图 34

图 35

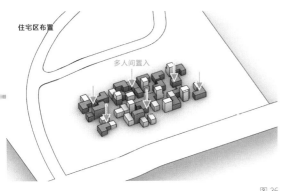

住宅区布置

图 36

而文化区要求拥有一个剧院、一个篮球馆、一个体育馆，以及两个会议报告厅。将文化区根据功能体量大小进行位置安排，把大体量的剧院和体育馆空间置于场地边缘，避免阻隔场地中央人流（图 37）。

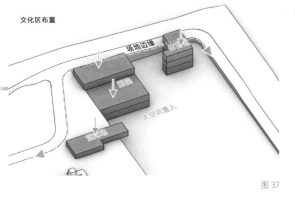

文化区布置

图 37

将报告厅等小空间置入，同样靠近场地边缘以保证文化区广场的连通（图 38）。

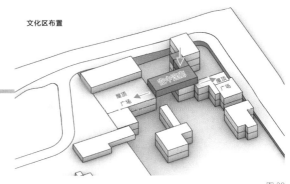

文化区布置

图 38

在剧院和体育馆上空增加连接体量，将文化区统一起来（图 39）。

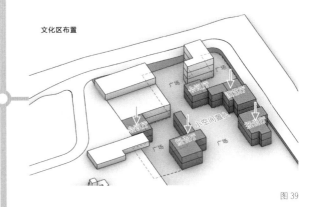

文化区布置

图 39

大小尺度两部分模块置入完成后，开始进行中间尺度的商业区布置。由于商业区联系住宅和文化区，且更具有开放性，因此在靠近场地入口位置和靠近住宅区的位置布置入口门厅等小体量模块，同时与住宅区产生连续性（图 40）。

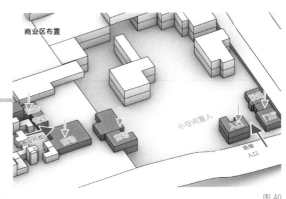

商业区布置

图 40

然后，将较大体量的商业及广场模块置入边缘
位置，保证中央广场的开放（图41）。

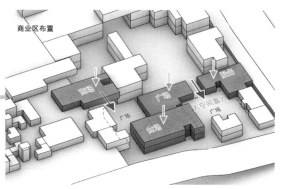

商业区布置

图 41

最后，在商业区临街处上空增加体量，联系多
个屋顶广场（图42）。

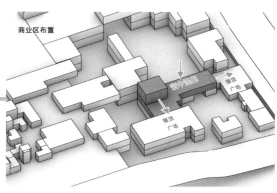

商业区布置

图 42

功能置入完成后，在各类建筑屋顶置入弧形结
构模块解决整体形象问题。住宅区体量较小，
更能适应拱形结构，屋顶全部采用弧形结构。
而商业和文化区则体量较大，局部采用弧形结
构，先对采用弧形屋顶体量的立面转角处进行
倒圆角处理（图43）。

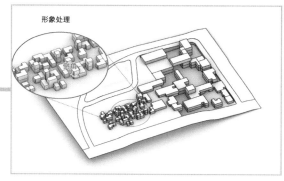

形象处理

图 43

然后，在弧形屋顶处的边缘位置开洞，为内部
空间增加采光的同时，使屋顶也成为活动场所
（图44）。

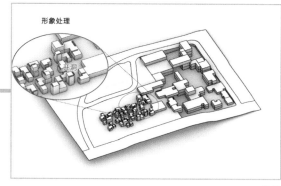

形象处理

图 44

根据体量大小和每个模块的开放方向，置入弧
形屋顶（图45）。

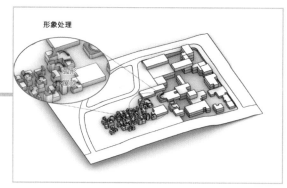

形象处理

图 45

在形象问题解决后，开始布置整体建筑群外部流线。根据场地高差调整各区的广场标高，使得区域高差在外部场地得到消化，同时将建筑屋顶局部相连，成为屋顶广场（图46、图47）。

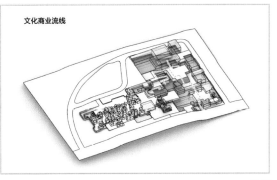

文化商业流线

图 49

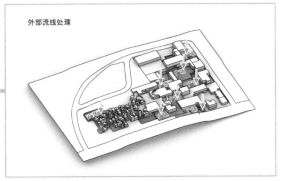

外部流线处理

图 46

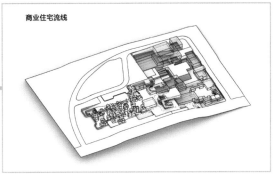

商业住宅流线

图 50

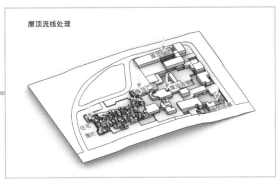

屋顶流线处理

图 47

339

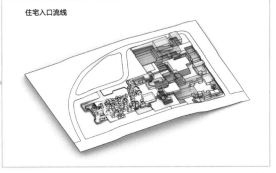

住宅入口流线

然后，根据广场位置加入流线交通，使得不同高度的广场在场地内连通（图48～图52）。

图 51

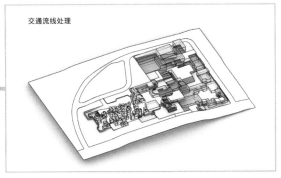

交通流线处理

图 48

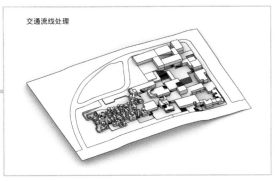

交通流线处理

图 52

建筑群的屋顶模块组合提供了遮阴避阳的可能性，同时不同区域的人们可以在广场和屋顶上自由活动（图 53）。

图 53

最后，赋予建筑群当地的夯土材质，立面开小窗，庭院种树。收工（图 54、图 55）。

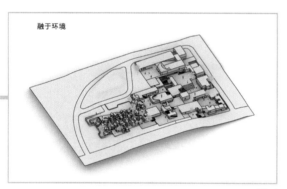

图 54

图 55

这就是 Next 工作室设计并中标的伊朗萨德拉市民中心。不出意外，这个样板间将会覆盖整个萨德拉新城（图 56 ~ 图 61）。

图 56

图 57

图 58

图 59

图 60

图 61

世界上有三种人：一种是知道自己懂什么的人，另一种是知道自己不懂什么的人，最后一种是不知道自己懂什么还是不懂什么的人。那么，建筑师一定属于第四种，他首先需要知道自己懂什么，然后需要知道甲方不懂什么，最后再帮助不知道自己懂什么还是不懂什么的甲方知道自己到底需要懂什么。毕竟，最奇怪的甲方，永远是下一个。

图片来源：

图 1、图 53、图 55 ~ 图 61 来源于 https://www.archiposition.com/items/20200511032141，其他分析图为作者自绘。

END

明明长了中标的脸，怎么就没有中标的命

图1

名　称：韩国清州市政厅（图1）
设计师：Snøhetta事务所
位　置：韩国·清州
分　类：市政厅
标　签：扩建，场地控制
面　积：约55 000m²

当然，没中标这事儿不能一概而论，至少也有主动自愿型与被逼无奈型两种类型。主动自愿型不中标，学名叫"陪标"，俗称凑数，反正目标就是当一个合格的分母，没中标不叫失败，叫圆满完成任务。

拆房部队悄悄话：我国刑法第223条规定，投标人相互串通投标报价，损害招标人或者其他投标人利益，情节严重的处三年以下有期徒刑或者拘役，并处或者单处罚金。

总之，陪标违法，别光顾着凑数，心里也要有点数。

被逼无奈型不中标，学名叫"陪跑"，这就不是凑数了，这就是个输。赢了的都一样，输了的各有各的不甘心。而在各种各样吹胡子瞪眼的不甘心当中，最不甘心的大概要数和中标方案撞脸的那一个了，其惨烈程度堪比同样抄作业，隔壁差生的作业得了优，你的作业被撕了重做，还要请家长。明明造型长得都差不多，明明构思也差不多，凭什么人家就有中标的命，而你就只有中标的病，还是总也中不了的那种病？

2014年7月，韩国清州市发生了一件"大"事，一件变"大"了的事。韩国政府决定将清州市与清原郡行政区合并，合并后统一归清州市政府领导管理。陡然而大的清州市政府陡然发现，自己原本的市政厅不太够用了。准确地说，应该是不太够瞧了。

清州市政厅当时的状况比较像一个大杂院，除了历史久远的市政厅主楼，剩下的都是各个年代自由发挥、按需搭建或者临时租赁的建筑。市长大人正意气风发，排场不够的全拆了重建，也就是除了中心位的市政厅主楼，其他全都拆掉（图2）！

图2

整个场地面积约为 30 000m²，计划新建面积约 55 000m²，共包括三大功能体：一是市政厅部分，包括市长办公室、规划管理处等，约有 18 000m²；二是议政厅部分，包括议政厅、行政办公室等共 2500m²；三是市民公共活动部分，包括展厅、餐厅、礼堂、图书馆、幼儿中心等共 4500m²；四是地下停车场 30 000m²，也就是地下全停车呗，倒也省事儿。

最后，也是最重要的，原市政厅大楼必须保留（图3）。

图3

直接画重点，考试肯定考：新建筑和原市政厅的关系就是最后一道论述题，这题 50 分，爱要不要，不要不及格。

对于这种必须保留又具有重大历史意义的建筑一般有两种处理方式：要么给它罩起来，当成重点文物保护，以后的"楼生"主旋律就是供人们参观膜拜（图 4）；要么就是继续占着中心位发光发热，领导新来的"小弟们"再创辉煌（图 5）。

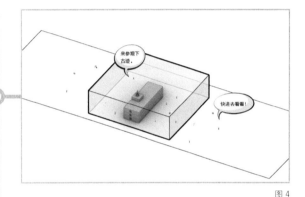

图 4

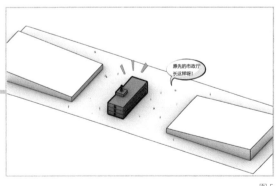

图 5

本质上讲，两种策略都是可行的，并无高下之分，有高下之分的只有建筑师的操作手段。来自韩国本土的年轻建筑师小 S（SA.PN.DA 事务所）和来自挪威的老牌建筑师老 S（Snøhetta 事务所）很有默契地都选择了第二种策略，也就是让原市政厅继续发光发热。

别看场地大，但能自由发挥的部分并不多，因为原市政厅就这么大，想继续当领导，就不能被人高马大的新建筑碾压掉。为了尊重市政厅的体量，在其两边设置高度不超过 3 层的体块，并在市政厅前留出广场，广场也是连接场地两侧的通道（图 6）。

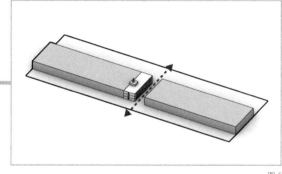

图 6

为进一步凸显市政厅主体地位，减少长体块带来的压迫感，老 S 和小 S 都选择了把两侧抬高、中间降低的造型操作（图 7）。

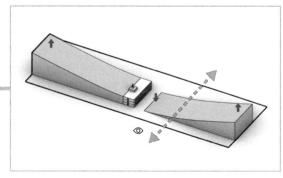

图 7

体块南北两端在东西向加宽，保证使用面积，也使场地利用更加充分，同时底部收缩以满足退线要求（图8）。

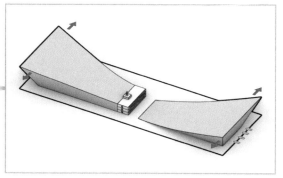

图8

然后，再按需布置功能就算结束了（图9）。

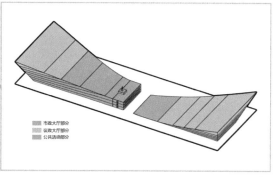

图9

这就是小S最终提交的竞标方案，也是传说中的那个"明明"。明明长了中标的脸，却没有中标的命，只能当一个方向正确但注定只能陪跑的炮灰（图10）。

图10

正所谓没有对比，就没有伤害，老S表示，年轻人还是太年轻啊。江湖险恶，谁也没辙，越顺理成章，就越要步步设防。

首先是体块形式的选择。整个场地南北向十分狭长，小S这个实心眼的孩子直接根据场地形状去塑造建筑形态，底端两层有130m左右的流线长度，这是打算天天冲刺抢朋友圈步数第一名吗（图11）？

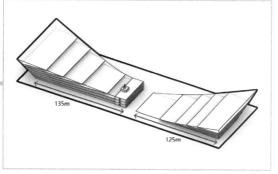

135m

125m

图11

老 S 表示年纪大了走不动，还是玩点儿小心机来改变主要流线方向才是正道。将南北向狭长体块转化为一个东西向的体块和两个南北向条块的 C 字形组合，这样主要流线就变成了长度相对较短的东西向（图 12）。

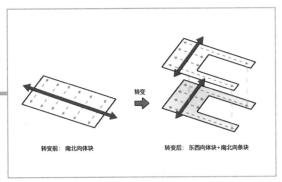

图 12

其次是和原市政厅的关系。小 S 选择把新建部分直接和市政厅相连，让其处于"打头阵"的位置，意在凸显原市政厅的领导地位，但这样会导致无论最后怎么调整，市政厅前广场都像是个过道（图 13）。

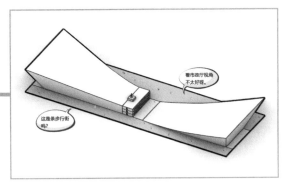

图 13

更重要的是，打头阵的通常都不是领导，而是炮灰。虽然原市政厅处于一个中心位置，但是两侧新建筑实在太庞大，压迫感太强，旧建筑就像一个落入虎口的小可怜（图 14）。

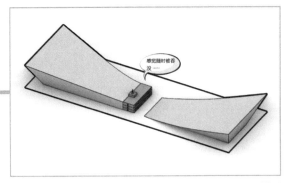

图 14

老 S 又表示，年纪大了打不动，还是稳坐中军帐吧，用前面形成的 C 字形体量围合原市政厅，既不必在形式上与市政厅强行找关系，也可以充分利用场地南北两侧的长度将广场变成内外两个（图 15、图 16）。

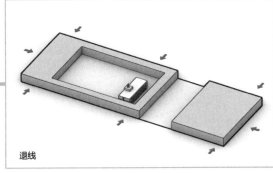

退线

图 15

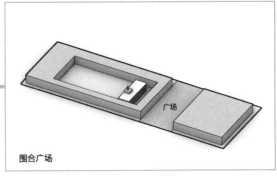

广场

围合广场

图 16

346

然后，沿用小 S 的操作，抬高两侧，压低中间，以突出原市政厅的体量。在降低中间体量的同时打断市政厅前的围合体块，连通内外广场的同时也将旧建筑完全暴露在城市视野中（图17）。

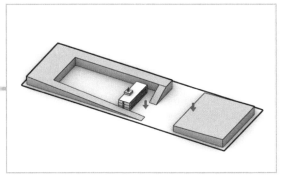

图 17

然后，抬升南北两端的体块高度，弥补削减体量而造成的面积损失（图18）。

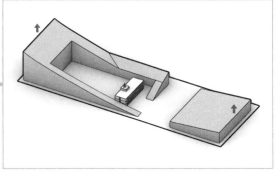

图 18

推拉建筑北侧 1 层、2 层的体量，创造出满足报告厅和礼堂使用要求的大空间（图 19）。

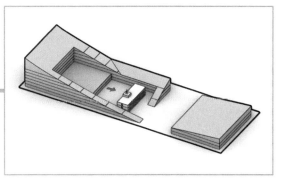

图 19

同时内广场的面积也被压缩，突出市政厅正面前广场的主体地位（图 20）。

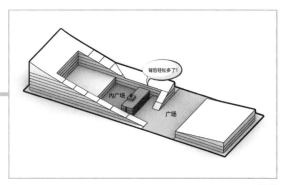

图 20

至此，老 S 所有的操作还都只是在小 S 同样操作的基础上更进一步，但真正的赢家必然要有异于常人的心机谋略，老 S 当然也不例外，概括起来就是四个字——抑强扶弱。

首先是压制强的，先给整体体量瘦身。整个场地面积很大，建筑平铺都够用。现在既然原市政厅杵在中间，把场地自然分成了两半，那就集中使用一半，另一半做成市民广场或是小公园，敞敞亮亮的多好（图21）。

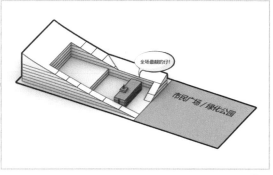

图21

可问题是这一块被分出来的场地实在太大了，南北向足足有160m长，活生生地把甲方想要的排面给缩水了一半！不用问也知道市长大人的内心活动：公园可以有，但排场不能丢（图22）！

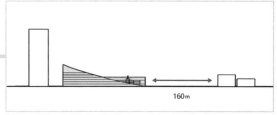

图22

根据完形理论，人们在感知一个不规则、不完满的形状时，会像得了强迫症一样地填补"缺陷"，补出完满的形状（图23）。

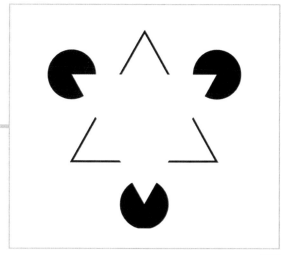

图23

而老S就是利用人类的完形强迫症，将南端的体块压缩至场地最南端。换句话说，只要在场地边缘插个小棍藕断丝连，就算占住了整个山头（图24）。

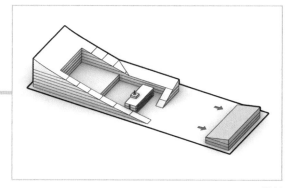

图24

我们甚至可以把南侧的体块再砍掉一半，腾出更多面积给小公园（图25）。

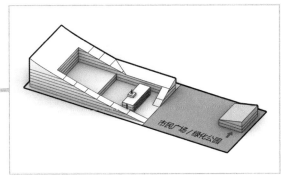

图 25

这样新建筑只占用了旧建筑身后的那一半场地,最大限度地凸显了原市政厅众星捧月的主体地位,同时也在视觉上撑满了场地,给甲方排场(图 26)。

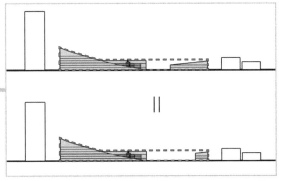

图 26

而且这个硬腾出来的小公园还默默地保留了场地上原有的一片小树林(图 27)。

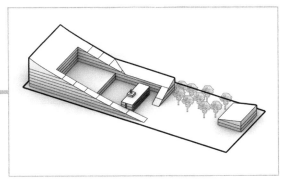

图 27

至此,还只是抑强的第一步。第二步就是在多功能厅的屋顶上种树。

这片小树林表面上是为公务员设置的内部休闲花园,实际上是在视觉上再一次削减新建筑的体量感,还有一个隐藏得更深的目的是暗暗地拉远了原市政厅与新建筑主体之间的距离。正所谓距离产生美,只要距离足够远,大体重就不叫事(图 28)。

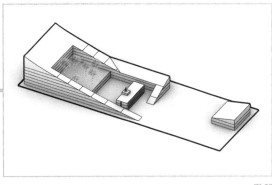

图 28

349

然后,再设置一个半透明木质外壳,并收缩新建筑底部,营造飘浮的轻盈感,进一步平衡新旧建筑之间的体量差异(图 29、图 30)。

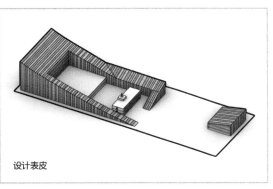

设计表皮

图 29

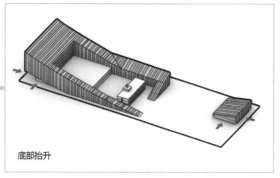

底部抬升

图 30

抑强完成，还得扶弱，既然原市政厅体形弱小，那就想办法让它强大。

在报告厅和礼堂上方的屋顶花园里设计一个尖尖的构筑物，长得和原市政厅屋顶那个尖角几乎一样，这样就在视觉上将旧建筑的体积向后膨胀延伸，实力演绎拉大旗，作虎皮（图 31、图 32）。

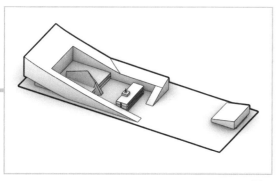

图 31

图 32

至此，体块上的操作基本结束，下面进行内部功能分区（图 33）。

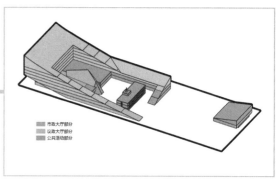

■ 市政大厅部分
■ 议政大厅部分
■ 公共活动部分

图 33

根据疏散要求插入交通核（图 34、图 35）。

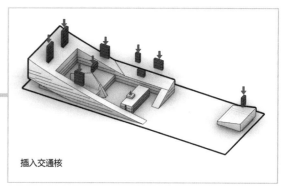

插入交通核

图 34

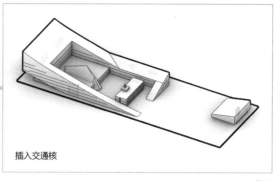

插入交通核

图 35

倾斜部位设置直跑楼梯联系上下层（图36）。

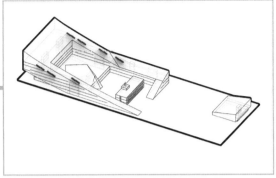

图 36

在划分内部房间时，老S还对首层做了一点儿
特殊处理。为提高公共活动部分的可达性，在
北侧打散首层体量，并设置多个独立入口。南
侧除了可以直接由室外进入1层，又加设一个
直通2层的大台阶（图37~图43）。

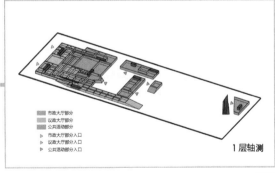

图 37

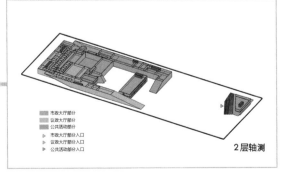

图 38

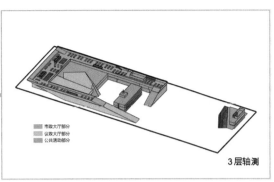

图 39

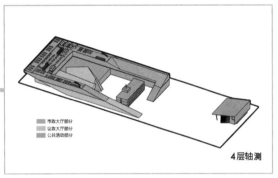

图 40

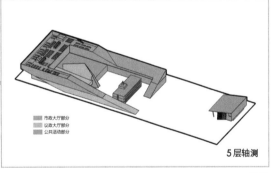

图 41

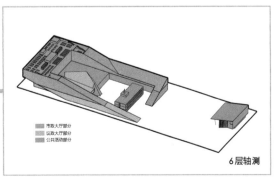

图 42

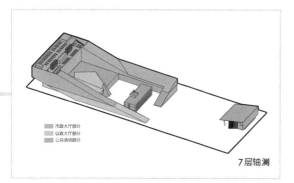

市政大厅部分
议政大厅部分
公共活动部分

7层轴测

图 43

最后设置坡道，作为地下车库出入口（图 44、
图 45）。

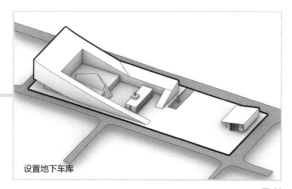

设置地下车库

图 44

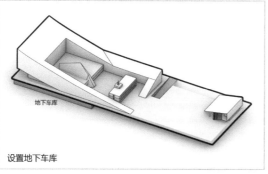

地下车库

设置地下车库

图 45

收工（图 46）。

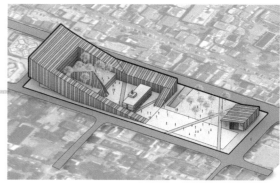

图 46

这就是 Snøhetta 事务所设计并中标的清州市
政厅竞赛方案，官方说将于 2025 年建成（图
47 ~ 图 49）。

图 47

图 48

图 49

我们常说，没有方向，所有的风都是逆风，似乎只要找对了方向，所有的风就都成了顺风。幼稚是病，得治，批判的武器不能代替武器的批判，战略的胜利也不能代替战术的胜利。月有阴晴圆缺，风有东南西北。顺风逆风无所谓，成功上岸才有新大陆。

图片来源：

图 1、图 32、图 47 ~ 图 49 来源于 https://faculty.chungbuk.ac.kr/index.php?mid=gallery&document_srl=10826，图 2 来源于 https://faculty.chungbuk.ac.kr/index.php?mid=gallery&document_srl=10826，图 10 来源于 https://www.c3korea.net/snohetta-wins-the-international-competition-for-cheongju-new-cityhall/，图 23 来源于 http://www.333cn.com/shejizixun/201801/43498_139783.html，其余分析图为作者自绘。

END

如果你脑子一团糨糊，可以选择学建筑

图1

名　称：人种学博物馆竞赛方案（图1）
设计师：MARS 建筑事务所
位　置：匈牙利·布达佩斯
分　类：博物馆
标　签：形式功能一体化
面　积：22 000m²

学建筑其实不太需要脑子，因为没什么用。不用脑子还能做一个单纯快乐的画图工具，用了脑子只会怀疑自己有一个假脑子。建筑师生存法则第135条：勤动手少动脑，甲方永远比你懂。如果没本事把方案搞清楚，那就想办法把甲方搞糊涂。

人的大脑重约1440g，80%是水。无论你还是你的甲方，脑子进水都是正常的，脑子本就泡在水里。所以，问题不是有水，而是你忘了再加点儿面粉。

某年某月某一天，布达佩斯市政府的人突然心情不太好，心情不好就想败家。普通人败家也就多买几个包，甲方败家，那就是多盖几个房。布达佩斯甲方毫不手软，一口气刷了5个博物馆出来。5个博物馆建在一个公园里，包括匈牙利建筑博物馆、布达佩斯新国家美术馆、匈牙利音乐之家、布达佩斯摄影博物馆，以及人种学博物馆。五项招标同时发布，报名者可以在五块场地的五个项目里自选一项进行设计。这种行为基本就类似于在一家店里打包了所有新款，刷爆了所有信用卡，俗称有钱任性(图2)。

图2

5根手指有长短，5块基地也有好坏，有的是亲孙子，有的就是真孙子（图3）。

图3

正常人都知道选位置很关键，功能很重要，还要有热度，横竖都是做方案，怎么也得找个大佛拜一拜，不为中标，就为以后吹牛积攒素材（图4）。

图4

马克思告诉我们，任何事物都具有两面性，就像你选择了中心位置地块的项目，基本也就告别了这个项目。因为，SANAA 事务所、藤本壮介、Snøhetta 事务所等一众大佬都选择了中心位置的地块，无名小建筑师大概率是炮灰（图5～图7）。

藤本壮介设计的匈牙利音乐之家
图 5

SANAA设计的新国家美术馆
图 6

Snøhetta设计的新国家美术馆
图 7

就算是炮灰，来自荷兰的小建筑师 Neville Mars 火星哥也不想当个灰飞烟灭的灰，至少也要做个死灰复燃的灰。说白了就是反其道而行，偏偏选那个最不重要、最不关键、最无关痛痒，同时也是最少人选择、竞争最不激烈的边角料 5 号位——人种学博物馆。

选择很简单，放弃更简单，难的是选择了就不放弃。如果选择了这块无关痛痒的地，然后做一个不痛不痒的方案，那还不如去中心位不痛不痒，说出去好歹也算和 SANAA 事务所同场竞争过。所以，火星哥的计划是把这块边角料设计出主角的气场（图 8）。

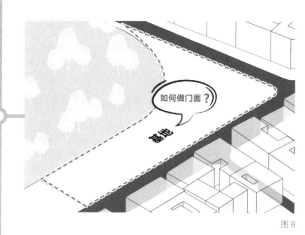
图 8

火星哥肯定读过很多心灵鸡汤，有一句鸡汤说：每个人都是世界的中心，也是世界的边缘，关键是你从哪个角度看。火星哥就打算换个角度看。

边角料 5 号位位于公园边缘，旁边有一个次入口。如果咱们把次入口看成主入口，把对角线看成中轴线，那边角料不就成了中心位了吗（图 9）？

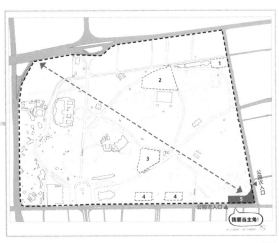

图9

换句话说，只要这个人种学博物馆足够吸引眼球，就有可能本末倒置、偷梁换柱。那么，问题来了：怎么才能足够吸引眼球？很简单：要么足够大，要么足够怪。

"大"基本上是不可能了，地就这么一丁点儿，10 000m²，面积也只要求了22 000m²，比旁边的新国家美术馆、音乐之家都小。那就只剩下"怪"了，所以是要养犀牛捉蚂蚱吗（图10）？

图10

先不说会不会被结构师打死、被造价师喷死、被甲方拍死，就建筑本身来说，太异形的空间除了用来浪，就是用来浪费了，换句话说，就是没法用。

敲黑板！问题的关键是怎样平衡功能与形式，也就是怎样在保证功能好用的前提下，让形式尽可能地更吸引眼球。形式与功能的关系比婆媳关系还扯不清，是"形式追随功能"还是"功能追随形式"，各方人马杠了很多年，也没杠出个花来。火星哥不想抬杠，也不想开花，他只想安静地和面。对，就是和面（图11）。

图11

不喜欢和面的建筑师不是好厨子。什么叫和面？就是把面粉和水掺和在一起揉啊揉，就揉出了一个面团，然后我们就可以拿这个面团来做馒头、面条、大包子啦。

画重点：把形式和功能掺和在一起揉成一个新的可操作的建筑"面团"，作为一种新的建筑元素对其进行设计（图12）。

图12

根据任务书，人种学博物馆包含展览空间（6000m²）、儿童博物馆（1200m²）、零售餐饮空间（3000m²）、教育空间（1500m²）、办公空间、存储空间（3000m²）等。建筑毕竟不是真的面团，很多功能对使用空间有具体的要求，不能随意进行变形操作，所以我们根据空间的可变形程度将功能大致分为两类，也就是能被随意变形折腾的功能，像展览空间、儿童博物馆、零售餐饮空间等，以及不能被随意变形折腾的功能，像教育空间、办公空间、展品处理空间等（图13）。

能被折腾的空间	不能被折腾的空间
展览空间	教育空间
儿童博物馆	办公空间
零售餐饮空间	展品处理空间
咖啡	存储空间

图13

将能折腾的展览空间、零售餐饮空间等放在地面以上，方便以后变形操作；将办公空间、存储空间、展品处理空间、教育空间等不能折腾的放在地下藏起来，不让它们影响地上的面点制作（图14）。

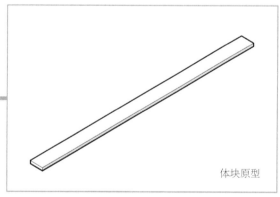

图14

按照地上部分各功能面积的要求揉成一条可塑面条。面条的端头可操作性最强，中间最弱，所以对地上功能可折腾程度进一步细分，将可操作性更强的展览空间置于端头，其余功能在中间排好（图15～图17）。

体块原型

图15

可操作性程度

图16

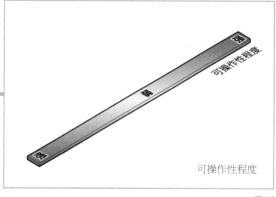

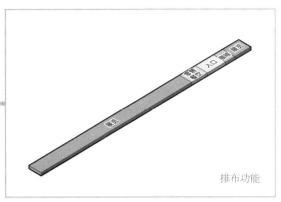

排布功能

图 17

这么长一根面条平铺是不可能的，所以，面条
需要进行竖向叠加。那么，问题又来了：如何
进行竖向叠加？是做成龙须面还是刀削面？螺
丝面还是贝壳面？不管做成什么面，首先，你
得会做；其次，多大碗吃多少饭，地形里要放
得下（图 18）。

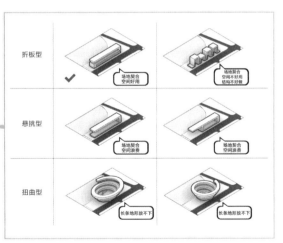

图 18

经过各种比较之后，火星哥选择把面条折成 S
形（图 19、图 20）。

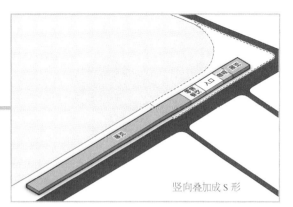

竖向叠加成 S 形

图 19

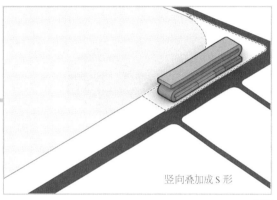

竖向叠加成 S 形

图 20

359

竖向叠加以后，形体的可操作性又发生了变化。
竖直相接的各拐点及上部形体可操作性较强，
底层中间部分操作性较弱。展厅又可以细分为
永久展厅、临时展厅、儿童博物馆三种，将面
积不大的临时展厅及儿童博物馆分别放在可操
作性强的拐点位置（图 21 ~ 图 23）。

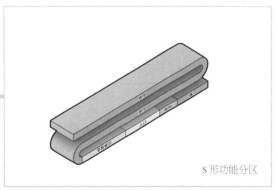

S 形功能分区

图 21

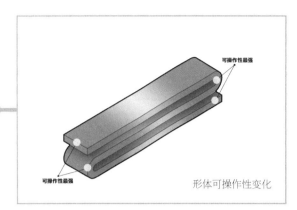

形体可操作性变化

图 22

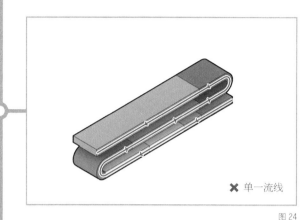

✖ 单一流线

图 24

重新排布功能

图 23

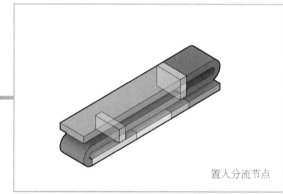

置入分流节点

图 25

现在这根面条只能一条路走到黑，而我们都知道这种规模的公共建筑是不能只存在单一一条流线的。为了满足不同人群的行为需求，并且符合疏散要求，在两个拐点功能与永久展厅交接的位置加入分流节点，使临时展厅和儿童博物馆在交叉连接主展厅的同时可以独立运行，由此形成主环路外加两个专用小环路的交通流线（图 24 ~ 图 26）。

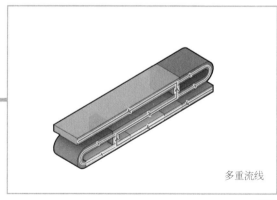

多重流线

图 26

至此，火星哥就得到了一根能吃但是卖相还不太好的宽面条。不但形式上不够美，而且各层中间夹着的缝隙空间非常消极，唯一的用处大概就是理论上可以加强城市和公园之间的视线联系，但也仅仅是理论上——因为这么高又这么深的缝，什么也看不见。

火星哥沿着中间大环路的节点位置向下压形体，压下去的地方势必会形成斜坡。然后进一步细分建筑内部功能，将大型演讲区、儿童学习区、小型演讲区及研讨会等功能空间放置在下压的形体位置（图 27 ~ 图 30）。

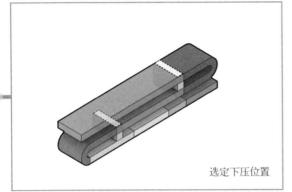

选定下压位置

图 27

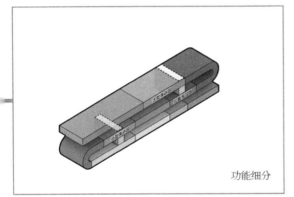

功能细分

图 28

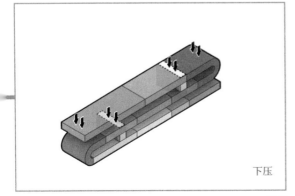

下压

图 29

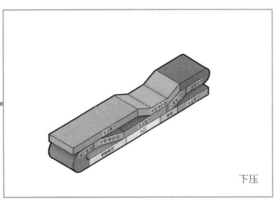

下压

图 30

继续将建筑两个端部往公园方向拽，底层在靠近城市处形成入口大绿地，顶层形成悬挑，限定公园侧的建筑入口空间，经过错动还形成了丰富的室外活动空间（图 31、图 32）。

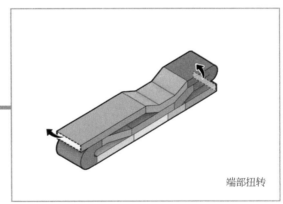

端部扭转

图 31

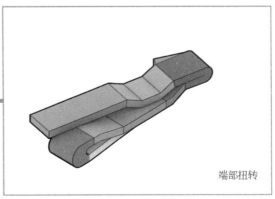

端部扭转

图 32

形体扭成了现在这个样子，交通空间及各层必需的卫生间等辅助用房怎么加？垂直向的功能出现势必会破坏掉水平向的连续美感。为了避免形式被破坏，也为了满足垂直辅助功能的添加，火星哥将交通核及辅助用房设计成一个新的形式元素，也就是一个倾斜的椭圆体。选定各个交通核及辅助用房的位置，根据形体扭转的程度，将椭圆体斜插入建筑中（图33、图34）。

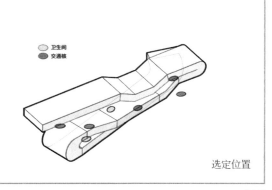

选定位置

图 33

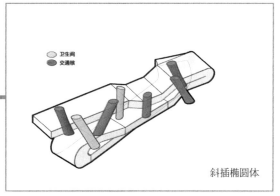

斜插椭圆体

图 34

我们前面说了，可以被折腾的空间都放在了易变形操作的位置上。那么，具体是怎么折腾的呢？

拐点1：临时展厅。

将拐点1内侧的灰空间变成室内空间，形成两层展览及三层通高；在三层通高的拐点位置加入螺旋楼梯，连接部位墙体开洞，通高部分也布置展品（图35～图38）。

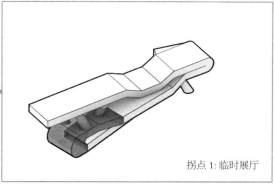

拐点 1：临时展厅

图 35

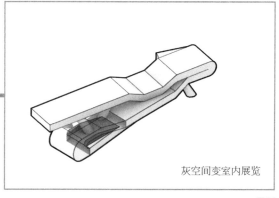

灰空间变室内展览

图 36

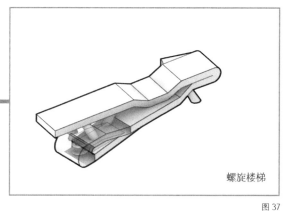

螺旋楼梯

图 37

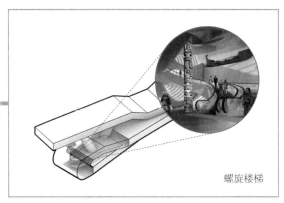

螺旋楼梯

图 38

拐点 2：儿童博物馆。

在通高位置布置滑梯、安全网，形成趣味活动空间，在三层起坡处加上连廊，连接室外灰空间（图 39 ~ 图 41）。

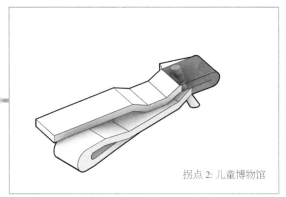

拐点 2：儿童博物馆

图 39

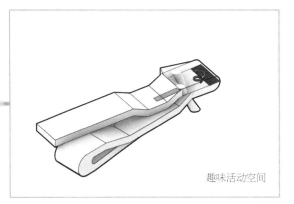

趣味活动空间

图 40

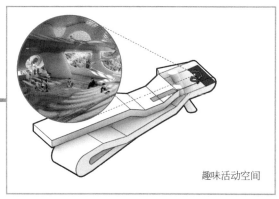

趣味活动空间

图 41

由于之前的塑形在内部形成多个斜坡空间，所以顺势使用台阶连接，并且形成多个演讲区、学习区和休闲区（图 42 ~ 图 44）。

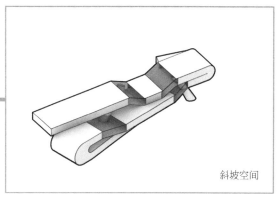

斜坡空间

图 42

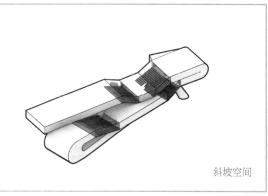

斜坡空间

图 43

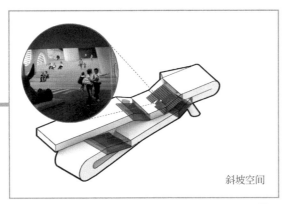

斜坡空间

图 44

"设计一时爽，结构火葬场"，想想这大宽面条再插上一堆牙签柱子，画面太美不敢看。火星哥决定使用腹板穿孔梁制成的箱形桁架来支撑。为了加强支撑，将藏有交通核的部分椭圆结构加厚，充当承重柱（图 45、图 46）。

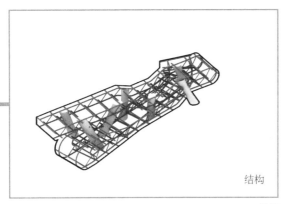

结构

图 45

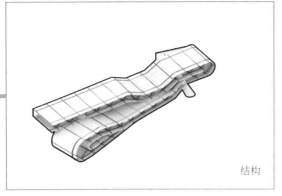

结构

图 46

加入结构以后，立面钢结构暴露在外，用异形曲面包裹外立面的钢结构，进一步增强雕塑感（图 47、图 48）。

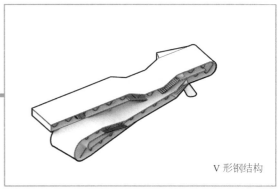

V 形钢结构

图 47

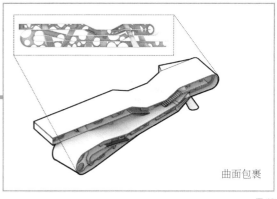

曲面包裹

图 48

再在外侧加上玻璃。火星哥又很有心机地搞了两种表皮：在靠近城市一侧顺应建筑外轮廓形成一层层的横向分割，强调这种连续轮廓带来的雕塑属性；在靠近公园一侧，加入柔软的波点图案分隔，拉近人与建筑的距离，强化建筑的开放属性（图 49、图 50）。

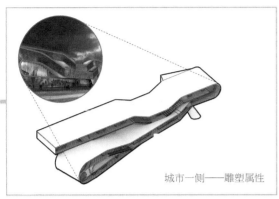

城市一侧——雕塑属性

图 49

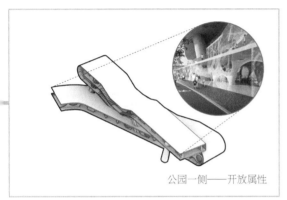

公园一侧——开放属性

图 50

为屋面及椭圆结构赋予混凝土材质（图 51 ）。

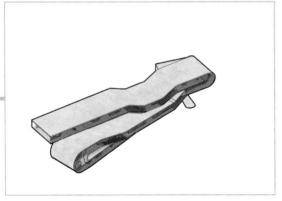

图 51

最后，在屋顶加入绿化，并且加入台阶及玻璃栏板（图 52 ）。

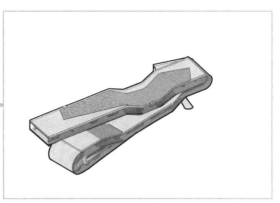

图 52

收工（图 53 ）。

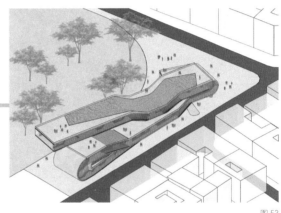

图 53

这就是 MARS 建筑事务所设计的人种学博物馆竞赛方案（图 54 ~ 图 61 ）。

图 54

图 55

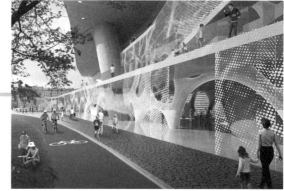

图 58

图 56

图 59

图 57

图 60

图 61

人算不如天算，上次的攀岩总部，火星哥因为甲方自己折腾换地，幸运中标，这一次，布达佩斯甲方竟然也折腾着换地。历史总是惊人地相似，但运气不会再来一次，人种学博物馆换地后又组织了一次竞赛，火星哥没再参加。不过只要和面的手艺在，在哪儿还不能当个厨子啦？

图片来源：

图 1、图 38、图 41、图 44、图 54 ~图 61 来源于 http://www.m-a-r-s.asia/，图 2 改绘自 https://ligetbudapest.hu/en/about-the-project，图 3、图 4、图 9 改绘自 http://www.jiudi.net/2014/content/?2263.html，图 5、图 6 来源于 https://ligetbudapest.hu/en/about-the-project，图 7 来源于 https://bustler.net/news/4289/sn-248-hetta-and-sanaa-tie-for-new-national-gallery-and-ludwig-museum-for-budapest，其余分析图为作者自绘。

END

碰上一个跨越物种的设计，你输得不冤

图1

名　称：帕拉马塔广场 5 号地块社区中心竞赛方案（图 1）
设计师：Manuelle Gautrand 建筑事务所
位　置：澳大利亚·帕拉马塔
分　类：政府文化综合体
标　签：技术结合，LED 屏
面　积：12 000m²

什么叫降维打击？就是让你每天喝8杯水很难，但是让你喝8杯奶茶，只需一句"我请你"。再好吃的泡面也干不过一个外卖App，再详细的地图也干不过一个手机导航，再凶猛的野兽也干不过一个贝尔。有时候，一个新物种的出现确实不是在针对谁，而是因为在座的各位都是"垃圾"。

1788年，澳大利亚的帕拉马塔市与悉尼市同时被建立，可惜，同人不同命，虽然帕拉马塔市距离悉尼市中心只有24km，但地位差了十万八千里。如果说你的幸福感取决于你的邻居，那么帕拉马塔市就很不幸福（图2）。

图2

2016年，帕拉马塔市政府筹集了27亿美元，打算在市中心搞一个顶级CBD"帕拉马塔广场"，为将帕拉马塔打造成澳大利亚下一个最伟大的城市添砖加瓦（图3）。

图3

广场内共规划有8座主要建筑（图4），包括现存的老市政厅（7号地块）、悉尼水利公司（2号地块），以及新建的西悉尼大学商学院（1号地块）、四座商业办公大楼（3号地块、4号地块、6号地块、8号地块），以及正中央的帕拉马塔社区中心（5号地块）。

图4

虽然名字叫社区中心，但实际上人家承担的是新的市议会会议厅、市民活动、图书阅览、互动展厅、剧场表演、会议办公等功能，所以，这实际上是一个政府文化综合体。

好好的综合体干吗非得叫社区中心？估计一是因为政府想走亲民开放的低调路线，二是因为这个项目也实在是高调不起来。地总共才1800m²，要求建筑面积8000m²，这小体格确实就是一个社区中心。而且虽然5号块地位于广场中央，但周围全是大高层，只有西面的老市政厅体形差不多，可人家还是历史文物建筑遗产，惹不起（图5）。

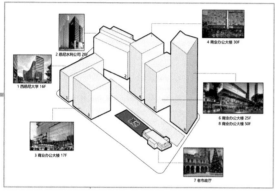

图5

8000m²满打满算做个5层，也就能够完成任务了。然而，全世界的甲方都一样，他可以自谦，但你不能当真。

具体说就是，政府可以叫自己社区中心，但你要真的给他按社区中心设计，他能直接把你踹到月球中心。

社区中心，重点就两个字——中心。所以，5号地块的主线任务是让社区中心在现代化高楼的包围下，找回自己作为政府办公地以及最先进图书馆的排场，成为整个广场"最靓的仔"，成功吸引社会民众（图6）。

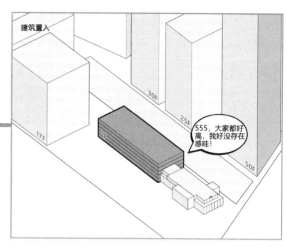

图6

既然周围都是大高个儿，那么正常人想到的第一个办法肯定就是让自己也长高。可现实是建筑面积只有8000m²，保证功能使用的情况下撑死做个10层左右，但还是被别人的身高远远甩在后边（图7）。

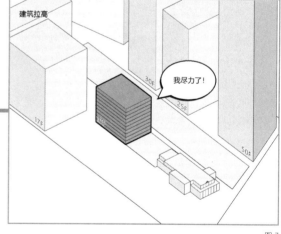

图7

拔苗助长不可取，长高没戏，长胖更没商量，毕竟地就这么大。那就只剩下一个方法——怪。至此，大多数建筑师都会选择在奇奇怪怪的路上一路狂奔不复返了（图8）。

图8

如果没有下面这个人，那么帕拉马塔广场5号地块社区中心竞赛方案的竞标就依然还是一个正常的同物种之间的竞争。然而，很可惜，来自法国的 Manuelle Gautrand 建筑事务所带着外来新物种发起了降维打击。长得再好看的房子也没有手机好看，这就是 Manuelle Gautrand 建筑事务所的新物种计划。

画重点：把设计一栋小房子转变成设计一块大屏幕（图9）。

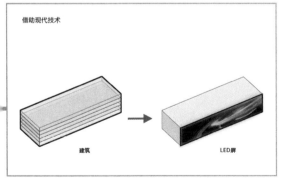

图9

虽然一栋5层楼高的房子不算大，可一块5层楼高的 LED 屏幕……也不能算大，而是超级大（图10、图11）！

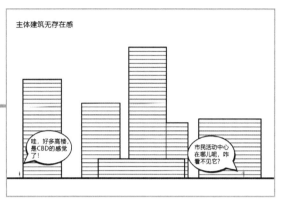

图10

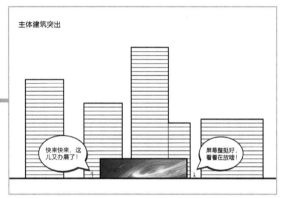

图11

虽然想法惊世骇俗，但现实只有俗。先不提钱不钱的事，就这样直愣愣地把 LED 贴到外墙上，根本达不到想象中的观赏效果。首先，整个立面贴上屏幕的话，比例接近3∶1，而一般视频和图片的长宽比多为16∶9或4∶3，也就是只能将屏幕分割成几小块使用，要不然就得忍受两侧的黑边（图12、图13）。

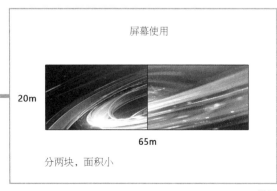

图12

371

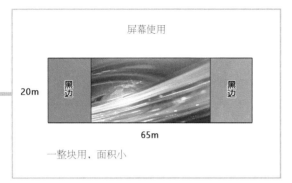

图 13

其次，LED 屏幕的观看距离以屏幕高度的 3 倍为最佳（图 14）。

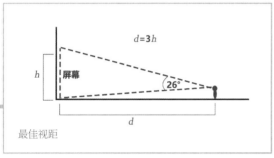

图 14

5 层的社区中心高度约 20m，因此立面上屏幕适合的观看距离应在 60m 左右，然而南侧广场的进深只有 30m，站到马路牙子上都看不清楚屏幕（图 15、图 16）。

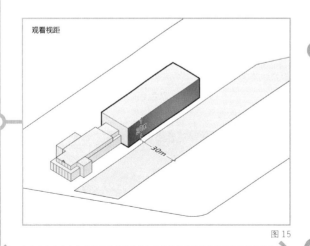

图 15

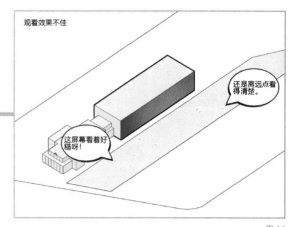

图 16

注意前方操作！

屏幕太宽就拉高些，距离太短就把屏幕往远了放些呗。

Manuelle Gautrand 建筑事务所将整个建筑体块斜切，通过改变屏幕方向增加观看距离，然后又将体块拉高调整屏幕的长宽比，同时补足了因斜切体块而缺失的面积（图 17、图 18）。

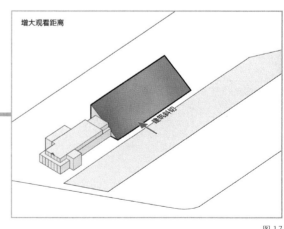

图 17

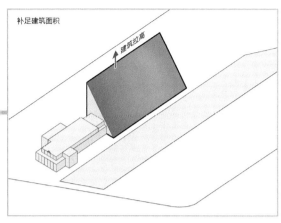

图 18

屏幕比例和观赏距离的问题解决了，还要考虑安装。目前，市面上流通的成品单块 LED 屏幕单元面积还不足 1 m²，因此这么大面积的屏幕必然需要由许多块小屏幕拼合而成。考虑到排水、散热以及安装运输的难度，通常采用将若干块屏幕单元组成一个屏幕模块，再将多个屏幕模块以固定间隙组成整块屏幕的方式实现大面积的户外 LED 屏幕（图 19）。

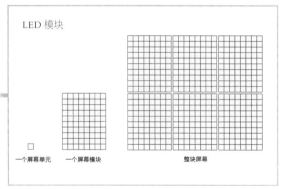

图 19

咨询过设备安装部门之后，Manuelle Gautrand 建筑事务所最终决定将一组 LED 板的尺寸控制在 8m×10m，一方面便于 LED 屏的生产组装，另一方面与常用柱网尺寸对应，便于和内部空间协调（图 20）。

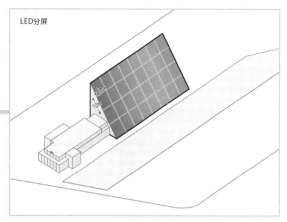

图 20

金贵的屏幕总算是装到立面上了，但还有一大拨问题已经提刀赶来。首先，拿 LED 当立面，入口怎么开？毕竟这是屏幕，不是玻璃幕，就算你有钱任性，直接豁个口子开门，却阻止不了群众的好奇心，这个摸一把，那个踹一脚，三天一坏、五天一修还是小事，一旦有人触电什么的才是吃不了兜着走（图 21）。

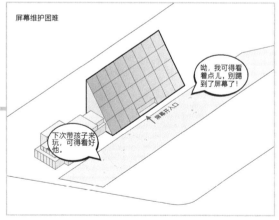

图 21

Manuelle Gautrand 建筑事务所继续操作。

对建筑体块的低层部分做反方向切削，以玻璃幕墙加局部霓虹灯的方式代替整块的 LED 屏。反方向切削后的体块既限定了出入口灰空间，又丰富了人们观看数字投影艺术的方式，同时避免了广场人群与屏幕互相伤害，一箭好几雕（图 22、图 23 ）。

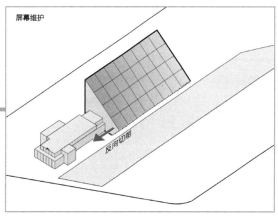

图 22

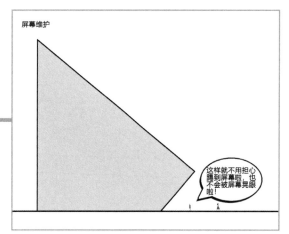

图 23

然而，就算一箭好几雕也还没完。再次重申，这是屏幕，不是玻璃幕，反面比正面还娇贵，室内活动要是不小心碰到哪根线缆或是撞坏了哪个控制模块，马上黑屏、蓝屏。

因此，最好的办法还是要让人和屏幕离远一些。Manuelle Gautrand 建筑事务所直接在建筑内设置了一个边庭，楼板向内收缩，井水不犯河水（图 24 ）。

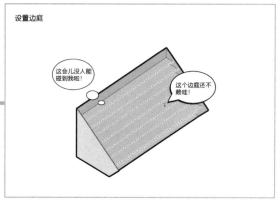

图 24

至此，大屏幕的维护问题基本解决了，可以喘口气继续做方案了——因为第二个问题又来了。

再次重申，这是屏幕不是玻璃幕，不但金贵复杂，还不透光（图 25 ）！

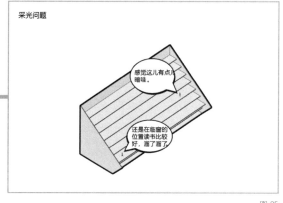

图 25

Manuelle Gautrand 建筑事务所发现划分出的
LED 模块之间是要留出缝隙的，用于散热和排
水，因此顺势把这缝隙扩大来改善采光和通风。
如果直接将 LED 模块的边界向内偏移来加大缝
隙的话，就会破坏观赏体验，于是 Manuelle
Gautrand 建筑事务所将 LED 模块围绕其顶边或
底边进行小角度的旋转，使其微微翘起，从侧
面和顶面增大缝隙，这样就可以在不影响观看
效果的前提下改善采光通风了（图 26）。

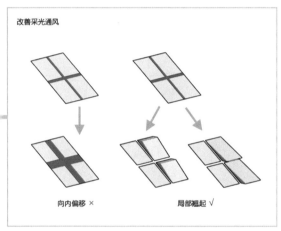

图 26

问题又来了：让哪些屏幕起翘？又要起翘多少
呢？这就得根据周围环境来决定。屏幕起翘
的方法能够显著提升东西侧阳光的接收量，但
基地东侧是 17 层的 3 号地块商业办公大楼，
基本上把东侧的阳光全挡住了，所以只好重点
捕捉西侧的阳光。因此 Manuelle Gautrand 建
筑事务所将屏幕起翘的量从西到东依次渐进增
大，来尽可能多地接收西侧阳光（图 27）。

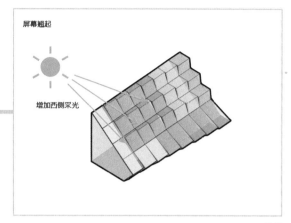

图 27

光靠屏幕起翘带来的采光量增加还是不能满足
需求，Manuelle Gautrand 建筑事务所又拿掉
边角的一些屏幕模块，做成露台或者天窗（图
28、图 29）。

图 28

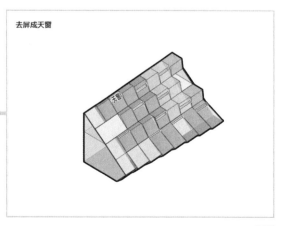

图 29

形成露台后，虽然改善了采光，但屏幕的完整性也遭到了破坏（做个新物种也真是不容易啊）。怎么办？凉拌！既然破了，那就破得更彻底一点儿，牛仔裤破一个洞是破，破 n 个洞就叫时尚了。Manuelle Gautrand 建筑事务所一不做二不休，将其他边缘的完整性也破坏掉。正好基地周围有 3 个教堂，虽然风格不尽相同，但都有个尖顶。这就好办了，在堆叠立面块的时候可以直接堆出个锯齿状的小"尖顶"来，既与教堂呼应，也让先前去掉的几块屏幕显得不那么突兀。尖顶部分即便装上屏幕效果也不是很好，索性和底层一样用玻璃幕再装上霓虹灯，省钱的同时还能让阳光从这里穿过，尽量不影响广场的采光（图 30 ～ 图 33）。

图 30

图 31

图 32

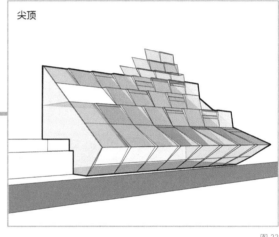

图 33

将整个建筑体块继续向西延伸，对老市政厅进行部分包裹来实现二者的衔接与交流（图 34）。

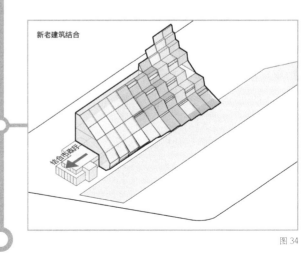

图 34

至此，拥有超大 LED 屏幕立面的建筑形体基本完成。如果不是因为 LED 的介入，这个"妖娆"的形式一般人还真的很难想出来（图 35）。

图 35

确定建筑形式之后再来排内部功能。LED 屏的斜面形式直接影响了内部空间的排布，将门厅、咖啡厅、游客服务及图书阅读等对采光要求较高的空间置于底部，直接利用建筑下部的玻璃幕墙采光。而内部空间顺应建筑造型的斜面，也呈退台布置的形式，同样是将大尺度空间置于下部，而越往上，功能空间尺度越小。1 层设置 1800m² 的门厅、开放咖啡厅及游客服务等开放空间，并面向广场和北侧、西侧街道三面设置入口，增强建筑的开放性。同时，让老市政厅承担剧场的功能，在临近新建筑的一侧增设舞台，增强与新建筑的联系（图 36）。

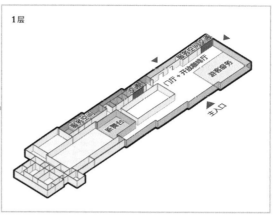

图 36

2 层和 3 层设置 3700m² 的图书馆（图 37、图 38）。

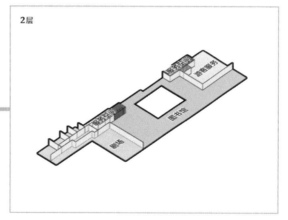

图 37

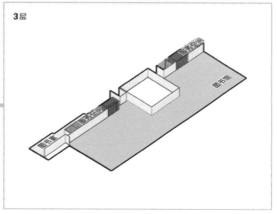

图 38

4 层设置 1400m² 的社区会议室（图 39）。

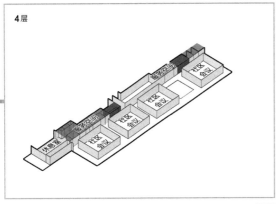

图 39

5 层设置 1200m² 的议会会议厅和委员会办公空间（图 40）。

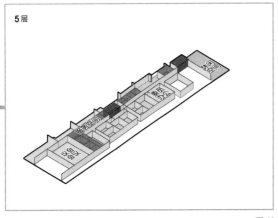

图 40

6 层设置 1000m² 的展览空间（图 41）。

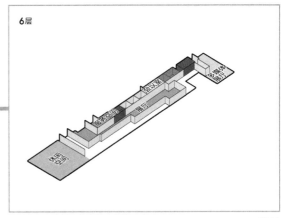

图 41

7 层是 500m² 的普通办公室（图 42）。

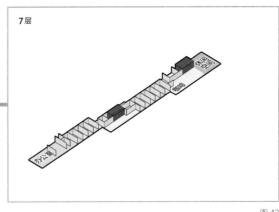

图 42

为了隔离 LED 屏而设置的边庭空间也达到了视线上的渗透效果，但在竖向空间上仍未打破水平层的分隔。Manuelle Gautrand 建筑事务所决定将图书馆的功能局部扩散到 4 层，在楼板边缘形成平台和通高空间，平台尺度与外立面屏幕尺寸对应，引导着人流向上走。其他楼层也依据外立面分格，各自形成平台以呼应外立面，使内外形式统一（图 43 ~ 图 48）。

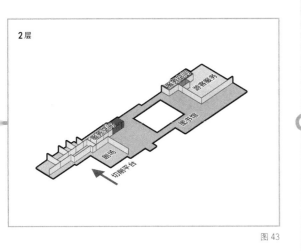

2层

服务空间
游客服务
剧场
图书馆
切膀平台

图 43

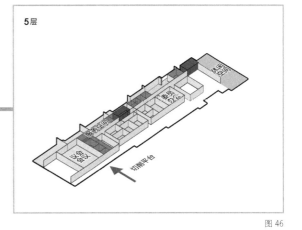

5层

服务空间
休息空间
教员办公
设备间
切膀平台

图 46

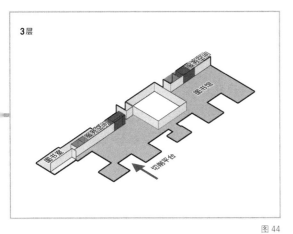

3层

服务空间
图书馆
图书馆
切膀平台

图 44

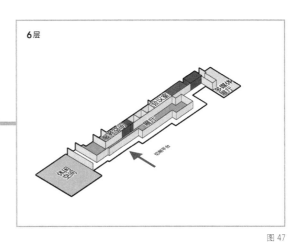

6层

服务空间
休息空间
会议室
展厅
多媒体展厅
切膀平台

图 47

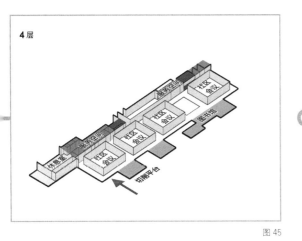

4层

服务空间
休息空间
社区会议
社区会议
社区会议
社区会议
图书馆
切膀平台

图 45

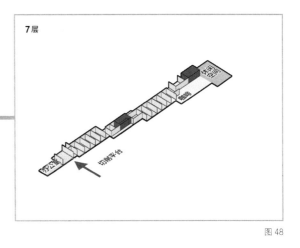

7层

行政办公
休息空间
展厅
切膀平台

图 48

379

然后，用直跑楼梯连接平台，使整个边庭空间连为一体（图 49、图 50）。

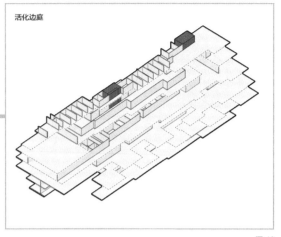

活化边庭

图 49

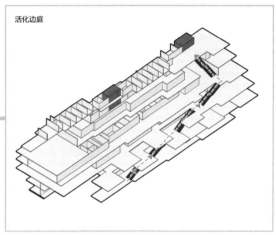

活化边庭

图 50

最后，再根据内部功能调整外部斜面的位置和倾斜程度，使内外对应统一（图 51）。

收工。

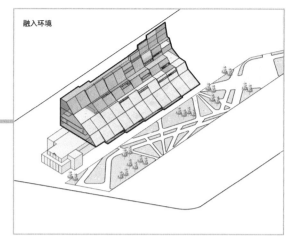

融入环境

图 51

这就是 Manuelle Gautrand 建筑事务所设计的帕拉马塔广场 5 号地块社区中心竞赛方案，都说了是降维打击，结果毫无悬念，即使 LED 立面造价不菲，也挡不住中标的步伐，它已经在 2020 年 8 月破土动工了（图 52 ～图 54）。

图 52

图 53

图 54

这个世界有时候就是残酷得让你哭都哭不出来，造价根本不是问题，只是你的造价有问题，甲方也根本不抠门，只是对你很抠门。

图片来源：

图 1、图 52、图 53 来源于 https://archeyes.com/milles-arbres-in-paris-sou-fujimoto-oxo-architectes/，图 35 来源于 https://aasarchitecture.com/2016/07/manuelle-gautrand-architecture-lacostestevenson-designinc-win-competition-parramatta-squares-landmark.html/manuelle-gautrand-architecture-with-lacoste-stevenson-designinc-win-of-competition-of-the-parramatta-square-s-landmark-08/，图 54 来源于 https://www.youtube.com/watch?v=wsb6exF4_5c，其余分析图为作者自绘。

END

这届建筑师，让甲方开始怀疑人生了

图1

名　称：蒙克博物馆竞赛方案（图1）
设计师：Manuelle Gautrand 建筑事务所
位　置：挪威·奥斯陆
分　类：文化商业综合体
标　签：整体规划，连续设计
面　积：26 300m²

都说我待甲方如初恋，只是，初恋这件小事，这年头谁还当个真？这届建筑师估计从幼儿园开始就深谙敌进我退、敌弱我打、打一枪换一个地方、打不过就赶紧跑的招数，社会节奏这么快，谁有闲情逸致去玩日久生情、相濡以沫？一见不钟情，就赶紧相忘于江湖吧。正是：人有多大胆，地有多大产，不管是哪块小饼干，甲方都得靠边儿站。

还记得 REX 事务所擅自换地后获得二等奖的新蒙克博物馆竞赛吗？要说奥斯陆甲方也是很艰难，好不容易组织个竞赛，碰到的全是不正经的人。你以为 REX 事务所自选场地就算胆大包天吗？不！自选场地不算什么，有人连竞赛内容都全程自选了。

新蒙克博物馆是奥斯陆比约维卡这片区域的重要地标，但不是最重要的，最重要的是与他隔河相望的挪威国家歌剧院（图2、图3）。

图2

图3

人类幼稚的好胜心大概是一切江湖是非的开端，就因为这个被内定成中心位的歌剧院，好好的蒙克博物馆竞赛才产生了一拨接一拨的幺蛾子。说白了，就是要博出位，是主角还是配角不是靠规划，而是要看谁狡猾。

来自法国的 Manuelle Gautrand 建筑事务所坚信知己知彼，才能百战不殆，所以他们开始拿着显微镜研读整个奥斯陆水岸的"峡湾之城"计划，试图从中找出能够巧妙取代周边标志性建筑（主要就是歌剧院）的方法，使蒙克博物馆成为最特殊的存在。

首先，在历时 20 年的"峡湾之城"计划中，奥斯陆水岸共规划有 14 个站点，每个站点都有一个地标建筑官方景点。14 个站点串联成一条完整的旅游线，游客可以通过水路（游船）或陆路（旅游巴士）定点游览，完成整个峡湾长达 120km 的旅程（图4）。

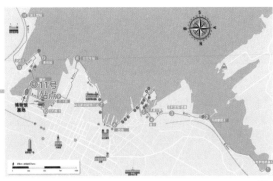

图4

蒙克博物馆和挪威国家歌剧院都属于 11 号站点，而官方推荐景点当然是歌剧院。不过，Manuelle Gautrand 建筑事务所觉得官方推荐无所谓，重要的是活在各大旅游攻略里。

那么，问题来了：旅游博主们都喜欢推荐什么样的景点呢？简单说就是：好看的不如好玩的，好玩的不如好吃的。越是深藏在不知名胡同巷子里的迷你小馆子，越容易得到青睐。打个比方，你推荐蒙克博物馆，不如推荐蒙克博物馆旁边的咖啡厅显得清新、文艺、有深度。所以，Manuelle Gautrand 建筑事务所压根儿就没管博物馆的事儿，一门心思就想打造一条网红步行街，而且在整个"峡湾之城"计划的旅游线里，每两个相邻站点之间都相隔很远，游客大部分时间可能都耗在路上和找路上。更恐怖的是，千辛万苦找到的景点也不见得多有趣，就像官方推荐的国家歌剧院，有啥好玩的？如果不是去看演出，那就只能在门口拍个游客照。步行两小时，拍照 5 分钟（图 5）。

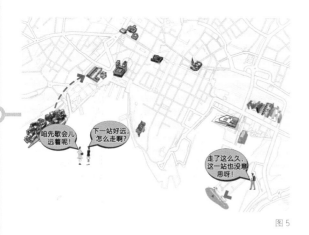

图 5

画重点，Manuelle Gautrand 建筑事务所突发奇想：把蒙克博物馆旁边的空地全部组织起来，做一条室内步行街。当然，空地也是有上位规划的，在政府的计划里，蒙克博物馆旁边还要建设一个酒店、一个海滨浴场和一个码头。换句话说，Manuelle Gautrand 建筑事务所直接把人家的单体建筑竞赛升级成了群体城市设计，还是个加了盖儿的城市设计（图 6）。

图 6

再换句话说，Manuelle Gautrand 建筑事务所打算将建筑功能与户外走道、广场结合重组，让冗长无聊的建筑间距变成有趣好玩的步行街。

拜库哈斯所赐，全世界的建筑师都学会了两个单词——formal（正式）和 informal（非正式）。对于非正式功能，每个建筑师都有自己不同的处理方式，比如，库哈斯最初提出功能重组，不就是为了把碎片化的社交空间提取出来，化零为整吗？在库哈斯的眼中，甭管什么美术馆、图书馆，我来这儿的目的都是社交，至于看展读书什么的，随缘吧。

妹岛和世用街心花园加绿道系统（非正式空间）
串联整合功能空间，不影响正常的建筑功能使
用流线，且街心花园自身也能参与到建筑使用
流线之中（图7）。

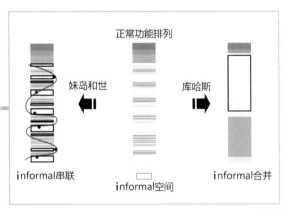

图7

然而，这两种方式都是将建筑功能在内部重组，
Manuelle Gautrand 建筑事务所是选择将建筑
空间中的非正式功能与城市空间中的非正式功
能（街道和广场等）重组（图8）。

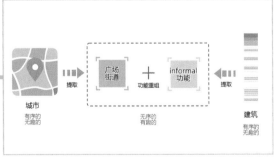

图8

这样一来，城市广场与非正式建筑功能结合，
串联起浴场、码头、酒店和博物馆的正式功能，
把赶路变成逛街，把找路变成觅食。

首先，将博物馆周围本来零碎的4块基地连接
成一片场地，用于室内步行街的规划（图9、
图10）。

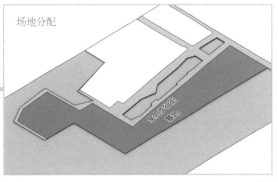

图9

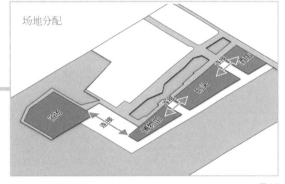

图10

然后，根据人流离开基地去往下一站点的位置
方向，确定基地内各个功能的主要出入口。
酒店出入口位于基地北侧，通向市中心（图
11）。

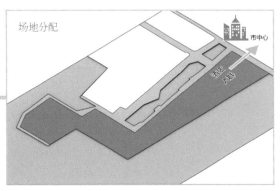

图11

处在整个基地端头的独立滨水小岛适合疏解海水浴场的大量停留人员（这个小岛就是 REX 事务所擅自更换的博物馆场地）（图 12）。

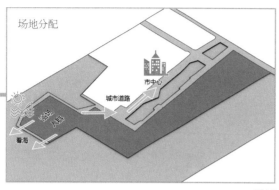

图 12

码头和博物馆位于场地中央，离谁都近，四通八达（图 13）。

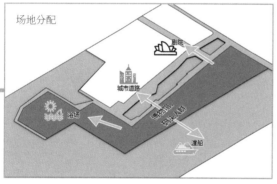

图 13

接下来，就近布置建筑功能。酒店靠近北侧出入口，浴场独立于小岛，码头和博物馆位于场地中央，同时由于码头需要停靠游船，处于靠近海岸的基地拐角处更为便捷（图 14）。

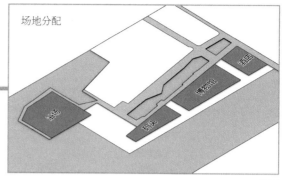

图 14

按照各建筑功能的面积要求升起建筑体量（图 15）。

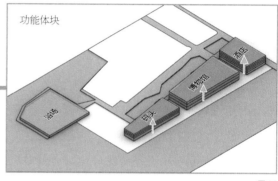

图 15

单体建筑体块生成后，下面提取广场和非正式空间进行功能重组。根据建筑入口和场地内部人流方向，确定广场位置（图 16 ~ 图 18）。

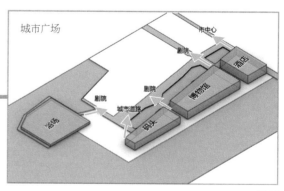

图 16

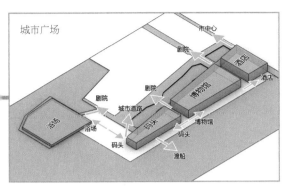

图 17

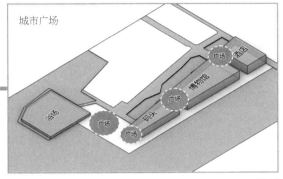

图 18

随后，将建筑中的非正式空间提取出来与广场结合。酒店部分的宴会厅、会客厅以及接待室是无序的非正式空间，可与广场进行结合，于是将各层的非正式空间排列在靠近广场的一侧（图 19）。

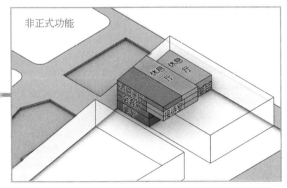

图 19

博物馆的接待室、门厅、临时展厅以及休息空间为非正式空间，也排列在端部靠近广场的位置（图 20）。

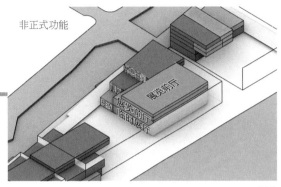

图 20

而码头中的登船空间、到达大厅和出发大厅是非正式空间，因此到达大厅和出发大厅靠近海域和博物馆广场（图 21）。

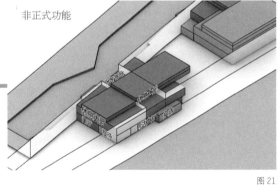

图 21

登船处排列在临近海水浴场的广场附近，同时将浴场和码头两部分入口广场向外拓展到浴场与码头之间，使整个建筑体量联系起来（图22、图 23）。

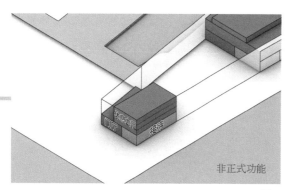

非正式功能

图 22

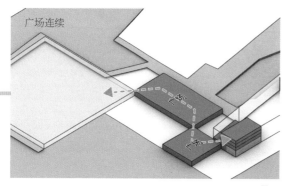

广场连续

图 23

最后，将非正式空间与广场合为一体，非正式空间呈阶梯式上升，使得广场空间竖向渗透进建筑功能（图 24 ~ 图 26）。

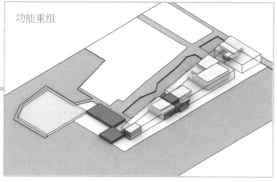

功能重组

图 24

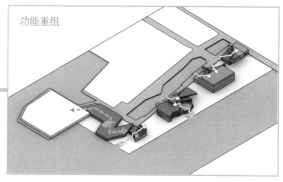

功能重组

图 25

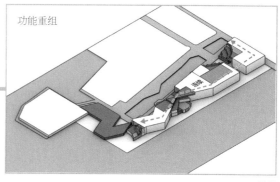

功能重组

图 26

进一步梳理流线。根据建筑使用要求将正式功能布置在重组空间周围，使得广场人流深入各层功能内部（图 27 ~ 图 30）。

拆房部队悄悄话：除了博物馆外，其他正式功能基本都是 Manuelle Gautrand 建筑事务所自己瞎想的，反正全世界酒店都差不多，领会精神吧。

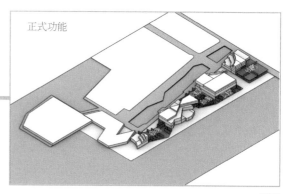

正式功能

图 27

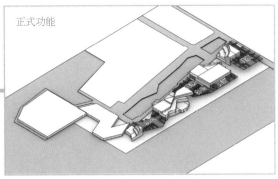

正式功能

图 28

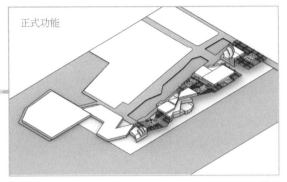

正式功能

图 29

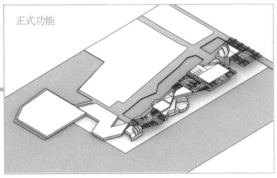

正式功能

图 30

插入中庭空间和垂直交通，使内部功能竖向流通（图 31）。

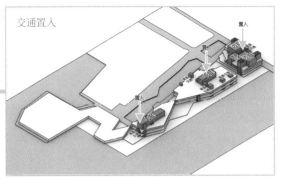

交通置入

图 31

整理海水浴场形态，并提取博物馆内部临时展览空间，作为主题观览节点，插入通往海水浴场的动线，使博物馆流线贯穿整个步行街，室内外连通提升整体活力（图 32）。

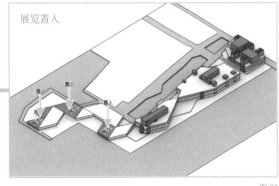

展览置入

图 32

至此，空间结构基本完成，下面就是给步行街设计一个漂亮的屋顶了。

Manuelle Gautrand 建筑事务所以蒙克艺术作品中的挪威山脉为灵感,通过以连续的三角形曲面覆盖整个场地,也形成了连绵起伏的山脉效果(图33、图34)。

图 33

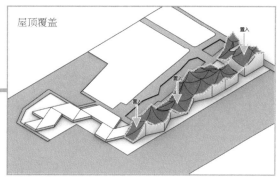

图 34

根据屋顶形状调整楼板、交通及内部功能空间的边界,使内部空间适合屋顶轮廓(图35)。

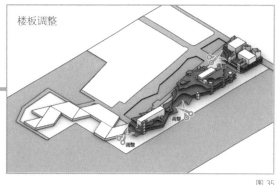

图 35

延续山脉的屋顶效果,在海水浴场及浴场和码头之间设置半户外空间,置入屋顶整合建筑外观,使得整个步行街在浴场端点处结束(图36)。

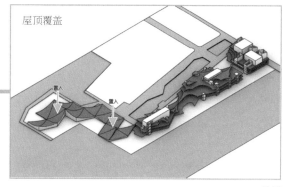

图 36

由于步行街屋顶具有爬升效果,将各单体建筑的非正式空间探出外壳,在面向阳光、地标以及大海的方向开窗洞,生成半户外的平台空间,这样室内的步行街就同时具备了高处观景的功能(图37)。

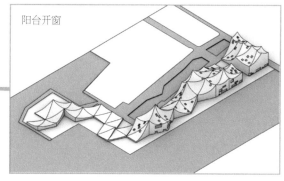

图 37

最后,一向高调的 Manuelle Gautrand 建筑事务所赋予了步行街屋顶一个从蓝到紫的渐变色膜结构,修整基地海岸线,使建筑更加融于环境。夜晚,灯光效果配合渐变膜结构,Manuelle Gautrand 建筑事务所已经给步行街起好了名字——"星夜"(图38、图39)。

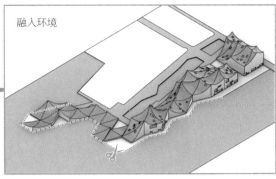

融入环境

图 38

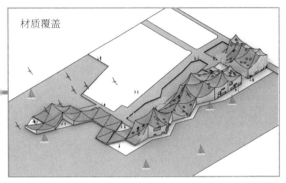

材质覆盖

图 39

这就是 Manuelle Gautrand 建筑事务所设计的蒙克博物馆竞赛方案，一个无视甲方竞赛任务，硬生生把单体建筑做成网红步行街的方案（图40～图42）。

图 40

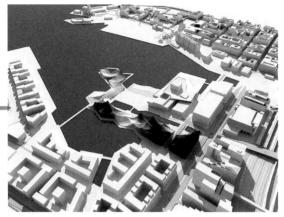

图 41

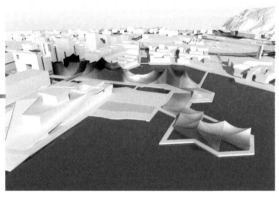

图 42

奥斯陆甲方也不知道该哭还是该笑，仿佛办了个假竞赛，设计场地不是预想的，设计任务也不是预想的，真的是有组织无纪律。甲方很生气，后果不严重，REX 事务所获得了第二名，Manuelle Gautrand 建筑事务所也入围了决赛圈。虽然结果不是预想的，但效果好像超出了预想，或许在这届建筑师看来，真正的挑战不在任务书之后，而在任务书之前。

图片来源：

图 1、图 40～图 42 来源于 https://divisare.com/projects/93239-manuelle-gautrand-starry-night-munch-stenersen-museum-in-oslo，图 3、图 4 来源于 http://www.ideatchina.com/web/article/phone?aid=2626，其余分析图为作者自绘。

END

复制粘贴画图法的最高境界

图1

名　称：蒙特利尔人体学博物馆（图1）

设计师：BIG建筑事务所

位　置：法国·蒙特利尔

分　类：博物馆

标　签：地景设计

面　积：7800m²

图2

名　称：阿德莱德现代艺术博物馆竞赛方案（图2）

设计师：BIG建筑事务所

位　置：澳大利亚·阿德莱德

分　类：博物馆

标　签：地景设计

面　积：约15 000m²

垃圾分类,从我做起。灵魂拷问:设计方案属于什么垃圾?既然你诚心诚意地发问了,我们就大发慈悲地告诉你,赌上建筑师的尊严,摸着甲方活蹦乱跳的良心,贯彻爱与真实的邪恶,认真严肃地回答:99%的方案都是一次性用品!不可回收!剩下的1%属于不可能回收的!做过的方案就像吃过的饭,再美味也是剩饭,重点不是不能吃,而是凉了。

非要说的话,这1%大概属于可燃垃圾,虽然也是上一个甲方不要的,但如果下一个甲方正好缺个火,你多点几下也能点着凑合用。说白了,就是只能当个火,别想当盘菜。所以,江湖流传已久的复制粘贴画图法——俗称抄方案,虽然省心、省力、省时间,却总也上不得台面。道理很简单:抄别人的没脸,抄自己的没用。就算你没皮没脸、没心没肺,不求闻达于诸侯,只求赶紧画完洗洗睡,但每个项目的位置、面积、功能、要求都不一样,一个萝卜一个坑,你敢强制粘贴,它就敢强制死机,连个保存的机会都不给你。何况,每个功能和每个功能之间的关系也是千丝万缕,没有不能组的搭档,组了还能重组,重组了还能细分,细分了还能复合。何况,还有"非玩家角色"甲方不断更新"支线任务"(图3)。

图 3

而且建筑作为一个系统,任何一个元素的调整都会影响整体变化。综上,对于设计来说,万能模板这种东西,唯一的用处就是证明你还有做梦的权利(图4)。

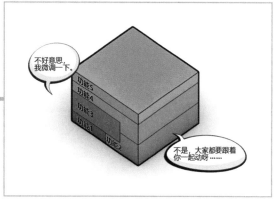

图 4

但梦还是要做的,只要你不心虚,心虚的就是别人。你的大 B 哥(BIG 建筑事务所)就是那个不心虚的人。一般人就算复制自己的方案,肯定也会选个没卖出去的,可你大 B 哥是一般人吗?人家专门挑一个中标建设的再卖一回,估计是欺负甲方家里没通网,准确地说,应该是大 B 哥搞了一个万能方案模式。大 B 哥觉得,最好的关系就是没有关系,功能也一样,大家互不干扰就能和谐共处。

甭管什么功能，先把每个都单独拎出来遛遛（图5），然后分散排布。

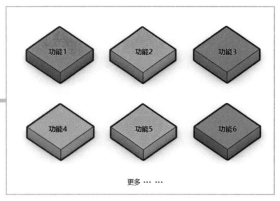

图 5

这样就相当于有一条公共流线连接各个区域，每个区域之间互不干扰，功能之间没有关系，也就不用去分区了（图6）。

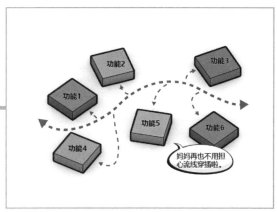

图 6

而且这样布置的话，每种功能因为面积或者空间需求不同所产生的变化，也不会影响其他的功能（图7～图9）。

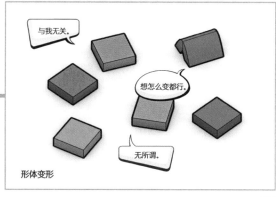

图 7

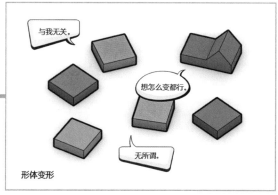

图 8

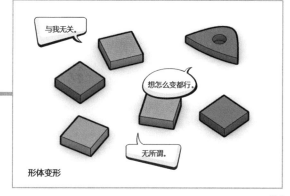

图 9

等等，大 B 哥，我不是质疑你，我就是单纯地觉得你在胡扯，这不就是做了一群房子吗（图10）？

一座建筑 或 一个建筑群?

图 10

千万别告诉我,您打算再做个壳罩起来,先不说这个水平够不够有格调,就说这个膨胀浪费的圈地运动,一般甲方也招架不住啊(图11)。

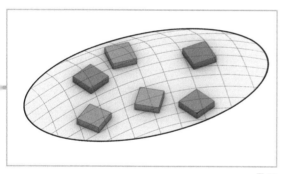

图 11

大 B 哥邪魅一笑,拉上了羽绒服的拉链。

<u>画重点:拉链。如果你想让几个功能块之间既没有关系又联系紧密,那么你需要一条拉链把它们连到一起</u>(图12)。

图 12

将这些独立的功能分两排间隔排列,中间用公共空间相连(图13)。

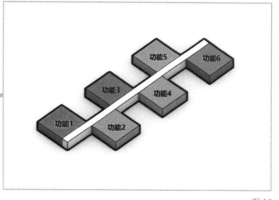

图 13

为加强联系进一步交错功能体块。但联系过头了，功能之间又会相互影响（图14）。

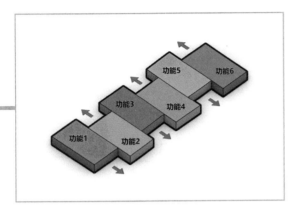

怎么办？"塑料友情"了解一下，也就是假客气，看似有联系，其实不过是做个样子。把延伸出来的功能体块并作公共空间，看起来是功能的延伸，但实际上是公共空间的扩大（图15）。

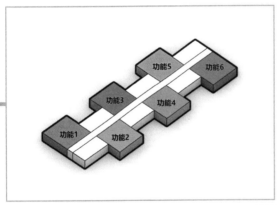

图15

至此，我们就获得了一个弹性很大的拉链空间模式，不但可以根据功能种类的数量随意调整体块数目（图16），同时每个功能都相对独立，可以自由变形（图17），而且位置任意摆放也不会形成流线的穿插（图18）。

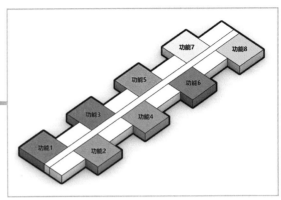

图16

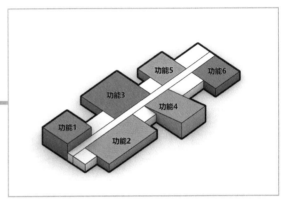

图17

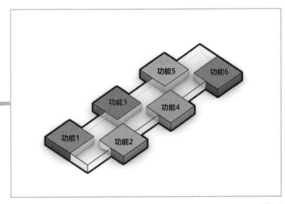

图18

大 B 哥带着这个小拉链，参加了蒙特利尔人体学博物馆竞赛。建筑面积不大，只有7800m²，基地位于法国蒙特利尔夏帕克公园中（图19）。

图 19

咱也不知道人体学是个什么学，反正博物馆肯定是个馆，全世界博物馆都差不多，除了展厅还是展厅。按照任务书的要求，博物馆共有大小 7 种功能（图 20）。

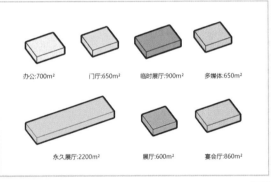

办公:700m²　门厅:650m²　临时展厅:900m²　多媒体:650m²

永久展厅:2200m²　展厅:600m²　宴会厅:860m²

图 20

按照之前构想的拉链空间模式，把 7 个功能体块放入场地（图 21）。

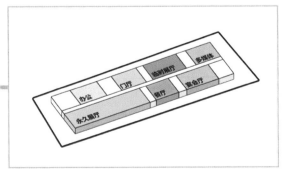

图 21

优化体块为曲线形，增强空间适应性（图 22）。

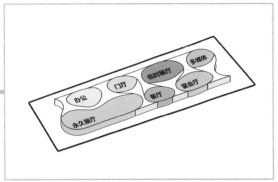

图 22

场地北面为法国蒙特利尔市政厅，南面为城市公园，这简直就是想喝水，天上下雪碧；想吃饭，地上长鸡腿；想缝拉链，甲方给了两块布。一块是城市，一块是自然，还有比"拉链"更适合这块地的创意吗？于是大 B 哥将拉链做地景处理，代表城市和自然的延伸（图 23、图 24）。

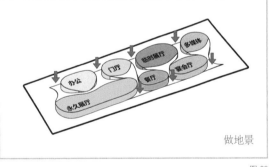

做地景

图 23

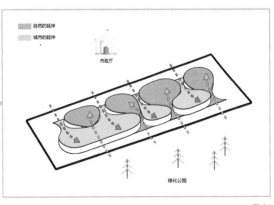

图 24

因为展厅面积占比最大，没办法与对面的办公
体块交错做成地景，所以将永久展厅拉开变为
两个体块（图25）。

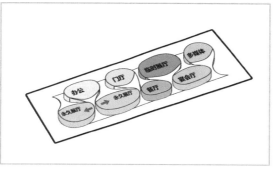

图25

让几个体块之间充分交错，自然与城市手拉手、
心连心的拉链意象全面呈现（图26）。

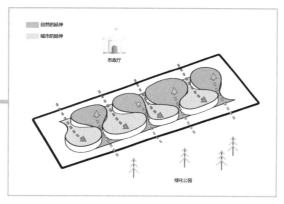

图26

而体块穿插缝隙处的空间主要用作辅助空间，
其余作为公共交通空间（图27）。

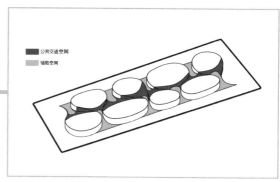

图27

从门厅进入后，可以通过公共交通空间便捷地
到达各个功能体块（图28、图29）。

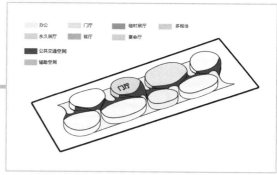

图28

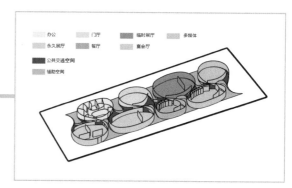

图29

最后，依据穿插的形体规划停车场（图30）。

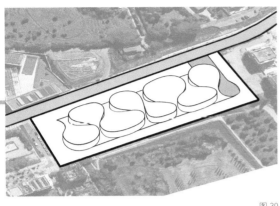

图 30

收工（图 31）。

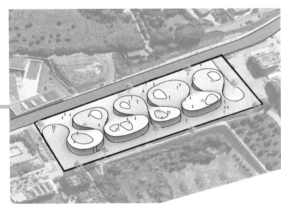

图 31

这就是 BIG 建筑事务所设计并中标的蒙特利尔人体学博物馆，据说已经开工在建（图 32 ~ 图 35）。

图 33

图 34

图 32

图 35

中标当然是好事，大 B 哥一高兴就又拿了这个中标方案去投了另一个竞赛——澳大利亚阿德莱德现代艺术博物馆，大概是觉得法国和澳大利亚离得比较远？

基地在阿德莱德市东北角，西侧紧邻南澳大利亚最大的医院阿德莱德皇家医院，东临已有 180 多年历史的阿德莱德植物园，南边是阿德莱德市最重要的历史文化大道——北露台大道（图 36）。

图 36

左手城市，右手自然，还缺什么？拉链啊。为了让博物馆尽快投入使用，BIG 将项目分为两期建设（图 37）。

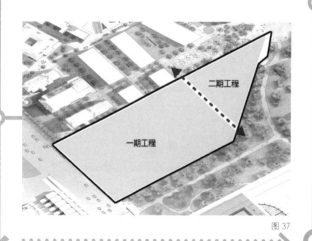

图 37

这个分期分得真是……一点儿都看不出来别有用心。地也不大，钱也不缺，甲方其实也没那么着急营业。分期建设最大的好处除了展示拉链模式的延展优越性，就是展示拉链模式的延展优越性：我的拉链连起来，可以绕地球一周。

一期的功能空间主要有展厅、门厅、报告厅、餐厅、咖啡厅和办公空间 6 个部分（图 38）。

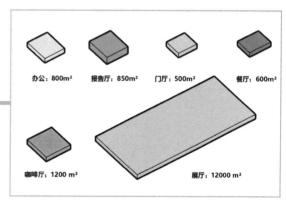

办公：800㎡　报告厅：850㎡　门厅：500㎡　餐厅：600㎡

咖啡厅：1200 ㎡　　　展厅：12000 ㎡

图 38

按照拉链空间模式，放入场地（图 39）。

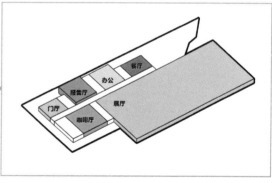

图 39

同样的问题：展厅太大，放不进去。但是大 B 哥已经很有经验了，该裁裁，该分分，该连的地方连起来就可以了。留出两块展厅功能放在地上，和其余体块产生联系，剩下的全都放在地下（图 40、图 41）。

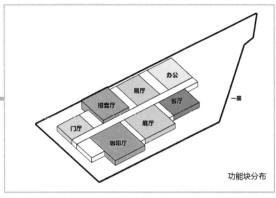

功能块分布

图 40

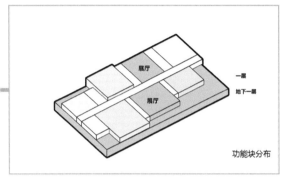

一层
地下一层

功能块分布

图 41

依然优化为曲线形（图 42）。

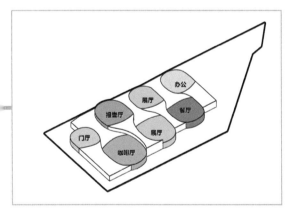

图 42

继续做地景处理，作为城市和自然的延伸交错
（图 43、图 44）。

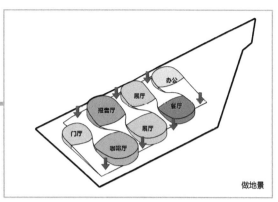

做地景

图 43

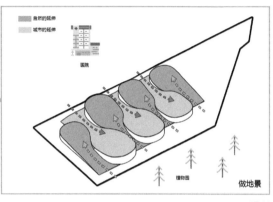

自然的延伸
城市的延伸

医院

植物园   做地景

图 44

至此，这个方案基本就是把人体学博物馆完全
给粘贴过来了。忽然之间，大 B 哥有点儿心虚，
毕竟，一稿多投属于学术不端，特别是在已收
到录用通知的情况下。于是，大 B 哥硬撑着又
做了一点儿小创新，打通屋面的交界处，使交
错的两个屋面一体化（图 45）。

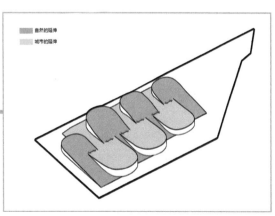

自然的延伸
城市的延伸

图 45

体块穿插缝隙处的空间主要还是用作辅助空间，其余作为公共交通空间（图 46）。

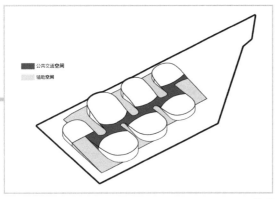

图 46

门厅作为主入口，次入口置于北侧（图 47）。

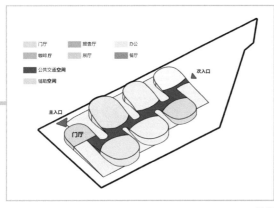

图 47

相比于蒙特利尔人体学博物馆，这个方案还有一层地下部分的展厅，所以夹缝空间的具体使用方式会略微复杂一些。为了叙述方便，我们先给这些夹缝从 1 到 7 编上号（图 48）。

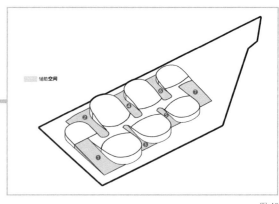

图 48

1 号夹缝设直跑楼梯，连接门厅和地下展厅，并插入交通核和洗手间。6 号夹缝也设直跑楼梯，将地下展厅和室外相连（图 49）。

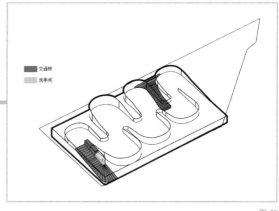

图 49

2、3、4、5 号夹缝作为小型展厅，同时起到划分地下展厅的作用。2 号和 4 号夹缝为通高的小展厅；3 号夹缝的地下一层为小展厅，1 层为洗手间；5 号夹缝的地下一层为小展厅，1 层设计为洗手间，同时置入交通核。

同时，用隔墙划分出展厅空间和研究、备展空间，并设置货运通道与场地其他地下部分相连（图 50）。

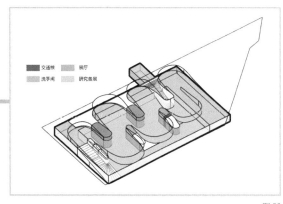

图 50

7 号夹缝设置为志愿者休息室（图 51 ）。

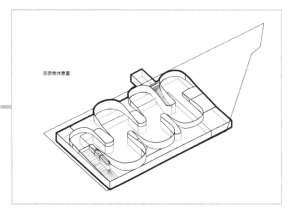

图 51

夹缝空间处理好后布置内部家具（图 52、图
53 ）。

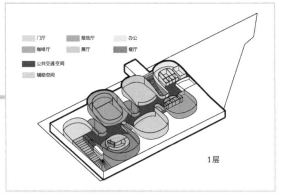

图 52

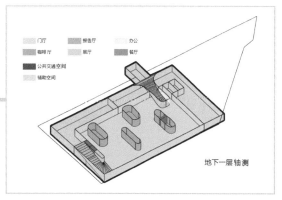

地下一层轴测

图 53

插入交通核和直跑楼梯联系上下层（图 54 ）。

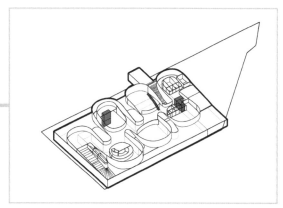

图 54

至此，一期工程设计完成。而二期只有学习中
心这一个功能，就是被强行分期了。沿用拉
链形式，将其拆分为两个体块，置入场地（图
55 ）。

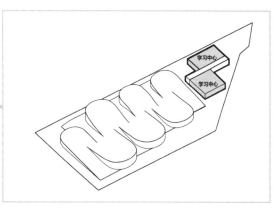

图 55

依然一边联系公园，一边联系城市（图56）。

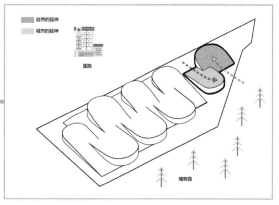

图 56

由于体块只有两个，也不存在什么夹缝空间了，直接全部作为学习中心使用（图57、图58）。

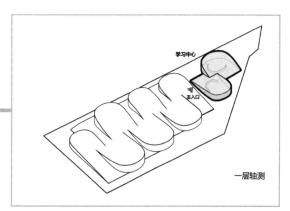

图 57

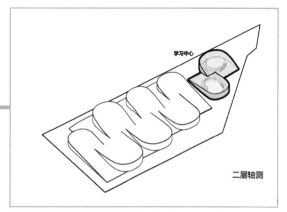

图 58

复制完保存收工（图59）。

图 59

这就是 BIG 建筑事务所复制设计的阿德莱德现代艺术博物馆竞赛方案，也成功入围决赛圈了（图60～图62）。

图 60

图 61

图 62

如果两个人拥有同样的脸，那他们大概也会有
同一对父母或者同一个医生；如果两个人拥有
同样的灵魂，那他们大概只会有友情或者爱情。
做朋友不能只看脸，做设计也是。复制粘贴不
重要，重要的是复制粘贴了什么，是一张好看
的脸，还是一段好的关系。

图片来源：

图 1、图 32 ~ 图 35 来源于 https://www.gooood.cn/
museum-of-the-human-body-big.htm，图 2、图 60 ~ 图
62 来源于 https://competitions.malcolmreading.com/
adelaidecontemporary/shortlist/big-bjarke-ingels-group，
其余分析图为作者自绘。

我与建筑，有缘无分

图1

名　称：阿尔托大学 Vare 大楼（图1）
设计师：Verstas 建筑事务所
位　置：芬兰·赫尔辛基
分　类：教育建筑
标　签：模块，公共空间细分
面　积：约 44 800m^2

众所周知，文科出校花，理科多"学渣"。但理科"学渣"的成因其实很复杂，有的是因为懒，不想学；有的是因为丧，不要学；有的是因为笨，不会学；有的是因为爹，不用学。还有一种就比较让人迷惑了，代表人物就是我自己。三观端正，五官普通，爹妈更普通，不懒不丧不笨不颓，不偏科不挑食，努力向上，但上不去。看书全都会，就是考试做不对。我发自肺腑地检讨分析之后觉得，我学不好数理化的原因大概只有一个：没缘分。

天无绝人之路，志愿我填建筑。还有什么比一个不学高数的理工科更适合一个与数学无缘的理科生呢？真的，上帝为你关掉一扇窗，就会为你打开一扇门，只为把你丢出去，再顺便夹一下脑子。很久很久之后，我才发现，比与数学没缘分更令人绝望的是，我与建筑，有缘无分。

2010年1月1日，芬兰的3所顶尖高校赫尔辛基理工大学、赫尔辛基艺术设计大学、赫尔辛基经济学院决定组团再出道，并以知名校友、芬兰籍世界著名建筑大师阿尔瓦·阿尔托为名，开始启用一个全新的身份——阿尔托大学。

合并后的学校以位于奥塔涅米的阿尔瓦·阿尔托规划设计的赫尔辛基理工大学校区为主校区。在阿尔托乡村花园理念的规划下，26栋独立建筑散布在这里。它们多建于20世纪六七十年代，其中包括由阿尔托亲自操刀设计的校园主楼及图书馆（图2）。

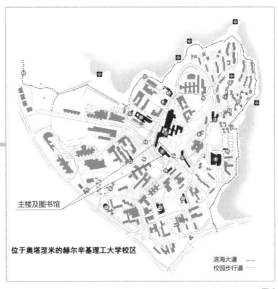

图2

但新学校总得有点儿新气象，于是，校方打算新建一座校园核心综合体式的教学楼，以容纳从其他校区搬迁过来的学院。基地就选在主楼西侧，近似梭形，无论在规划上还是地理上都是妥妥的核心（图3）。

图3

场地东高西低,有将近4m的高差,南侧紧邻一条地铁线(图4)。

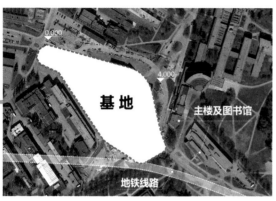

图4

功能主要包括3部分:商学院、艺术设计与建筑学院,以及一个名为"A BLOC"的购物中心。除此之外还有一个附加的小尾巴——地铁上盖,也就是在建筑里加设一个地铁口。不出意外的话,肯定是加在购物中心的下面。

按照任务书的描述,这三大功能有点儿繁杂。商学院包括6个系:会计与商法、财务、经济、管理、市场学、信息与服务管理。艺术设计与建筑学院包括5个系:媒体系、艺术系、建筑系、设计系、电影电视系。其中有的系还会继续细分,如建筑系有室内设计、风景园林等,设计系有服装设计、工业设计等(图5)。

商学院	会计与商法	10050m²
	财务	
	经济	
	管理	
	市场学	
	信息与服务管理	
艺术设计与建筑学院	媒体系	26800m²
	艺术系	
	建筑系	
	设计系	
	电影电视系	
购物中心	餐厅	7950m²
	健身	
	零售	

图5

但在建筑师眼里,这堆功能就只有繁,一点儿也不复杂。管你是经济系、艺术系,还是宇宙星系,说白了不就是一堆教室吗?大教室小教室,大小就是个教室。作为一个资深建筑师,就算我玩不了空间,搞不了形式,还能画不了教室吗?

先平整场地。根据场地简单拉起一个体块(图6、图7)。

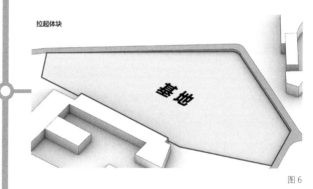

图6

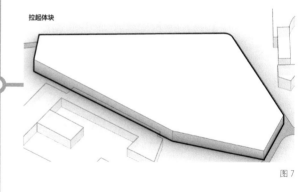

图7

体块最长处约260m,最宽处约140m,无论想增加自然采光,还是想更方便地组织空间,挖个中庭都是十分必要的,所以我们在中间搞出一个中庭(图8)。

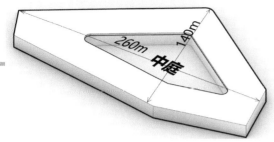

图8

接下来，3块功能怎么放进建筑中呢？方法有很多，毕竟咱经验丰富。

1. 水平分。

一人占一层，购物中心在底层。但这样中庭的可用公共空间就全给了1层的购物中心，对楼上两个学院来说，中庭就是个采光井，而且上方的学院还比下边的学院光线更好（图9）。

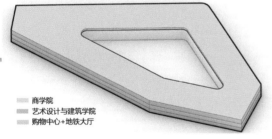

■ 商学院
■ 艺术设计与建筑学院
■ 购物中心+地铁大厅

图9

2. 垂直分。

围绕中庭，一人一块。购物中心设置在东侧，靠近地铁线。面积最大的艺术设计与建筑学院放置在基地中部，西侧端部放置面积较小的商学院。一碗水端平，还能分别设置独立出入口（图10）。

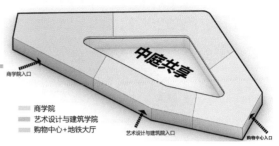

商学院入口

■ 商学院
■ 艺术设计与建筑学院
■ 购物中心+地铁大厅

艺术设计与建筑院入口

购物中心入口

图10

二者对比，明显是垂直分布更为合理。接下来再具体细化功能布局，就离收工不远了。努力的建筑师大概还会在中庭或者立面上搞搞花样，社交空间、复合交通啥的通通安排上。

你必须非常努力，才会相信自己真的是无能为力。通常，我们的设计意图都是在公共开放空间里挖掘社交活力，但在真实的世界里，厕所和茶水间才是写字楼的社交中心。所谓社交，就是正大光明地悄悄聊八卦，完全正大光明地聊八卦叫宣传，而绝对悄无声息地聊八卦肯定有阴谋。所以，具有私密属性的公共空间才最适合社交，这件事，在设计里叫作公共空间细分（图11）。

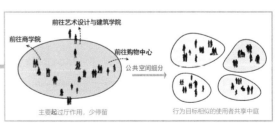

前往艺术设计与建筑学院

前往商学院

前往购物中心

公共空间细分

主要起过厅作用，少停留

行为目标相似的使用者共享中庭

图11

具体到这个设计里，就是把一个大中庭分成多个不同使用氛围的小中庭。比如，艺术系的人可能需要在中庭里搞点儿行为艺术，建筑系的人肯定要在中庭里评图，而商学院中未来的金融巨鳄，可能更需要一个安静的地方聊聊今天的股票行情（图12～图14）。

图 12

图 13

图 14

那么，问题来了：被细分的多个中庭要怎么摆在建筑里？

A 计划就是把大大小小、形状各异的中庭分散排布在建筑中，根据此时的整体平面再把功能空间排进去即可。但这样中庭随机分布，难以保证功能块全部尺度适宜，且能正常使用（图15）。

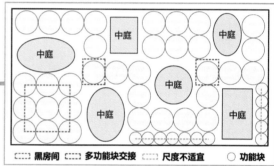

图 15

幸好我们还有 B 计划：将中庭有序排列在建筑中，然后以每个中庭为中心围绕布置功能块，形成一个单元体，整个建筑就由多个这样的单元体构成。这样，只要能保证每个单元体的功能块尺度适宜、功能合理、采光适宜，那么整体平面布置就不会有什么大问题（图16）。

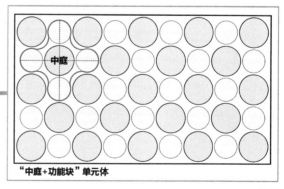

图 16

至此，你就会发现另一个问题：随着中庭的碎化分散，功能块本身也被打碎了。所谓功能细分在这里根本就不是一个什么高级技巧，而是必需操作。设计就像一个冒险竞技游戏，你选择了哪种模式，就不得不按照模式规则不停坑下去。可惜，很多模式都只对高级别玩家开放。

功能空间细分的主要对象是教室，教室本身肯定会先根据学科进行细分，但是在学科内部根据使用者不同的学习方式，又可以将学习空间细分成不同的功能块。常规教室功能，主要用于较大规模的集体课程（图17）。

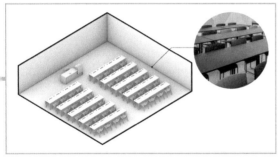

图17

工作室功能主要用于专业性较强的教学活动（图18）。

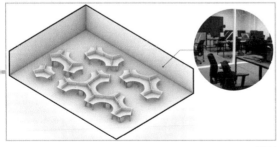

图18

团队研讨室功能用于较小团体的合作、交流、学习（图19）。

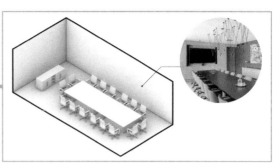

图19

实践工坊功能主要用于实操性较强的教学活动，如3D打印、服装设计缝纫等（图20）。

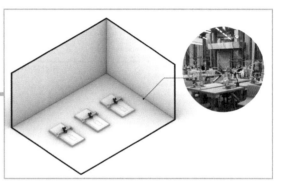

图20

为保证各个学习功能块的实用性，还是将其组合在最实用的矩形体块中，每个矩形体块都采用相同的尺寸，27m×11m，在这个尺度下，基本能容纳所有不同的细分功能块组合（图21～图23）。

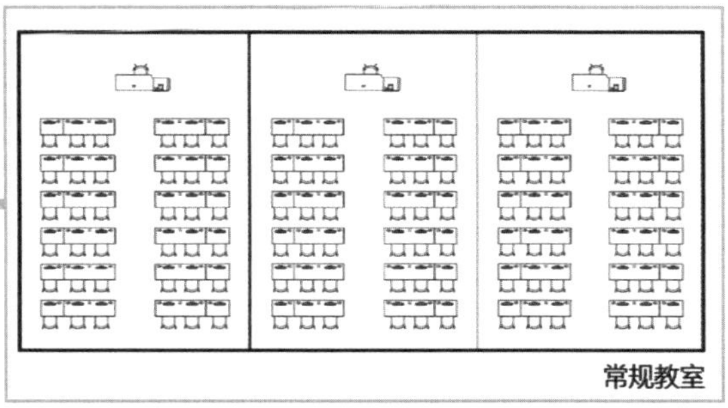

常规教室

图21

411

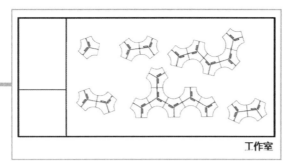

工作室

图 22

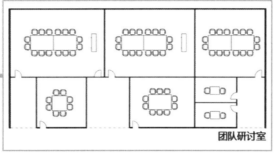

团队研讨室

图 23

下面，问题又来了：一个中庭周围到底设置几个矩形体块，也就是中庭要有几条边？我们将三、四、五、六边形放在一起进行比拼（图 24）。

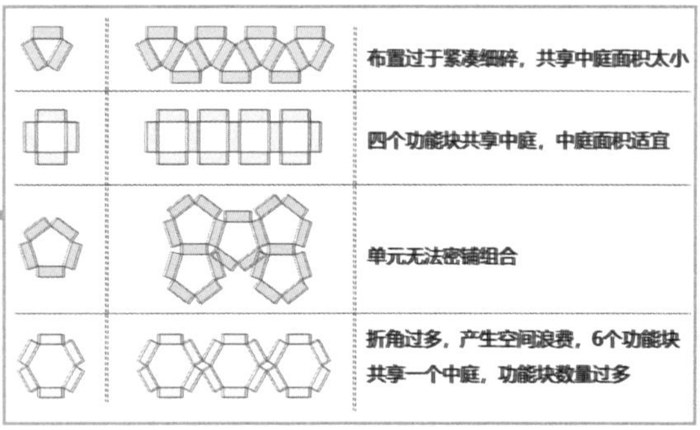

		布置过于紧凑细碎，共享中庭面积太小
		四个功能块共享中庭，中庭面积适宜
		单元无法密铺组合
		折角过多，产生空间浪费，6个功能块共享一个中庭，功能块数量过多

图 24

经过一轮比拼之后发现，四个矩形块共享中庭相对更合适，也就是采用等边四角形中庭。这样就又出现了两个选择：方形中庭和菱形中庭。当菱形这个选项一出现，其实你就知道非它不可了。为啥？

首先，这是个近似梭形的地块，采用菱形中庭也是顺应地形了。其次，还有个冠冕堂皇的说法，菱形可以呼应阿尔托大师设计的主楼轴线（图 25）。

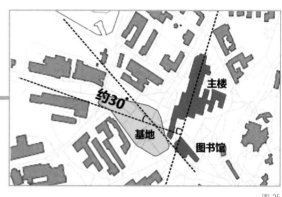

图 25

最后，边长相等的方形和菱形，明显菱形面积要比方形小很多，毕竟建筑面积有限，我们想要多点儿中庭，那么每个中庭面积就不能太大（图 26）。

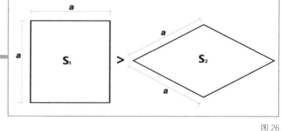

图 26

至此，我们成功得到了一个矩形体块围合菱形中庭的单元组（图 27）。

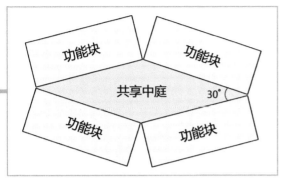

图 27

用这样的单元组铺满场地，代替原有的完整大体块建筑，单元组之间拉开缝隙，保证交通顺畅（图 28、图 29）。

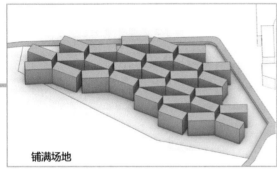

铺满场地

图 28

拉开间隙

图 29

然后，按照最初的三大功能分区将建筑垂直分成三大区（图 30）。

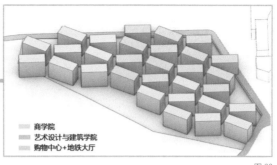

商学院
艺术设计与建筑学院
购物中心+地铁大厅

图 30

商学院部分为避让南侧建筑，将自身整体向北移动一个矩形块的宽度（图 31、图 32）。

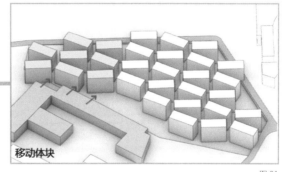

移动体块

图 31

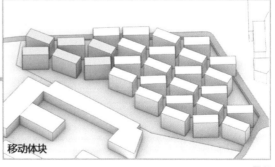

移动体块

图 32

413

靠近道路的端部删掉一个矩形块来形成商学院入口（图 33）。

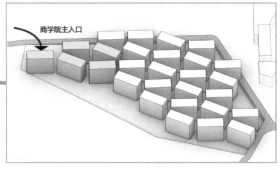

图 33

中部两层逐渐减少中庭通高面积，形成退台，内部设置具有装饰性的直跑楼梯，并设置咖啡厅与休闲餐饮空间（图 34）。

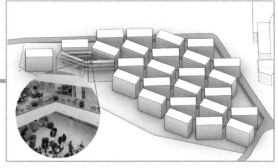

图 34

在室内进行个性化设计，体现学院特点。商学院在室内以石灰石、橡木和温暖的金属色调营造出温馨而又庄严的氛围（图 35、图 36）。

图 35

图 36

艺术设计与建筑学院部分处于场地中部，由于场地两侧存在高差，故在两个标高上分别开设入口。东侧靠近主楼处为主入口，删掉部分矩形块以形成入口广场（图 37 ~ 图 40）。

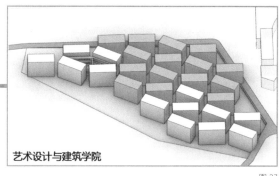

图 37

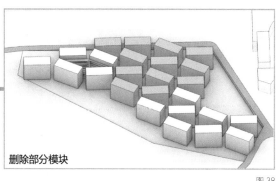

删除部分模块

图 38

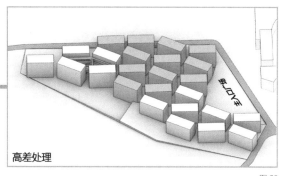

高差处理

图 39

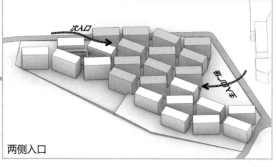

两侧入口

图 40

东侧入口处矩形块向南移动一个体块宽度，获得更大的入口门厅，设置直跑大楼梯（图41 ~ 图 43）。

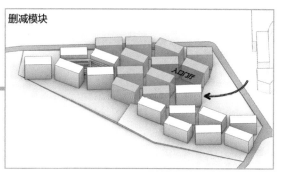

删减模块

图 41

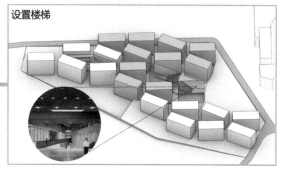

设置楼梯

图 42

图 43

西侧入口处体块降低，另设置坡道直接通向 2层（图 44）。

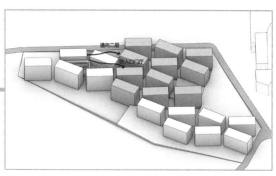

图 44

室内设计采用钢制楼梯，极具雕塑感，并设有大型艺术雕塑（图45、图46）。

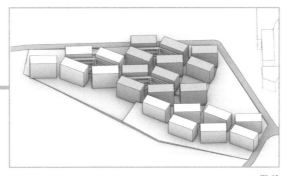

图45

图46

购物中心部分在主入口广场南侧，拉开体块间的距离形成购物中心入口（图47）。

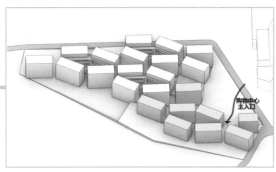

图47

购物中心其实并不受学科、功能等细分的影响，大家来这里都是为了吃吃喝喝、买买买，因此不必严格遵守单元组形式，可以在体块顺应轴网方向的前提下根据需求自由地调整。地铁大厅紧邻入口门厅（图48）。

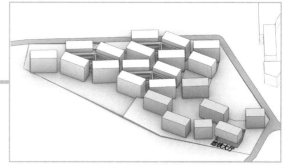

图48

在室内设计上，购物中心部分采用玻璃与木格栅，同时将红砖用于室内，模糊室内外的界限（图49）。

图49

至此，整个建筑就算设计完了吗？实话实说，我也希望设计完了，这样起码我觉得自己还有点儿希望，虽然这个希望大概率也是稀碎稀碎的，但至少，整个设计还在我能理解的范围内。很可惜，人家没有设计完，更重要的是，人家后面不是多了什么操作，而是换了一套逻辑。这种感觉就像你盛装打扮参加舞会，结果玩到一半忽然转场，下半场还是个赛车局，而坐出租车来的你，只能呼吸着别人的尾气持续发蒙。

前面，建筑师将建筑按功能垂直切成3块，没想到真正开始布功能的时候，竟然又换成了水平划分。也就是说，垂直划分是行政管理上的分组，这一坨归商学院管，那一坨归艺术设计与建筑学院管，而在具体的功能使用上，又回归到匀质、自由、无界限的空间。比如，设计系的通用教室就不能上经济课吗？又比如，建筑系的小组讨论就不能在商学院找个工作坊吗？反正就这么个意思，简单说就是垂直方向按管理划分功能，又在水平方向按使用划分功能（图50）。

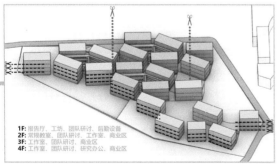

1F： 报告厅、工坊、团队研讨、后勤设备
2F： 常规教室、团队研讨、工作室、商业区
3F： 工作室、团队研讨、商业区
4F： 工作室、团队研讨、研究办公、商业区

图 50

首层可达性最强，因此主要将有较高疏散要求的报告厅与需要考虑设备运送的工坊布置在这里。报告厅当然是两个学院谁有讲座都可以用，工坊部分也是一样，有需求即可用（图51）。

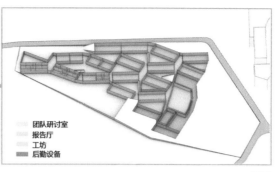

团队研讨室
报告厅
工坊
后勤设备

图 51

同时将使用关联性较强的功能划为一组围绕中庭布置，比如，缝纫工坊、织物印染工坊、陶瓷工坊等共用中庭，摄影工坊与多媒体数字工坊共用中庭，激光切割与木制装配工坊共用中庭等（图52）。

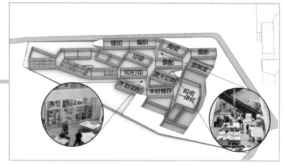

图 52

2层主要布置团队研讨室及通用教室，正经需要上大课就来这一层，省得跑上跑下找教室（图53）。

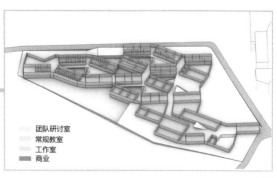

团队研讨室
常规教室
工作室
商业

图 53

417

3 层主要设置相关工作室，配套研讨室提高工作学习效率（图 54、图 55）。

4 层同样是工作室与团队研讨室围绕中庭配套设置，但需要留出一部分空间设置教师办公及研究空间，办公不够用就局部再摞一层（图 56）。

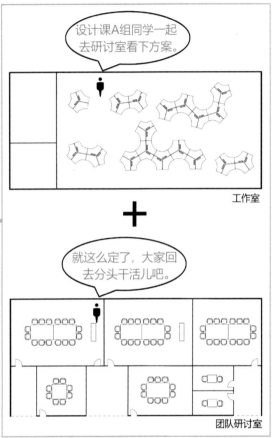

图 54

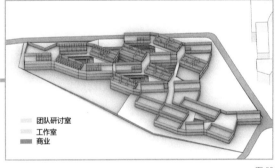

图 55

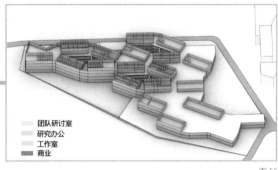

图 56

统一设置疏散交通（图 57）。

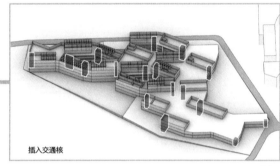

图 57

功能设计完毕，再统一盖上大屋顶，中庭部分抠出菱形或三角形天窗（图 58）。

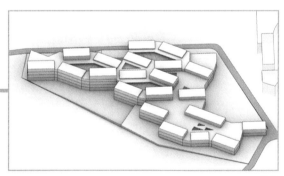

图 58

最后还是统一外立面设计，将建筑进一步整合为一体。收工（59）。

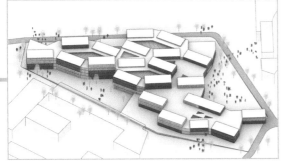

图 59

这就是 Verstas 建筑事务所设计并建成的阿尔托大学 Vare 大楼（图 60 ~ 图 65）。

图 60

图 61

图 62

图 63

图 64

图 65

这个看起来平平无奇的教学楼，实际上包含了好几套设计逻辑。划完模块组织毯式，毯式织完又分组切割，切割完了又掺和在一起重新分层，又切又分折腾了半天，最后弄出个整体建筑。比我优秀的人还在努力，我努力还有什么用？有时候，智商的鸿沟真的很难逾越，不过也有好处，努力一把，感受一下绝望，就可以踏踏实实地继续画我的楼梯了，至于设计什么的，有缘再说吧。

END

建筑师与事务所作品索引

敬告图片版权所有者

为保证《非标准的建筑拆解书（江湖救急篇）》的图书质量，作者在编写过程中，与收入本书的图片版权所有者进行了广泛的联系，得到了各位图片版权所有者的大力支持，在此，我们表示衷心的感谢。但是，由于一些图片版权所有者的姓名和联系方式不详，我们无法与之取得联系。敬请上述图片版权所有者与我们联系（请附相关版权所有证明）。

电话：024-31314547
邮箱：gw@shbbt.com